基 本 講 義

環境問題・環境法

［第 2 版］

小賀野 晶一 ［著］

成 文 堂

第 2 版はしがき

　第 2 版では，初版における記述の誤りを正すとともに，より明快な記述に努めた。環境法は今日，地球環境問題，その他の新たな環境問題に直面している。このなかで環境問題の意思決定を中心に環境民法論とは何かを探究しなければならない。なお，本書の初版「環境法の使命」の章（Ⅶ）は，第 2 版では「環境問題の意思決定」の章（Ⅵ）に吸収した。

　私たちは，このたびのコロナ渦の経験に学び新しい生活を開始するために，伝統的な考え方や制度の修正を必要としている。自らの生活のあり方を見つめ直すことによって，環境法が発展する契機となるであろう。

　改訂にあたり成文堂社長阿部成一氏のご高配と編集部篠崎雄彦氏のご尽力を賜わった。記して感謝申し上げる。

2020 年 12 月

小 賀 野 晶 一

はしがき

　環境法は，環境問題に対する法的アプローチをいい，法や法学の分野から問題に取り組むことによって環境問題に関する法規範を明確化し，体系化することをめざしている。ここに法規範とは，法的にしなければならないこと，法的にしてはならないことなど，私たちの行為や裁判に関するルールをいう。

　私たち人類は地球の上で誕生し地球から恩恵を受けてきた。将来にわたって地球が存続することは人類をはじめ生命が存続する前提である。地球環境問題の解決が喫緊の課題として浮上した今日，生命存続のために環境法が果たすべき役割を自覚することが必要である。

　環境法学習の目的は環境問題の本質を求め，ここでの知識を自らの生活・行動に活かすことであり，そのためには問題の本丸に踏み込むことが必要である。環境法をとりまく情報は増加を続け，環境法教科書も溢れるばかりの情報を提供し私たちの知的好奇心を高めてくれるが，反面，膨大な情報のなかから環境問題の本質を探ることが困難になってきている。それほどに環境問題は複雑化しているのであるが，地球環境問題が出現している今日，環境問題の太い幹に関心をもつことが必要である。私たちは，このような問題意識のもとに環境問題を理解するために，法律，判例，政策などの「原典」を読み，ここから問題提起をすることが望まれているといえよう。

　本書の内容はいうまでもなく先学の業績に負っている。広義の環境問題としては環境訴訟，環境立法，環境法理論，環境政策などがあり，これらの全体が地球環境問題に集約して現れている。本書は目次記載のⅠ〜Ⅵの各章のもとで，これらの環境問題の諸相について概観する。このような構成は，環境問題の対象をそれぞれに集中させることにより，問題解決の実践的アプローチを行うことができると考えたためである。環境法は「環境問題に始まり環境問題に戻る」といっていいほど，環境問題を基礎にしている。21世紀の私たちは，高度に発達した情報通信技術（ICT）のもとで日々時間や情報に追われ多忙であるが，幼い頃のゆったりした時間のなかで有したみずみずし

い感性を呼び戻すことができれば，環境問題への関心が高まり環境法の学習は有意義なものになるであろう。

　最後に，環境問題・環境法の研究については，人間環境問題研究会及び故加藤一郎先生（本会創立者。初代会長），故野村好弘先生（本会前会長），宇都宮深志先生（同副会長）をはじめ同会の先生方から教示を賜り，本書について藤田八暉先生（久留米大学名誉教授，本会理事）から環境法及び環境行政の実態と理論について懇切に教示を賜った。また，秋田大学，千葉大学，中央大学には永年にわたり教育，研究の場を与えていただき，秋田大学の学生，日本大学と千葉大学のそれぞれのロースクール「環境法」受講生，中央大学法学部「環境法」受講生の皆さんからは毎年度の授業を通じて新鮮な刺激を受けることができた。今日まで多くの方々のご厚情により恵まれた環境を与えていただいてきたことに深く感謝したい。

　本書の出版については，成文堂社長阿部成一氏のご高配を賜り，本書の企画，構成について編集部篠崎雄彦氏のご尽力を賜った。篠崎氏の激励と教示をいただくことがなければ本書は存在しなかった。ここにおふたりとあたたかいご配慮をいただいた成文堂の皆様に心より御礼を申し上げる。

　2019 年 3 月

小 賀 野 晶 一

目　次

Ⅲ　環境法理論

Ⅳ　環境立法

本書の特徴

　環境問題に対しては法学をはじめ各分野から様々なアプローチが行われてきた。本書は法学を中心に，「環境問題へのアプローチ」として，第1に，I「環境問題」を概観し，II「環境訴訟」，III「環境法理論」，IV「環境立法」，V「環境政策」を概観する。II～Vはそれぞれに環境問題として捉えることができ，これらはIとともに「環境問題の諸相」を示している。環境法は環境問題に始まり環境問題に戻る。本書はこの考え方を重視し，書名も『環境問題・環境法』とした。第2に，I～Vに共通する問題として，VI「環境問題の意思決定」について検討し，これを「環境問題の諸相」に位置づけ，「規制から多元的方法へ」の考え方を明確にする。広義の環境問題はIを中心にII～VIのそれぞれが互いに密接に関連している。

　本書では環境法に関する必要な情報を体系的に整理した知識を「基本」と捉える。そして，環境法の体系化にあたっては，本書において「環境問題の諸相」としてとりあげた環境問題，環境訴訟，環境法理論，環境立法，環境政策が要点となり，これらを総括するものとして「環境問題の意思決定」を位置づけたい。

　本書は「環境問題の諸相」を概観するにあたり「原典」，すなわち環境問題では事件・紛争を，環境訴訟では裁判例を，環境法理論では裁判例や立法に現れた法理論を，環境立法では法律の規定を，環境政策では政策・計画，行政を掲げた。すなわち，本書は，環境問題，判例，理論，立法，政策のそれぞれの「原典」を概観することに徹した。「原典」に解説を委ねたといってもよい。環境問題解決のために本書の読者とともに「原典」に飛び込み，その意義と課題を追求したい。

　私たちは数次の産業革命を経て生活及び生活関係（活動）を拡大させてきたが，反面，それぞれに新たな環境問題を出現させてきた。本書で概観する「環境問題へのアプローチ」（「環境問題の諸相」）は，それぞれに出現した環境問題に対峙してきた「成果」といえるものである。このような「成果」は私たち

の行為の後始末であるが，地球の存続，次の時代の新しい生命にとって救いの手がかりとなるものとして大きな価値を有する。私たちは何を大切にするかを自らに問い，学習することによって，環境問題の解決のために1人1人が行動しなければならない。本書の解説はシンプルでその情報の量は多くないが，本書の読者には本書に収録した「原典」から10倍，100倍の情報を獲得することができるであろう。そして，本書を基本にして応用編の教科書，その他の文献に進んでいただきたい。本書が環境法入門の一助になることがあれば幸いである。

図　本書の構成

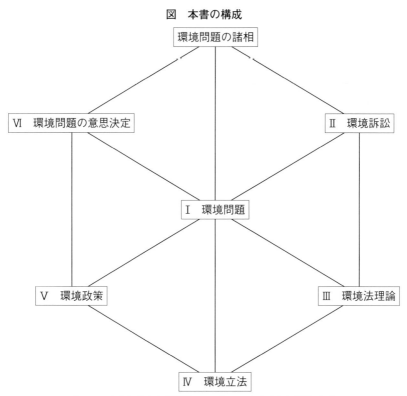

（Ⅰ～Ⅵはそれぞれに関連している。Ⅰを中心に図示した。）

環境法の主な教科書（応用編）
　　——本書の不足を補足してくれる文献。本書Ⅰ〜Ⅵに掲げる文献も同じ。

原田尚彦『環境法（補正版）』（弘文堂，1994 年）

池上徹『人間環境法』（礼文出版，1998 年）

淡路剛久・岩淵勲編『企業のための環境法』（有斐閣，2002 年）

佐藤泉・越智敏裕・池田直樹『実務環境法講義』（民事法研究会，2008 年）

南博方・大久保規子『要説環境法（4 版）』（有斐閣，2009 年）

吉村良一・水野武夫・藤原猛爾編『環境法入門（4 版）』（法律文化社，2013 年）

大塚直『環境法（4 版）』（有斐閣，2020 年），同『環境法 BASIC（2 版）』（有斐閣，2016 年）（「大塚 BASIC」として引用），同編『18 歳からはじめる環境法（2 版）』（法律文化社，2018 年）

松村弓彦，柳憲一郎，荏原明則，石野耕也，小賀野晶一，織朱實『ロースクール環境法（2 版）』（成文堂，2010 年）

阿部泰隆・淡路剛久編『環境法（4 版）』（有斐閣，2011 年）

畠山武道『考えながら学ぶ環境法』（三省堂，2013 年）

越智敏裕『環境訴訟法』（日本評論社，2015 年）

交告尚史・臼杵知史・前田陽一・黒川哲志『環境法入門（3 版）』（有斐閣，2015 年）

黒川哲志・奥田進一編『環境法のフロンティア』（成文堂，2015 年）

富井利安編『レクチャー環境法（3 版）』（法律文化社，2016 年）

北村喜宣『環境法（4 版）』（弘文堂，2017 年）（「北村 4 版」として引用），同『現代環境法の諸相』（放送大学教育振興会，2009 年），同『プレップ環境法（2 版）』（弘文堂，2011 年），同『環境法（2 版）』（有斐閣，2019 年）

六車明『環境法の考えかたⅠ—「人」という視点から』（慶應義塾大学出版会，2017 年），同『環境法の考えかたⅡ—企業と人とのあいだから』（慶應義塾大学出版会，2017 年）

森・濱田松本法律事務所編山崎良太・川端健太・長谷川慧著『環境訴訟』（中央経済社，2017 年）

上智大学環境法教授団編（北村喜宣・大橋真由美・織朱實・越智敏裕・筑紫圭一・桑原勇進・梅村悠・堀口健夫）『ビジュアルテキスト環境法』（有斐閣，2020 年）

凡　例

大審院民事判決録　→　民録
最高裁判所民事裁判例集　→　民集
行政事件裁判例集　→　行集
訟務月報　→　訟月
判例時報　→　判時
判例タイムズ　→　判タ
判例地方自治　→　判自
法律時報　→　法時

I　環境問題の出現

　環境法は環境問題に対する法的アプローチをいう。法的アプローチであるから，法律・条例や判例などの法規範（法ルール）を扱っている。環境法の主な目的は，環境保全であり，環境汚染の未然防止，環境汚染が生じた場合の原状回復である。立法，政策，環境問題に関する差止・損害賠償の訴訟は，環境法の重要なテーマになる。環境法は私たちの生活のあり方を問うている。

　環境法の出発点として，環境問題とは何かを明らかにすることが重要である。人々は従来，大気汚染，騒音などの公害問題に悩まされてきた。今日，私たちの生活は高度化，複雑化し，かつての典型的な公害問題に加え，新たな環境問題が出現している。これを「公害問題から環境問題へ」，あるいは「公害から環境へ」として整理することができる。訴訟でいうと，「公害訴訟から環境訴訟へ」，立法でいうと，旧公害対策基本法，環境基本法を背景にした「公害立法から環境立法へ」がこれに相当する。以下，本章では，公害問題の原点といわれる水俣病問題などをとりあげ，問題の所在について概観する。

図 I—1　環境問題に対する環境法からのアプローチ

環境問題（公害問題を含む）　←　　環境法

第1　公害問題と環境問題

1　概観——公害問題と公害の定義

　私たちは，深刻な公害問題，環境問題を経験してきた。日本では公害は鉱害に始まる。公害は，渡良瀬川汚染などの鉱害問題，水俣病訴訟等の四大公害訴訟，工場の大気汚染，水質汚濁，悪臭などのほか，戸建て・マンションにおける近隣騒音など，多様に存在する。いずれも人々の生活と密接に関連している。

以上のような環境を汚染しあるいは侵害する行為を広く公害と称することができる。公害は被害者・加害者間の紛争を生じさせ，訴訟（裁判）になった。公害問題の裁判例は膨大な数に及ぶ（環境訴訟については本書Ⅱで概観）。

公害問題は，立法による規制等の規律の対象になった。立法によるアプローチを行う場合には対象を特定する必要があり，旧公害対策基本法（現環境基本法）は公害とは「大気汚染」「水質汚濁」「土壌汚染」「騒音」「振動」「地盤沈下」及び「悪臭」であると定義した（典型7公害という。環境立法については本書Ⅳで概観）。

初期の頃，公害による被害は物的損害（物損）が中心であったが，四大公害訴訟に典型的に現れるように，企業活動に伴って出現した公害（産業公害）による生命，身体，健康に対する人身被害（人損）が問題となった。

旧日立鉱山の大煙突（1914年（大正3年），高さ156mは世界一）
「明治後期に開業した日立鉱山は，富国強兵を掲げる政府の下，銅の生産量を飛躍的に伸ばしていた。同時に製錬所から排出される大量の亜硫酸ガスは，農作物をからし，住民の健康をむしばんだ。」（産経新聞2018年3月23日付朝刊）
大煙突は煙突から排出される汚染物質を拡散しその濃度を低下させる。初期の時代の環境汚染に対する企業の対応を示すものである。

2 公害の原点，水俣病

水俣病は高濃度のメチル水銀（有機水銀）に汚染された魚を食べていた人が発症した。メチル水銀によって脳の中枢神経系や末梢神経が侵され，感覚障害，運動機能障害，視力障害（視野狭窄），言語障害，耳鳴り・難聴などの症状が現れ，重篤な場合は死に至った。

水俣病をめぐる紛争は，訴訟となり，行政や立法の対応のあり方が問われるなど，公害法さらに環境法の根本問題が含まれている。水俣病問題は，法的問題だけでなく，地域社会のあり方，人間のあり方など広範に及んでいる。

水俣病の裁判は，民事，行政，刑事に分かれている。このうち第1に，民事訴訟（損害賠償）では，民法に基づき原因企業の責任が問われ，あるいは国家賠償法に基づき国及び県の責任（国家賠償法1条の責任）が問われた。前者は

主に，過失や因果関係が問題になり，後者は主に，行政の規制権限の不行使，すなわち不作為の違法性が問題になった。第2に，行政訴訟では，公害健康被害補償制度に基づく水俣病認定審査処分の違法性をめぐって紛争が生じた。

規制権限の行使・不行使については行政庁が有する裁量権に関して判例法が形成されている（後掲水俣病関西訴訟参照）。

③ 水俣病問題の歴史 （年表）

以下は，熊本水俣病・新潟水俣病に関する問題の一部を年表として整理したものである（環境省資料，2015年6月衆議院調査局環境調査室「水俣病問題の概要」，時事通信2016.5.1配信記事，新聞各紙を参照）。ここから示唆されるように，水俣病問題は裁判，立法，行政，政治などが関与している。なお，年表は特定の事実や出来事を時の点として記述したものとして重要であるが，同時に，そこに至る過程を理解することにおいても重要である。以下の年表は網羅的ではなく，また完成されたものでもない。完成した年表は環境法とともに，医療，化学，歴史，文明などの分野において基礎資料となるものであろう。

図I―2 水俣病の年表（未完成）

1956年	チッソ水俣工場附属病院の院長が，水俣保険所に「水俣市月浦地区に脳症状を呈する原因不明の疾病が発生し，患者が入院している」旨の報告をした。これが後に水俣病の公式確認とされるものである。
1959年	熊本大学医学部研究班が水俣病の原因はメチル水銀であると発表した。
1965年	新潟水俣病が公式に確認された。
1968年	国は，水俣病がチッソ水俣工場の排水に含まれたメチル水銀が原因であるとする見解を発表した。
1969年	「公害に係る健康被害の救済に関する特別措置法」（救済法）公布。同法に基づく水俣病患者の認定が行われることとなる。
1971年	環境庁昭和46年事務次官通知「公害に係る健康被害の救済に関する特別措置法の認定について」が発せられる（典型症状の1つが認められれば水俣病と認定してよいとしていた）。
1973年	熊本地裁判決，被告会社（チッソ）の責任を認めた。
1973年	患者と被告会社が補償協定を締結した（後に公序良俗違反で無効とされる）。

1974 年　公害健康被害補償法（公健法）が施行された。同法に基づき，患者に医療費
　　　　などが支給される（公害健康被害補償制度）。2016 年段階で熊本，鹿児島両
　　　　県で 2280 人が患者に認定され，被告会社が慰謝料や医療費などを支払った。
　　　　（新潟水俣病を含めると，2016 年 4 月末までに 2985 人（申請は 2 万 9358 人）。
　　　　その多くは認定基準が改められた 1977 年以前に認定された。

1977 年　環境庁環境保健部長通知「後天性水俣病の判断条件」（「昭和 52 年判断条件」）
　　　　が示される（水俣病と認められるためには水俣病と考えられる 4 種類の症候
　　　　の組合せを必要とする）。その後，申請棄却が続き，訴訟が提起される。

1978 年　水俣病の医学的研究を行うため水俣市に設置された国立水俣病研究セン
　　　　ターに国際・総合研究部を新設し，「国立水俣病総合研究センター」へ改組
　　　　される。

1993 年　「水俣市立水俣病資料館」が開館。

1995 年〜1996 年　同年 9 月自社さ連立政権与党 3 党「水俣病問題の解決について」を
　　　　受け，未認定患者に一時金を支払うことを内容とする解決策を閣議決定す
　　　　る。政治解決（政治決着）を図ったものといわれる。

2001 年　「新潟県立環境と人間のふれあい館---新潟水俣病資料館」が開館。

2004 年　水俣病関西訴訟最判平 16・10・15 民集 58 巻 7 号 1802 頁。本判決は，公健
　　　　法の判断条件とは別に判断を行い，「メチル水銀中毒症」として 51 人に損害
　　　　賠償を認めた。また，水俣病の発生と拡大を防止しなかったことにつき，国
　　　　と熊本県は，損害額の 4 分の 1 について被告会社と連帯して損害賠償の責任
　　　　を負うとし，国及び熊本県の国家賠償責任を認めた。本判決の後，認定申請
　　　　をする者が続いた。

2005 年　「今後の水俣病対策について」を閣議決定。
　　　　　　冒頭，「水俣病問題については，公害健康被害の補償等に関する法律（以下
　　　　「公健法」という。），平成 7 年の政治解決等に基づき各種対策が講じられて
　　　　きたところであるが，昨年 10 月の関西訴訟最高裁判決において国及び熊本
　　　　県の責任が認められたことを受け，規制権限の不行使により水俣病の拡大を
　　　　防止できなかったことを真摯に反省し，国として，ここにすべての水俣病被
　　　　害者に対し謝罪の意を表する。」とし，「平成 18 年に水俣病公式確認から 50
　　　　年という節目の年を迎えるにあたり，平成 7 年の政治解決や今般の最高裁判
　　　　決も踏まえ，医療対策等の一層の充実や水俣病発生地域の再生・融和（もや
　　　　い直し）の促進等を行い，すべての水俣病被害者の方々が地域社会の中で安
　　　　心して暮らしていけるようにするため，関係地方公共団体と協力して以下の
　　　　対策（本書では略）を講ずるものとする。」と記している。

2006 年　「水俣病問題に係る懇談会」（座長：有馬朗人）報告書を発表。

2009 年　「水俣病被害者の救済及び水俣病問題の解決に関する特別措置法」（水俣病被
　　　　害者救済特措法）が成立，公布・施行された。本法は，公健法の判断条件を

満たさないものの救済を必要とする人々を，法的措置を設けて，水俣病被害者として受け止め，その救済を図ることにより，地域における紛争を終結させ，水俣病問題の最終解決を図り，環境を守り，安心して暮らしていける社会を実現することを目的とする。救済及び水俣病問題の解決の原則を示し，救済措置の方針の制定，水俣病問題の解決に向けた取組（救済措置の実施，水俣病の認定等の申請に対する処分の促進，水俣病に係る紛争の解決など）の実施により救済を受けるべき方々をあたう限りすべて救済すること，こうした新しい救済を原因企業の費用負担のもとで行うために，公的支援を既に受けているような債務超過の原因企業の経営形態の見直し等を定めている。認定要件を緩和，未認定患者の救済を目的とする。

2010 年　水俣病被害者救済特措法に基づき，「救済措置の方針」を閣議決定。

2010 年　一定の症状がある人に一時金を支払うことを内容とする救済策を閣議決定する（2度目の政治解決ともいわれる）。

2012 年　環境省は「水俣病問題の解決に向けた今後の対策について」を発表し，医療福祉，地域振興について関係地方公共団体や関係事業者と協力して，施策を講じていくとしている。

2013 年　最判平 25・4・16 民集 67 巻 4 号 1115 頁（水俣病認定申請棄却処分取消等請求事件）。国の認定基準（昭和 52 年判断条件）が求める複数の症状の組み合わせがなくても，生活歴などを総合的に判断すれば感覚障害だけでも認定できると判断した。判決要旨は次の通り（公害健康被害の補償等に関する法律 4 条 2 項に基づく水俣病の認定の申請を棄却する処分の取消訴訟における裁判所の審理及び判断は，処分行政庁の判断の基準とされた運用の指針に現在の最新の医学水準に照らして不合理な点があるか否か，公害健康被害認定審査会の調査審議及び判断の過程に看過し難い誤謬，欠落があってこれに依拠してされた処分行政庁の判断に不合理な点があるか否かといった観点から行われるべきものではなく，経験則に照らして個々の事案における諸般の事情と関係証拠を総合的に検討し，個々の具体的な症候と原因物質との間の個別的な因果関係の有無等を審理の対象として，申請者につき水俣病のり患の有無を個別具体的に判断すべきものである）。

2013 年　水銀に関する水俣条約を採択（熊本市・水俣市で開催された外交会議）。

2014 年　最判平 25・4・16 を受け，環境省は，認定基準の新たな運用指針を熊本県，新潟県など関係自治体に通知した。認定基準の変更はない。

2015 年　大気汚染防止法を改正（水銀排出施設の届出，排出基準の遵守等）。

2016 年　日本が水俣条約を締結（2015 年，水銀環境汚染防止法を制定，大気汚染防止法を改正）。

2016 年　熊本水俣病が公式に確認されてから 60 年になる。1 号患者の田中実子さんは 62 歳。この年，胎児性患者の坂本しのぶさんは 60 歳になった。

2016 年	新潟地裁は, 新潟水俣病の未認定患者 9 人が提訴していた訴訟において 7 人に認定命令。本判決は最判平 25・4・16 の判断基準 (感覚障害の単独の症状でも認定の余地がある) を踏襲した。
2017 年	環境省, 「水銀に関する水俣条約を踏まえた水銀大気排出対策の実施について」を公表。
2017 年	水銀に関する水俣条約が発効。
2018 年	水銀対策等を盛り込む改正大気汚染防止法が施行された。

出典　環境省──水銀に関する水俣条約

「2013 年に採択された本条約 (2017 年発効) の目的は, 水銀及び水銀化合物の人為的な排出から人の健康及び環境を保護することにある。

前文では, ①水銀のリスクに対する認識や国際的な水銀対策の推進の必要性, 水銀対策を進める際の基本的な考え方, ②水俣病の教訓として, 水銀汚染による人の健康及び環境への深刻な影響, 水銀の適切な管理の確保の必要性及び同様の公害の再発防止 (日本の提案を受け記載), ③リオ原則を再確認 (汚染者負担原則及び予防的アプローチがリオ原則の中に含まれている)。

①今般合意された条約は, 先進国と途上国が協力して, 水銀の供給, 使用, 排出, 廃棄等の各段階で総合的な対策を世界的に取り組むことにより, 水銀の人為的な排出を削減し, 越境汚染をはじめとする地球的規模の水銀汚染の防止を目指すもの。

②世界最大の水銀利用・排出国である中国や, 化学物質・廃棄物に関する条約をこれまで批准していない米国も積極的に交渉に参加。このように多くの国の参加を確保しつつ, その中で水銀のリスクを最大限削減できる内容の条約に合意できた。

③ "Minamata Convention" の命名は, 水俣病と同様の健康被害や環境破壊を繰り返してはならないとの決意と, こうした問題に直面している国々の関係者が対策に取り組む意志を世界で共有する意味で有意義。また, 水俣病の教訓や経験を世界に伝えるとともに, 今の水俣市の姿を内外にアピールできる。」

④　環境問題の広がり──公害問題から環境問題へ

前述のように，日本で出現した水俣病問題は国内の司法，行政，立法に広がり，さらに「水銀に関する水俣条約」などを通じて世界に広がっている。

環境問題としては，水俣病問題などの公害のほか，自然の破壊，景観・眺望，原子力発電所事故など，様々な問題を挙げることができる。そして，道路公害，近隣公害（生活上の騒音，振動，ペット等の悪臭，日照・通風など）など都市生活型公害も発生している（他に，風害，光害，文化財，アメニティ）。これらの全体を環境問題として捉えることができる。

「公害問題から環境問題へ」の視点は，当然のことであるが公害問題が消滅したことを意味しない。公害問題はひきつづき出現し，新たな公害問題も出現している。

環境問題は人と自然との関係を問い，自然への関心を高めた。日照，景観など地域環境，居住環境等の快適性（アメニティ）への欲求も高まり，一部は訴訟にもなっている。居住環境については従前の生活妨害のほか，新たに平穏生活の利益や，空き家，ごみ屋敷，所有者不明土地の各問題等における所有権のあり方などが問われている。この問題は環境政策の問題としても位置づけることができる。

①　災害と環境問題

災害は環境問題でもある。日本列島は地震，台風など災害が繰り返し起こり，人命が奪われ，動物や森など生命や自然が破壊されてきた。直近の 2018 年 9 月の北海道地震（震度 7）では各所で山が崩れ，人々にほとんど知られていなかった大規模停電（ブラックアウト）という事態も発生した。

②　戦争・平和，貧困など地球上の課題と環境問題

非常に残念なことであるが，人類の歴史は戦争の歴史でもある。戦争はあらゆる生命を破壊し，自然や文化を破壊する。環境問題は最広義には，戦争と平和の問題を含んでいる。また，この問題と密接に関連するが，海外にはきょうの食事がとれない人々が生存するなど，貧困の問題が深刻である。戦争は食糧難をもたらし，また難民を激増させている（国連世界食糧計画 WFP の活動などを参照）。こうした現実に環境法は対峙しなければならない。ここではもはや伝統的な権利論だけでは不十分であり，グローバルな視点から規範論

を明らかにしなければならないのである。

　以上のように，環境法は日本国憲法の基本的人権の尊重及び平和主義に位置づけることができる。

③　地球環境問題

　今日，地球温暖化問題を中心に地球環境問題の解決が喫緊の課題となっている。日本や海外の諸国・地域における公害問題，環境問題は，地球環境問題として，先進国，開発途上国を問わず地球レベルでの解決を必要としている。ここでは環境問題に関する各国・地域の国際関係やその成果としての条約等が重要な役割をしている。

人間環境問題研究会

　人間環境問題研究会は，1973 年に加藤一郎（民法学）とその研究者同志が中心となって創立した学術研究団体（任意団体）である。研究会は当時，深刻化する公害問題の解決と新たな環境問題への対応を社会科学的に解明することを目的に，今日まで研究活動を実践してきた。社会科学の理論と実践（各分野の実務）が一同に会し環境問題に対して検討するというスタイルは新しい形態であり，当時ほとんどみられなかったものである。四大公害訴訟を中心に公害法研究の重要性が認識され始めていたなかで，公害法を含む「人間環境問題」というテーマを設定し，研究を開始，継続してきたことは特筆される。

　本会の機関誌は「環境法研究」（有斐閣）である（1 号～直近は 44 号）。なお，環境問題の専門誌としては他にも，「環境と公害」（旧公害研究）（岩波書店）があり，両誌は長年，環境問題に取り組んできた。環境法の理論のあり方，特に環境権論や受忍限度論をめぐって両誌の論考は対立したが，これは論者だけでなく出版社としてのプライドを示すものでもあったように思われる。地球環境問題が深刻化する今日，ここでの論争から何を学ぶかが問われている。

第2　公害苦情──公害の実態を「苦情」から学ぶ

　公害問題・環境問題がどのようなものであるかは，公害問題・や環境問題に関する苦情から学ぶことができる。公害苦情については公害等調整委員会

の統計が充実している（統計についてはその方法や数値，個別ケースの検証が必要であるが，今後は AI（人工知能）が担う役割が大きくなるであろう）。公害苦情の実態をみると，騒音の苦情が目立っており，人と人の関係において深刻化する騒音問題は都市生活の問題として整理することができる。なお，騒音は交通公害，近隣公害として紛争の原因になり，なかには訴訟になるものもある。

◎出典，公害等調整委員会「平成 28 年度公害苦情調査—結果報告の要旨から」（2017 年）（①〜⑥）——2000 年代初頭の記録として（小賀野）

①　全国の公害苦情受付件数

　2016 年度に新規に受け付けた公害苦情件数は 70,047 件で，前年度（2015 年度）に比べ 2,414 件（対前年度比 3.3%）減少している。最近の推移をみると，平成 15 年度には調査開始（1966 年 年度）以来初めて 10 万件を上回った後，16 年度は一日減少し，17 年度，18 年度と続けて増加したが，19 年度以降は 10 年続けて減少している。

　なお，平成 28 年度の典型 7 公害の公害苦情受付件数は 48,840 件で，前年度に比べ 1,837 件（対前年度比 3.6%）減少，典型 7 公害以外の公害苦情受付件数は 21,207 件で，前年度に比べ 577 件（同 2.6%）減少している。

②　典型 7 公害の種類別公害苦情受付件数

　平成 28 年度の典型 7 公害の公害苦情受付件数（48,840 件）を種類別にみると，「騒音」が典型 7 公害苦情受付件数の 32.8%（16,016 件）と最も多く，次いで，「大気汚染」が 30.1%（14,710 件），「悪臭」が 19.7%（9,620 件），「水質汚濁」が 13.2%（6,442 件），「振動」が 3.8%（1,866 件），「土壌汚染」が 0.3%（167 件），「地盤沈下」が 0.0%（19 件）となっており，この順は平成 26 年度に騒音の占める割合が最も大きくなって以降変わっていない。

　典型 7 公害のうち「振動」のみが前年度に比べ 203 件（対前年度比 12.2%）増加している。

　なお，「騒音」については，前年度に比べ 558 件（対前年度比 3.4%）減少しているが，そのうち「低周波」は前年度 227 件に対し，平成 28 年度は 234 件と微増している。

③　典型 7 公害以外の種類別公害苦情受付件数

平成 28 年度の典型 7 公害以外の公害苦情受付件数 (21,207 件) のうち,「廃棄物投棄」は 9,216 件 (典型 7 公害以外の公害苦情受付件数の 43.5%) を占めているが, 前年度に比べ 957 件 (対前年度比 9.4%) 減少している。

廃棄物投棄の内訳をみると,「生活系」の投棄が 7,199 件 (廃棄物投棄の 78.1%) と最も多く, 次いで,「建設系」の投棄が 914 件 (同 9.9%),「産業系」の投棄が 800 件 (同 8.7%),「農業系」の投棄が 303 件 (同 3.3%) となっている。

④　主な発生原因別公害苦情受付件数

平成 28 年度の公害苦情受付件数 (70,047 件) を主な発生原因別にみると,「焼却 (野焼き)」が 12,576 件 (公害苦情受付件数の 18.0%) と最も多く, 次いで,「工事・建設作業」が 9,558 件 (同 13.6%),「廃棄物投棄」が 8,052 件 (同 11.5%),「自然系」が 7,321 件 (同 10.5%),「産業用機械作動」が 4,599 件 (同 6.6%),「家庭生活」が 4,379 件 (同 6.3%) などの順となっている。

⑤　主な発生源別公害苦情受付件数

平成 28 年度の公害苦情受付件数 (70,047 件) を主な発生源別にみると,「会社・事業所」が 29,147 件 (公害苦情受付件数の 41.6%),「個人」が 21,990 件 (同 31.4%) となっている。

「会社・事業所」の中では,「建設業」が 10,107 件 (公害苦情受付件数の 14.4%) と最も多く, 次いで,「製造業」が 5,826 件 (同 8.3%) となっている。

⑥　苦情の処理に要した期間別典型 7 公害の直接処理件数

平成 28 年度の典型 7 公害の直接処理件数 (44,799 件) について苦情の申立てから処理までに要した期間別にみると,「1 週間以内」が 30,184 件 (典型 7 公害の直接処理件数の 67.4%),「1 週間超〜1 か月以内」が 3,752 件 (同 8.4% 1 か月超〜3 か月以内」が 2,665 件 (同 5.9%),「3 か月超〜6 か月以内」が 5,156 件 (同 11.5%),「6 か月超〜1 年以内」が 2,181 件 (同 4.9%),「1 年超」が 861 件 (同 1.9%) となっている。」

第3　環境問題へのアプローチ

1　概　観

　環境法は環境問題に対する法的アプローチを基本的な要素としている。本書は，法的アプローチとして，環境訴訟，環境立法，環境法理論，環境政策（環境行政），地球環境問題をとりあげる。アプローチの出発点であり終着点になるのは，環境問題である。環境問題へのアプローチは，環境問題の諸相として捉えることができる（図Ⅰ-3）。

　環境法は環境問題に関する規範を中心にして形成された。環境法が環境法としての独自性を有するためには，環境問題の権利・義務に関する規範を追求し環境法と行政法や民法との異同を追求することによって，環境法の独自性を明らかにしなければならない。

　環境法における「公害問題から環境問題へ」という視点は，環境問題の諸相を理解するうえで有益である。

図Ⅰ—3　環境問題へのアプローチ——環境問題の諸相（第1章～第7章）

第1章　環境問題	【本書Ⅰ】
第2章　環境訴訟	【本書Ⅱ】
第3章　環境法理論	【本書Ⅲ】
第4章　環境立法	【本書Ⅳ】
第5章　環境政策	【本書Ⅴ】
第6章　環境問題の意思決定	【本書Ⅵ】

2　環境法の法源

　環境問題を対象とする法律，条例，判例，慣習法などは，環境法の法源として考えることができる。環境法という法律（＝実定法）は存在しない。環境法は，民法典，刑法典のように単独立法としての環境法典が制定されているのではなく，この点では個別立法から構成される行政法と類似している。

　このうち環境法の基礎となる法は，行政法と民法であり，憲法，刑法，民事訴訟法，国際法（国際公法）など，多くの法が関係する。それらの法の基礎のうえに，多くの環境立法が制定されているのである。さらに，環境問題に

関する判例法も形成されている。

　環境問題に対しては基本法として環境基本法が制定され，個別立法として大気汚染防止法，自然公園法，公害紛争処理法など多種多様の法律が制定されている。環境基本法が成立するまでは，基本法として旧公害対策基本法（地方自治体では旧公害防止条例）が重要な役割を果たした。旧公害対策基本法（旧公害防止条例）に代わって制定された環境基本法（地方自治体では環境基本条例）は，環境法の新しい理念と環境問題に対する新しいアプローチの方法を明らかにし，公害規制と公害を含む環境保全の双方について規律する。

　環境問題は国内だけでなく地域，地球のレベルで出現しており，国際環境法からのアプローチ（国際法）を必要としている。アジア，ヨーロッパ，アメリカなど海外の諸国・地域の環境問題に関心をもつことも重要である。環境問題に関する国際会議，条約，国家間の各種の交渉やその成果に注目することができる。要となるのは条約であり，一般的には，基本条約（枠組となる条約──枠組条約）を作成し，細目を定める議定書を採択するという方法が採られる。その後，締約国は，条約の定めを実施するための国内実施措置を作成，実施することになる。

　国際環境法における成果は国際的問題，地球レベルの問題に対するアプローチの基礎となるものであり，日本の環境立法等に影響を及ぼしている。

③　環境法の独自性

　環境法の法源と密接に関連するのが環境法の独自性の問題である。法分野としては，環境法は形成途上にあるところ，環境法が環境法として独自性を有するとはどのようなことか。環境法を環境法学として体系化するためには，環境法の独自性を明かにすることが必要である。

　環境問題に対しては民法，行政法など既存の法分野からアプローチがなされてきたが，民法や行政法などの範囲，あるいはそれらの延長にとどまっていては環境法の独自性を見いだすことはできない。環境法の独自性は，環境問題の裁判，理論，立法，政策などのなかから発見，創造し，獲得するものである。本書は以上の問題意識のもとに，①環境問題，②環境訴訟，③環境法理論，④環境立法，⑤環境政策，⑥環境問題の意思決定，⑦環境法の使命

について概観する。

参考文献

原田正純『水俣病』(岩波新書) (岩波書店，1972 年)，同『水俣病は終っていない』(岩波新書) (岩波書店，1985 年)

木宮高彦『公害概論──公害科学の総合的解説』(有斐閣，1974 年)

加藤一郎編『公害法の生成と展開』(1968 年)，同『公害法の国際的展開』(1982 年)

加藤一郎・森島昭夫 (NHK 市民大学)『現代社会と市民の法』(1985 年)

由井正臣 (NHK 市民大学)『田中正造─民衆からみた近代史』(1990 年)

野村好弘・作本直行編『発展途上国の環境法 (東アジア)』(アジア経済研究所，1993 年)，同『発展途上国の環境法 (東南アジア・南アジア)』(アジア経済研究所，1994 年)，同『地球環境とアジア環境法』(アジア経済研究所，1996 年)，同『発展途上国の環境政策の展開と法』(アジア経済研究所，1997 年)，野村好弘編『環境と金融──その法的側面』(成文堂，1997 年)，作本直行「開発と法──アジア環境法」作本直行編『アジアの経済社会開発と法』(アジア経済研究所，2002 年)

加藤一郎・野村好弘編『歴史的遺産の保護』(信山社，1997 年)

野村好弘・小賀野晶一編『人口法学のすすめ』(信山社，1999 年)

国立水俣病総合研究センター「水俣病に関する社会科学的研究会」報告書『水俣病の悲劇を繰り返さないために──水俣病の経験から学ぶもの』(1999 年)

若林敬子『東京湾の環境問題史』(有斐閣，2000 年)

熊本日日新聞社・熊本学園大学水俣学研究センター編著『原田正純追悼集　この道を──水俣から』(熊本日日新聞社，2012 年)

水俣フォーラム編『水俣から　寄り添って語る』(岩波書店，2018 年)

水俣フォーラム編『水俣へ　受け継いで語る』(岩波書店，2018 年)

Ⅱ　環境訴訟

　環境問題は古来，人々の紛争の原因となってきた。かかる紛争は今日では①当事者の話し合いや，②裁判（環境訴訟），③裁判外紛争処理機関（環境 ADR）などにおいて処理されてきた。紛争処理は当事者の救済に貢献することになるが，ここで形成される理論はその後の紛争処理，ひいては環境問題の法規範として公害防止・環境保全の役割を果たすことになる。

　以上のように，環境問題の紛争処理は環境問題そのものを現している。本章では「環境問題へのアプローチ」の 1 として，環境訴訟をとりあげる（環境 ADR については本書Ⅲ，Ⅳで概観する）。環境問題の裁判例は多数蓄積し，判例法を形成している。ここには環境問題に関する法の創造をみることができる。以下では環境訴訟を環境問題の態様別に主として時系列で整理した。

　環境訴訟は，「公害訴訟から広義の環境訴訟へ」として整理することができる。そして，環境訴訟のなかから環境法理論が形成され（訴訟は法令に基づいて行われるから理論は立法からも形成される），環境法理論はその後の紛争処理において有用な役割を果たしている（環境法理論については本書Ⅲで概観する）。

　ここでの学習の要点は裁判例の結論のみを知ることではなく，結論に至る判断を理解することである。以下，判決のアンダーラインは小賀野による。

図Ⅱ—1　環境問題に対する環境訴訟からのアプローチ

環境問題　←　環境訴訟

第 1　初期の訴訟──大気，水，土壌等の汚染による物的損害

1 概　観

　環境問題（鉱害，公害）の初期の訴訟では，大気，水質，土壌等の汚染，これらによる稲など農作物都の被害，すなわち物的損害（物損）が問題になった。

2 環境問題の古典的判例

大阪アルカリ事件大判大 5・12・22 民録 22 輯 2474 頁

　化学工場（大阪アリカリ株式会社）からの煤煙（硫煙）によって農作物が被害を受けたため，民法 709 条に基づき損害賠償請求がなされた事案につき，「化学工場ニ従事スル者カ其目的タル事業ニ因リテ生スルコトアルヘキ損害ヲ予防スルカ為メ相当ノ設備ヲ施シタル以上ハ偶々他人ニ損害ヲ被ラシメタルモ之ヲ以テ不法行為トシテ其損害賠償ノ責ニ任セシムルコトヲ得サルモノトス」と判断した。

　今日の法理論としてみるとやや粗い面があるとはいえ，工場による物的被害が裁判になった初期の事例として注目することができる。

信玄公旗掛松事件大判大 8・3・3 民録 25 輯 356 頁

　現在の中央本線日野春駅近くに，その昔，武田信玄公が旗を立て掛けたと伝承された老松があったが，その近くを走る蒸気機関車の煤煙によってこの松が枯死したために，松の所有者が鉄道院（国）に対して民法に基づき損害賠償請求をした（当時はまだ国家賠償法は制定されていなかった）。

　大審院（現在の最高裁）判決は，ある行為が社会観念上被害者において容認すべからざるものと一般に認められる程度をこえたときには，権利行為の適当な範囲にあるものとはいえず，権利濫用にあたり，不法行為が成立するとし，松の枯死が被告の違法な行為にもとづくとして損害賠償責任を認めた（川井健『民法概論Ⅰ民法総則（4版）』9 頁（有斐閣，2008 年），同『民法判例と時代思潮』193 頁以下（日本評論社，1981年））。原告の勇気（権利意識）とこれに応えた裁判所の適切な判断（正義）を示す名判決といえるものである。

　本判決の要旨は以下の通り。ここに受忍限度論の萌芽がみられる。

　①権利ノ行使ト雖モ法律ニ於テ認メラレタル適当ノ範囲内ニ於テ之ヲ為スコトヲ要スルモノナレハ権利ヲ行使スル場合ニ於テ故意又ハ過失ニ因リ其適当ナル範囲ヲ超越シ失当ナル方法ヲ用ヒタルカ為メ他人ノ権利ヲ侵害シタルトキハ侵害ノ程度ニ於テ不法行為成立スルモノトス

　②権利ノ行使カ社会観念上被害者ニ於テ忍容スヘカラサルモノト一般ニ認メラルル程度ヲ越ヘタルトキハ権利行使ノ適当ナル範囲ニ非サルヲ以テ不法行為ト為ルモノト解スルヲ相当トス

　③汽車ヲ運転スルニ当リテ石炭ヲ燃焼スルノ必要上煤煙ヲ附近ニ飛散セシムルハ鉄道業者トシテノ権利行使ニ当然伴フヘキモノニシテ蒸汽鉄道カ交通上欠クヘカラサルモノトシテ認メラルル以上ハ沿道ノ住民ハ共同生活ノ必要上之ヲ忍容スヘキモノトス従テ之カ為メ住民ニ害ヲ及ホスコトアルモ不法ニ権利ヲ侵害シタルニ非サレハ不法行為成立セサルモノトス

　④係争松樹カ鉄道沿線ニ散在スル樹木ヨリモ甚シク煤煙ノ害ヲ被ルヘキ位置ニ在リテ且其害ヲ予防スヘキ方法アルニモ拘ハラス鉄道業者カ煤煙予防ノ方法ヲ施サス煙

害ノ生スルニ任セ之ヲ枯死セシメタルハ社会観念上一般忍容スヘキモノト認メラルル
範囲ヲ超越シタルモノニシテ権利行使ニ関スル適当ナル方法ヲ行ハサルモノト解スル
ヲ相当トス

【参考】その後の公害による物損事例として，複数原因者による公害（工場からのアル
コール廃液による稲の被害）が問題となった**山王川事件**最判昭 43・4・23 民集 22 巻 4
号 964 頁が著名である。

第 2　四大公害訴訟──産業公害による人身損害

1　概　観

　日本では 1960 年代～1970 年代の高度経済成長期に，企業を中心に社会経
済活動が活発になり，国家，社会，人々は富や利便を徹底して追求した。こ
の結果，日本は経済的に豊かになったが（この事実を看過してはならない），反面，
大気汚染，水質汚濁等の問題が深刻化し，その他の公害問題が出現した。

　公害問題の出現とその後の状況は，資本主義社会の発展とほぼ対応してい
る。すなわち，資本主義の社会は土地，労働，資本を基本的な要素とする人間
の営みであるが，蒸気機関の発明による第 1 次産業革命，鉄鋼・石油による
第 2 次産業革命，自動車による第 3 次産業革命はそれぞれに，新たな環境問
題を出現させた。日本の四大公害訴訟は第 2 次産業革命に，後述する交通公
害訴訟はおよそ第 3 次産業革命に対応している。

　第 2 次産業革命による企業活動に伴う公害，すなわち産業公害は人々の生
命，身体に甚大な被害（人身損害＜人損＞）をもたらした。被害者やその遺族は，
加害者である企業を相手に損害賠償請求訴訟を提起した。それぞれの判決は
その後の公害法理論の形成，発展に貢献した。とりわけ大きな影響を与えた
のが，以下にとりあげる四大公害訴訟の各判決である。各判決はいずれも原
告らの請求を認容した（原告の勝訴，被告の敗訴）。

　四大公害訴訟とそれぞれの裁判例（判決）は歴史的価値を有しており，また，
民法の不法行為法の理論（過失論，因果関係論，共同不法行為論，損害論など）の発
展に貢献し，今日の環境法の基礎として存在している。

2 四大公害訴訟

(1) イタイイタイ病訴訟（第1審富山地判昭46・6・30下民集22巻5・6号別冊1頁，控訴審名古屋高金沢支判昭47・8・9判時674号25頁）

1968年3月提訴。富山県の神通川下流でイタイイタイ病にり患した原告ら（同病により死亡した者を含む）が，その原因は上流で操業する被告会社から排出されたカドミウムにより汚染された農作物，魚類，飲用水を長年摂取してきたことにあるとして，鉱業法109条に基づき同被告に対して損害賠償（慰謝料）を請求した。本件は，無過失責任を定める鉱業法109条に関する事案であったため，主な争点は故意・過失ではなく因果関係の有無であった。

第1審判決は，原告が主張した疫学的因果関係の考え方を採用し，イタイイタイ病の原因は被告会社の排出したカドミウムによるものであるとし，同会社に対し，損害賠償責任を認めた。そして，イタイイタイ病被害者らのうち現に生存している本病患者および既に十数年以前に本病により死亡した者ら合計12名に対しては各金400万円，最近本病により死亡したその余の2名に対しては少なくとも各金500万円が相当であるとした。控訴審判決も被告の責任を認め，慰謝料として，死亡患者1,000万円，その他の患者800万円を認めた。

裁判所が採用した疫学的因果関係論は，因果関係の証明につき，被害者は必ずしも自然科学的証明をしなくても疫学的証明ができれば法的因果関係があるものと推定するものであり，証明の負担を軽減する。この考え方はその後の公害裁判においても採用され，被害者救済上重要な役割を果たしている。

本判決は因果関係について次のように述べている。

「およそ，公害訴訟における因果関係の存否を判断するに当たっては，企業活動に伴って発生する大気汚染，水質汚濁等による被害は空間的にも広く，時間的にも長く陥った不特定多数の広範囲に及ぶことが多いことに鑑み，臨床医学や病理学の側面からの検討のみによっては因果関係の解明が十分達せられない場合においても，疫学を活用していわゆる疫学的因果関係が証明された場合には原因物質が証明されたものとして，法的因果関係も存在するものと解するのが相当である。」

鉱業法の考え方

　鉱業法第 6 章は，鉱害の賠償責任に関する基本規定を定める。この規定は民法・不法行為（709 条以下）の特別規定となっている。鉱業法上の損害賠償責任は，次のような性質を有する。古い法律であるが，優れた内容を有する。

　鉱業法 109 条の無過失責任が問題となった事例としては，前掲イタイイタイ病訴訟のほか，操業をしていない（稼業なき鉱業権者）の責任を認めた土呂久鉱害訴訟福岡高宮崎支判昭 63・9・30 判時 1292 号 29 頁，判タ 684 号 115 頁がある。

　①無過失損害賠償責任

　鉱業法（1950 年制定）は，鉱物の掘採のための土地の堀さく，坑水もしくは廃水の放流，捨石もしくは鉱さいのたい積又は鉱煙の排出によって他人に損害を与えたときは，鉱業権者がその損害を賠償する責に任ぜられるとしている（109 条）。鉱業権者に故意又は過失がなくても責任を負う。責任を負う者は，原則として，鉱害が発生した時の当該鉱区の鉱業権者である。損害発生時の鉱業者が消滅しているときには，消滅時の鉱業権者が責任を負う（同条 1 項）。これらの加害行為は，鉱業に伴うものに限られる。

　ここでの因果関係については，加害者が単独の場合には民法の考え方で処理される。救済の対象となる損害の種類は，人の生命，身体に対する被害（人身損害）だけでなく，農業，漁業などに対する被害（物的損害）も含まれる。

　②共同不法行為の特則

　加害者が複数の場合（共同不法行為）には，損害が 2 以上の鉱区又は租鉱区の鉱業権者又は租鉱権者の作業のいずれによって生じたかを知ることができないときには，各鉱業権者又は租鉱権者が連帯して損害を賠償する義務を負う（109 条 2 項）。連帯債務者相互の間では，各自の負担部分は等しいものと推定される（110 条 1 項）。

　③鉱害賠償の方法及び範囲

　鉱害は，公正かつ適切に賠償されなければならない（111 条 1 項）。鉱害の賠償は，原則として，金銭をもって行う（同条 2 項本文）。ただし，賠償金額に比べて著しく多額の費用を要しないで原状回復をなし得るときは，被害者は現状の回復を請求することができる（同条 2 項ただし書）。また，賠償義務者の申立があった場合において，裁判所が適当であると認めるときは，金銭賠償に代えて，原状回復を命ずることができる（同条 3 項）。

　通商産業局長は，損害賠償に関する争議の予防又は解決に資するため，損害

賠償の範囲，予防等についての公正かつ適切な一般的基準を作成し，これを公表することができる（同条1項）。ただし，何人もこの基準に拘束されるものではない（同条2項）。

　鉱害の発生に関して被害者の責に帰すべき事由があったときは，栽培所は，損害賠償の責任及び範囲を定めるにあたって，これをしんしゃくすることができる。天災その他の不可抗力が競合したときも同様である（113条）。この規定は責任の有無あるいは損害算定にあたり割合的認定をすることができることを示すものである。

　鉱害賠償額が予定された場合において，その額が現実に生じた鉱害額と比べて著しく不相当であるときは，当事者は，その増減を請求することができる（114条1項）。土地又は建物に関する損害について予定された賠償額の支払いは，賠償の目的となる損害の原因及び内容，賠償の範囲及び金額について登録をしたときは，その後その土地又は建物について権利を取得した者に対しても，その効力を生ずる（同条2項）。

　鉱害賠償請求権は，鉱害の発生した時から20年又は被害者が鉱山及び賠償義務者を知った時から3年間これを行わなかったときは，消滅する（115条1項）。土地堀さくによる土地の陥落等のように，鉱害が数年間にわたって進行する場合には，進行が終わった時からその期間を計算する（同条2項））。

　このほか，石炭又は亜炭を目的とする鉱業権又は租鉱権者に関する担保供託の規定などが定められている（117条以下）。

(2)　新潟水俣病訴訟（新潟地判昭46・9・29判時642号96頁，判タ267号99頁）

　1967年6月提訴。新潟県の阿賀野川の下流で魚介類を摂取し水俣病に罹患した被害者が，肥料生産会社が有機水銀（メチル水銀）の化合物を排出したことが原因であるとして，同社に対して，民法709条に基づき損害賠償請求をした。裁判では，水銀による中毒について化学企業（製造工場）の廃水管理義務と過失責任，因果関係，損害論（一律賠償請求）などについて判断した。

**本件中毒症と被告の行為との因果関係
　──門前到達論**　原告側は汚染経路について企業の門前に到達するところまで証明できれば，後は被告側で因果関係論がないことについて証拠に基づいて反論すべきであり，それができなければ因果関係が事実上推定されると判断した。

　「不法行為に基づく損害賠償事件においては，被害者の蒙った損害の発生と加害行為との因果関係の立証責任は被害者にあるとされているところ，いわゆる公害事件（ここでは，便宜，公害対策基本法第2条にいう定義を用いる。以下同じ。）においては，被害者が公害に係る被害とその加害行為との因果関係について，因果の環の一つ一つにつき，逐次自然科学的な解明をすることは，極めて困難な場合が多いと考えられる。特に化学工業に関係する企業の事業活動により排出される化学物質によって，多数の住民に疾患等を惹起させる公害（以下「化学公害」という。）などでは，後記のところから明らかなように，その争点のすべてにわたって高度の自然科学上の知識を必須とするものである以上，被害者に右の科学的解明を要求することは，民事裁判による被害者救済の途を全く閉ざす結果になりかねない。けだし，右の場合，因果関係論で問題となる点は，通常の場合，①被害疾患の特性とその原因（病因）物質，②原因物質が被害者に到達する経路（汚染経路），③加害企業における原因物質の排出（生成・排出に至るまでのメカニズム）であると考えられる。ところで，①については，被害者側において，臨床，病理，疫学等の医学関係の専門家の協力を得ることにより，これを医学的に解明することは可能であるとしても，前記一に認定したような熊本の水俣病の例が端的に示しているように，そのためには，相当数の患者が発生し，かつ，多くの犠牲者とこれが剖検例が得られなければ，明らかにならないことが多く，②については，企業からの排出物質が色とか臭いなどにより外観上確認できるものならばいざ知らず，化学物質には全く外観上確認できないものが多いため，当該企業関係者以外の者が排出物の種類，性質，量などを正確に知ることは至難であるばかりでなく，これが被害者に到達するまでには，自然現象その他の複雑な要因も関係してくるから，その汚染経路を被害者や第三者は，通常の場合，知り得ないといえよう（こうした目に見えない汚染に不特定多数の人が曝らされ，しらずしらずのうちに健康を蝕まれ，被害を受ける，というのが，むしろこの種公害の特質ともいえよう。）。そして，③にいたっては，加害企業の「企業秘密」の故をもって全く対外的に公開されないのが通常であり，国などの行政機関においてすら企業側の全面的な協力が得られない限り，立入り調査をして試料採取することなどはできず，いわんや権力の一かけらももたない一般住民である被害者が，右立入り等をすることによりこれを科学的に解明することは，不可能に近いともいえよう。加えて，この種公害の被害者は，一般的にいって加害者と交替できる立場にはなく，加害企業が「企業秘密」を解かぬ以上，その内容を永遠に解き得ない立場にある。一方，これに反し，加害企業は，多くの場合，極言すると，生成，排出のメカニズムにつき排他的独占的な知識を有しており，③については，企業内の技術者をもって容易に立証し，その真実を明らかにすることができる立場にある。

　以上からすると，本件のような化学公害事件においては，被害者に対し自然科学的な解明までを求めることは，不法行為制度の根幹をなしている衡平の見地からして相当ではなく，前記①，②については，その状況証拠の積み重ねにより，関係諸科学と

の関連においても矛盾なく説明ができれば，法的因果関係の面ではその証明があったものと解すべきであり，右程度の①，②の立証がなされて，汚染源の追求がいわば企業の門前にまで到達した場合，③については，むしろ企業側において，自己の工場が汚染源になり得ない所以を証明しない限り，その存在を事実上推認され，その結果すべての法的因果関係が立証されたものと解すべきである。」

被告の責任──過失　「被告は，鹿瀬工場のアセトアルデヒド製造工程から生ずるドレン排水中に含まれたメチル水銀を除去するための措置をとり，新潟水俣病の発生を未然に防止すべき注意義務があつたにもかかわらず，これを怠り，その操業開始のときから昭和40年1月の操業停止に至るまで，メチル水銀を除去するための装置を全く設けることなく無処理のままこれを阿賀野川に放出し続け，その結果原告等をして水俣病に罹患せしめたのである。被告の過失の特殊性は，すでに熊本水俣病という経験があり，その原因と被害発生の防止策が明らかにされていたにもかかわらず，企業者である被告において全くこれが生かされなかった点において，むしろ「故意」に近いものというべきであり，被告の責任は極めて重いものといわざるをえない。」

(3)　四日市訴訟（津地四日市支判昭47・7・24判時672号30頁，判タ280号100頁）

1967年9月提訴。喘息に罹患した被害者らは，三重県の四日市コンビナートを形成する被告企業6社が排出した煤煙が原因であるとして，同6社に対して，民法719条に基づき共同不法行為による損害賠償責任を追及した。四大公害訴訟で唯一の大気汚染訴訟。

本判決は過失の認定では，立地上の過失と操業上の過失を分けて捉えたえうで，コンビナートの立地に際して，事前に排出物質の性質と量，排出施設と居住地域との位置・距離関係，風向・風速等の気象条件等を総合的に調査することを求めた。因果関係については，本判決もイタイイタイ病判決と同様，因果関係の認定にあたり，疫学の知見を基礎にする疫学的因果関係論に基づいて法的判断をした。共同不法行為論では客観的関連共同性の理論を提示した。

①　過失論（立地上の過失，操業上の過失）

本判決はYらの注意義務違反について，立地上の過失と操業上の過失を区別しその双方について吟味した。立地上の過失については，本件の場合のようにコンビナート工場群として相前後して集団的に立地しようとするとき

は，汚染の結果が付近の住民の生命・身体に対する侵害という重大な結果をもたらすおそれがあるのであるから，そのようなことのないように事前に排出物質の性質と量，排出施設と居住地域との位置・距離関係，風向，風速等の気象条件等を総合的に調査研究し，付近住民の生命・身体に危害を及ぼすことのないように立地すべき注意義務があるとし，付近住民の健康に及ぼす影響の点について何らの調査，研究をもなさず漫然と立地したY1・Y2・Y4〜Y6の5社に立地上の過失を認めた。

　他方，操業上の過失については，Yら工場がその操業を継続するに当たっては，その製造工程から生ずるばい煙の付近住民に対する影響の有無を調査研究し，ばい煙によって住民の生命・身体が侵害されることのないように操業すべき注意義務があるとし，Yら6社に漫然操業を継続した過失を認めた。

②　違法性論（受忍限度論の導入）

　本判決はYらの行為の違法性について，被侵害利益などの被害者側の事情と，侵害行為などの加害者側の事情とを総合較量し，被害者が社会通念上受忍すべき限度をこえないときには違法性が阻却されると解した。

　具体的には，到達硫黄酸化物の微量，行為の公共性，排出基準の遵守，被害者の特殊事情，場所的慣行性，先住関係，結果回避不能及び最善の防止措置（立地上の問題，操業継続上の結果回避可能性および最善の防止措置〔結果回避可能性，共同不法行為における結果回避可能性，最善の防止措置〕）の各要素について吟味した。

　また，最善のまたは相当の防止措置を講じたか否かをもって責任の有無を決すべきであるとするYらの主張に対しては，損害の公平な分担という不法行為制度の目的に照らして妥当ではなく，他の要素をも総合して，受忍限度をこえた損害があったと認められるか否かによって決すべきであるとした。Yらの主張は，前掲大阪アルカリ事件大審院判決の考え方に依拠するものであるが，本判決は受忍限度論を用いることによってかかる主張を排斥し，被害者救済を図っている。かかる判断は，環境法における受忍限度論の機能としても注目することができる。

③ 因果関係論（疫学的因果関係論の導入）

　本判決はYら6社の工場のばい煙が全体として磯津地区の主たる汚染源になっていると認め，また，その大気汚染によりXらが閉そく性肺疾患に罹患し，症状が増悪したと認めた。

　第1に，四日市市特に磯津地区における閉そく性肺疾患の多発（増加）と大気汚染の関係の有無について，疫学に基づいて検討した。疫学は大量観察によって因果関係を把握する医学の方法である。本判決は疫学的因果関係が認められる条件を掲げた。また，疫学調査として，罹患率調査，住民検診，学童検診，死亡率調査，磯津検診，公害病認定制度と認定患者の状況，医療機関における患者の推移，転地効果および空気清浄室の効果等，硫黄酸化物濃度とぜんそく発作との関係などを吟味した（疫学的因果関係）。

　疫学的因果関係論は，その後の訴訟において原告側の主張の根拠とされている（千葉川鉄訴訟千葉地判昭63・11・17判時臨時増刊平元・8・5号161頁，判タ689号40頁など）。

　第2に，大気汚染と閉そく性肺疾患罹患または症状増悪との間の法的因果関係（個別的因果関係）の有無は，大気汚染がなかったならば罹患または症状増悪がなかったと認められるか否かを検討する必要があり，かつそれで足りると認めた。

④ 共同不法行為論（客観的関連共同性論の導入）

　本判決は，共同不法行為論の要素となる関連共同性を客観的関連共同性の枠組みで捉え，次のように述べている。

　　「イ　弱い関連共同性
　　㈠共同不法行為における各行為者の行為の間の関連共同性については，客観的関連共同性をもってたりる，と解されている。
　　そして，右客観的関連共同の内容は，結果の発生に対して社会通念上全体として一個の行為と認められる程度の一体性があることが必要であり，かつ，これをもってたりると解すべきである。……
　　このような客観的関連共同性は，コンビナートの場合，その構成員であることによって通常これを認め得るものであるが，必ずしもコンビナート構成員に限定されるものではないと解される。

　㈡前記のように共同不法行為における各人の行為は，それだけでは結果を発生させないが，他の行為と相合してはじめて結果を発生させたと認められる場合においても，その成立を妨げないと解すべきであるが，このような場合は，いわば，特別事情による結果の発生であるから，他の原因行為の存在およびこれと合して結果を発生させるであろうことを予見し，または，予見しえたことを要すると解すべきである。」

　「ロ　強い関連共同性

　ところで，Yら工場の間に右に述べたような関連共同性をこえ，より緊密な一体性が認められるときは，たとえ，当該工場のばい煙が少量で，それ自体としては結果の発生との間に因果関係が存在しないと認められるような場合においても，結果に対して責任を免れないことがあると解される。

　前認定のようにY4，Y5，Y6各工場の間には，特に，緊密な結合関係がみられる。

　すなわち，被告3社は一貫した生産技術体系の各部門を分担し，Y4は，前記のとおりナフサを分解して石油化学の基礎製品であるエチレン等を製造し，Y5，Y6は，これら基礎製品を自社の原料として供給を受け，二次製品たる塩化ビニールや2エチルヘキサノール等を製造し，なかんずく，これら製造工程に不可欠な蒸気を自ら生産することなく，Y4からそれぞれ相当量供給を受け，または，受けていた。

　このほか，Y6からY4およびY5へ，Y5からY6へ，それぞれ製品・原料が送られていることも前記のとおりである。そして，これら製品・原料および蒸気の受け渡しの多くは，パイプによってなされ，当該被告以外の者から供給を受けることが，技術的・経済的に不可能または著しく困難であり，一社の操業の変更は，他社との関連を考えないでは行ない得ないほど機能的技術的経済的に緊密な結合関係を有する。

　このように，右被告3社工場は，密接不可分に他の生産活動を利用し合いながら，それぞれその操業を行ない，これに伴ってばい煙を排出しているのであって，右被告3社間には強い関連共同性が認められるのみならず，同社らの間には前記のような設立の経緯ならびに資本的な関連も認められるのであって，これらの点からすると，右被告3社は，自社のばい煙の排出が少量で，それのみでは結果の発生との間に因果関係が認められない場合にも，他社のばい煙の排出との関係で，結果に対する責任を免れないものと解するのが相当である。」

⑤　**損害論**（差額説ではなく労働能力喪失説による逸失利益の算定）

　行為によって損害が発生することは要件論の1つであるが，効果論では損害賠償請求における損害の評価，算定が問題になる。

　本判決は，YらはXらに対し共同不法行為により連帯して原告患者らの受けた損害を賠償すべき義務があると認めた。本判決は損害の概念について，本件の場合は労働能力の喪失自体をもって損害と認めるのが相当であると判

断した。また，多数の被害者にできるだけ公平かつ迅速な救済を与えるために賠償額の算定に当たっては定型化が必要であり，原告患者らの全労働者の性別，年齢，階級別平均賃金による損害額を認めるべきであるとするＸらの主張も理由があるとした。

　本判決は，慰謝料算定の考慮要素について，原告患者らに多かれ少なかれ共通する事情として公害事件の特質及び本件疾患の特徴，肉体的苦痛，精神的苦痛，家庭生活の破壊を掲げた。

(4)　熊本水俣病訴訟〔熊本地判昭 48・3・20 判時 696 号 15 頁，判タ 294 号 108 頁〕

　1969 年 6 月提訴。被害者らは，熊本県水俣市で肥料製造を営む会社の排水中に含まれた有機水銀（メチル水銀）に汚染された魚介類を摂取したことによって水俣病に罹患したとして，会社に対し，民法 709 条に基づき損害賠償責任を追及した。

　本判決は，化学会社には排水処理上の高度の注意義務があり，特定の原因物質についての予見可能性は不要として被告の過失を認めた。また，見舞金契約の効力については，原告の窮状につけ込み低額の見舞金で請求権を放棄させたことは民法 90 条の公序良俗に反し無効であるとした。他に，損害賠償請求権の消滅時効，損害論（損害額の算定）などについて判断した。

> 被告水俣工場（以下，被告工業という）による工場廃水の流出行為と水俣病発症との因果関係
> 　「水俣病の原因物質は被告工場のアセトアルデヒド製造設備内で生成されたメチル水銀化合物であって，それが工場廃水に含まれて水俣湾およびその周辺の海域に流出し，魚介類の体内に蓄積され，その魚介類を長期かつ多量に摂食した地域住民が水俣病に罹患したものであること，すなわち被告工場のアセトアルデヒド廃水の流出行為と水俣病発症との因果関係を肯定するに十分であって，この認定を左右するに足りる資料はないものといわなければならない。」

> 過失，予見可能性
> 　「およそ化学工場は，化学反応の過程を利用して各種の生産を行なうものであり，その過程において多種多量の危険物を原料や触媒として使用するから，工場廃水中に未反応原料・触媒・中間生成物・最終生成物などのほか予想しない危険な副反応生成物

が混入する可能性も極めて大であり，かりに廃水中にこれらの危険物が混入してそのま，河川や海中に放流されるときは，動植物や人体に危害を及ぼすことが容易に予想されるところである。

よって，化学工場が廃水を工場外に放流するにあたっては，常に最高の知識と技術を用いて廃水中に危険物質混入の有無および動植物や人体に対する影響の如何につき調査研究を尽してその安全を確認すると，もに，万一有害であることが判明し，あるいは又その安全性に疑念を生じた場合には，直ちに操業を中止するなどして必要最大限の防止措置を講じ，とくに地域住民の生命・健康に対する危害を未然に防止すべき高度の注意義務を有するものといわなければならない。すなわち，廃水を放流するのは工場自身であるのに対し，地域住民としては，その工場でどのようなものが如何にして生産され，また如何なる廃水が工場外に放流されるかを知る由もなく，かつ知らされもしないのであるから，本来工場は住民の生命・健康に対して一方的に安全確保の義務を負うべきものである。蓋し，如何なる工場といえども，その生産活動を通じて環境を汚染破壊してはならず，況んや地域住民の生命・健康を侵害しこれを犠牲に供することは許されないからである。

被告は，予見の対象を特定の原因物質の生成のみに限定し，その不可予見性の観点に立って被告には何ら注意義務違反がなかった，と主張するものゝようであるが，このような考え方をおしすゝめると，環境が汚染破壊され，住民の生命・健康に危害が及んだ段階で初めてその危険性が実証されるわけであり，それまでは危険性のある廃水の放流も許容されざるを得ず，その必然的結果として，住民の生命・健康を侵害することもやむを得ないこと，され，住民をいわば人体実験に供することを容認することにもなるから，明らかに不当といわなければならない。……

かようにみてくると，被告工場が全国有数の合成化学工場として要請される高度の注意義務の内容としては，絶えず文献の調査・研究を行なうべきはもとよりのこと，常時工場廃水の水質に分析・調査を加えてその安全確認につとめると，もに，廃水の放流先である水俣湾の地形・潮流その他の環境条件およびその変動についての監視を怠らず，その廃水を工場外に放流するについてその安全管理に万全を期すべきであったといわなければならない。」

第3　水俣病訴訟のその後の広がり

1　概　観

水俣病問題は四大公害訴訟で終了したわけではく，本書Ⅰ「水俣病の年表」でみたように司法，行政，立法のそれぞれの課題となって今日まで続いている。裁判はその後，2次訴訟，3次訴訟が提起された。ここでは四肢末端のし

びれ等の感覚障害で水俣病と認定することができるか，国や県の責任はあるかなどが問題になった（例えば，未認定患者の一部が被告企業（チッソ）に対して損害賠償請求をした福岡高判昭 60.8.16 判タ 565 号 75 頁（一部認容，確定），被告企業のほか，裁判所として初めて国，県の行政責任を認めた熊本地判昭 62.3.30 判時 1235 号 3 頁，国の行政責任を否定した新潟水俣病事件新潟地判平 4・3・31 判時 1422 号 39 頁，判タ 782 号 260 頁など）。このうち，水俣病関西訴訟では以下のような法理論が示された。

2　水俣病関西訴訟

水俣病関西訴訟上告審判決最判平 16・10・15 民集 58 巻 7 号 1802 頁

　国や地方自治体の行政の不作為が問われた。水俣病の患者であると主張する被上告人らが，上告人らは水俣病の発生及び被害拡大の防止のために規制権限を怠ったことにつき国賠法 1 条 1 項に基づく損害賠償責任を負うとして，上告人らに対し，損害賠償を請求した。

　本判決は，原審が，昭和 35 年 1 月以降，上告人らが本件工場の排水に関して規制権限を行使しなかったことが違法であり，水俣湾周辺海域の魚介類を摂取して水俣病になった者及び健康被害の拡大があった者に対して国賠法上の損害賠償責任を負うとした判断は，正当として是認することができるが，昭和 34 年 12 月末以前に水俣湾周辺地域から転居した本件患者らのうち 8 名に係る損害賠償請求を一部認容したのは，因果関係の存否の判断につき，法令の違反があるとした。

　本判決は，①国が水俣病による健康被害の拡大防止のためにいわゆる水質 2 法に基づく規制権限を行使しなかったことが国家賠償法 1 条 1 項の適用上違法となるとした。②熊本県が水俣病による健康被害の拡大防止のために同県の漁業調整規則に基づく規制権限を行使しなかったことが国家賠償法 1 条 1 項の適用上違法となるとした。なお，水俣病による健康被害につき加害行為の終了から相当期間を経過した時が民法 724 条後段所定の除斥期間の起算点となるとした。

　　「(1)国又は公共団体の公務員による規制権限の不行使は，その権限を定めた法令の趣旨，目的や，その権限の性質等に照らし，具体的事情の下において，その不行使が許

容される限度を逸脱して著しく合理性を欠くと認められるときは，その不行使により被害を受けた者との関係において，国家賠償法 1 条 1 項の適用上違法となるものと解するのが相当である（最高裁昭和 61 年（オ）第 1152 号平成元年 11 月 24 日第二小法廷判決・民集 43 巻 10 号 1169 頁，最高裁平成元年（オ）第 1260 号同 7 年 6 月 23 日第二小法廷判決・民集 49 巻 6 号 1600 頁参照）。

　⑵これを本件についてみると，まず，上告人国の責任については，次のとおりである。

　ア　水質 2 法所定の前記規制は，〔1〕特定の公共用水域の水質の汚濁が原因となって，関係産業に相当の損害が生じたり，公衆衛生上看過し難い影響が生じたりしたとき，又はそれらのおそれがあるときに，当該水域を指定水域に指定し，この指定水域に係る水質基準（特定施設を設置する工場等から指定水域に排出される水の汚濁の許容限度）を定めること，汚水等を排出する施設を特定施設として【政令で定める】こととといった水質 2 法所定の手続が執られたことを前提として，〔2〕主務大臣が，工場排水規制法 7 条，12 条に基づき，特定施設から排出される工場排水等の水質が当該指定水域に係る水質基準に適合しないときに，その水質を保全するため，工場排水についての処理方法の改善，当該特定施設の使用の一時停止その他必要な措置を命ずる等の規制権限を行使するものである。そして，この権限は，当該水域の水質の悪化にかかわりのある周辺住民の生命，健康の保護をその主要な目的の一つとして，適時にかつ適切に行使されるべきものである。……

　本件における以上の諸事情を総合すると，昭和 35 年 1 月以降，水質 2 法に基づく上記規制権限を行使しなかったことは，上記規制権限を定めた水質 2 法の趣旨，目的や，その権限の性質等に照らし，著しく合理性を欠くものであって，国家賠償法 1 条 1 項の適用上違法というべきである。

　したがって，同項による上告人国の損害賠償責任を認めた原審の判断は，正当として是認することができる。この点に関する上告人国の論旨は採用することができない。

　⑶次に，上告人県の責任についてみると，以上説示したところによれば，前記事実関係の下において，熊本県知事は，水俣病にかかわる前記諸事情について上告人国と同様の認識を有し，又は有し得る状況にあったのであり，同知事には，昭和 34 年 12 月末までに県漁業調整規則 32 条に基づく規制権限を行使すべき作為義務があり，昭和 35 年 1 月以降，この権限を行使しなかったことが著しく合理性を欠くものであるとして，上告人県が国家賠償法 1 条 1 項による損害賠償責任を負うとした原審の判断は，同規則が，水産動植物の繁殖保護等を直接の目的とするものではあるが，それを摂取する者の健康の保持等をもその究極の目的とするものであると解されることからすれば，是認することができる。この点に関する上告人県の論旨を採用することはできない。」

遅発性水俣病，除斥期間の起算点

「本件患者のそれぞれが水俣湾周辺地域から他の地域へ転居した時点が各自についての加害行為の終了した時であるが，水俣病患者の中には，潜伏期間のあるいわゆる遅発性水俣病が存在すること，遅発性水俣病の患者においては，水俣湾又はその周辺海域の魚介類の摂取を中止してから4年以内に水俣病の症状が客観的に現れることなど，原審の認定した事実関係の下では，上記転居から遅くとも4年を経過した時点が本件における除斥期間の起算点となるとした原審の判断も，是認し得る」

水俣病関西訴訟第1審判決大阪地判平6・7・11判時1506号5頁，判タ856号81頁のアプローチ

かつて水俣湾周辺地域に居住し，後に関西地方に移り住んだ原告らが，様々な症状等を訴え，その原因は水俣湾周辺地域で魚介類を摂取し，メチル水銀が体内に蓄積されたことによる水俣病であるとして，民法709条，国家賠償法1条1項，2条1項，その他の法律に基づき，被告ら（チッソ，国，熊本県）に対して損害賠償を請求した。

本判決は，①確率的因果関係論に基づき，チッソの損害賠償責任を認定した。また，②水俣病の発生・拡大につき，国及び熊本県の規制権限の不行使等による国家賠償法上の責任を否定した。

公健法上の認定をみると，患者59人の内訳は，未処分41，棄却・再申請11人，棄却3人，剖検棄却4人であった。未処分41人（未検診，死亡・未検診）と剖検棄却4人には審査会資料がなく，臨床所見の証拠としては主に原告側診断書が検討された。本判決は，患者59人のうち42人のチッソに対する請求を一部認容し，各患者の健康被害が水俣病に起因する可能性（確率）に応じて慰謝料額を算定した。また17人の請求を棄却した（内訳は除斥期間経過12人，剖検棄却4人，水俣病の主要症候がみられない者1人）。他方，国・県の責任は否定した。

確率的因果関係の基本的考え方 ──病像論を基礎に

裁判では一般に，発生した被害をどのように捉えるかが法的判断を左右する。環境訴訟ではしばしば病像論が法的判断に影響する。本件訴訟はその1つであり，病像論として水俣病をどのように捉えるかが問われた（1審判決と最高裁判決では判断が異なった）。

　1審判決は，原告らが主張する病像論に見られる症候があるだけでは水俣病に罹患している高度の蓋然性があるとは認めなかったが，他方，被告らが主張する条件を満たさなければ水俣病でないとするものではなく，「有機水銀曝露歴を有する者に発現している健康障害が水俣病に起因する可能性の程度は，0%から100%まで連続的に分布している」との考え方に立ち，各患者の症候が水俣病に起因する可能性を確率的に判断した。

　1審判決は確率的判断をした主たる理由として3点挙げた。第1に，因果関係は過去に起きた1回的事実の有無というよりは，むしろ過去の事実関係をもとに行う評価としての側面を有する。また，確率的判断を反映させる対象が損害賠償額（金銭賠償額）という可分なものである。

　第2に，間接立証において使われる経験則そのものの存否，客観的蓋然性について，専門家たる医師の間においても見解の対立が深刻な状況のもとにおいて，医学の専門家ではない裁判所が経験則の取捨選択の名の下に一方の見解を医学的に正しいものと判断することは適切でない。もしも現段階の医学的知見をもとに医学的見解が確立していないことを高度の蓋然性がないとし悉無的に判断するならば，現代医学の限界による不利益を原告らに負担させることになり相当でない。不法行為法が損害の公平な分担を目的としている以上，現代医学の限界による不利益は確率的判断をもとに両当事者に公平に分配されるべきである。

　第3に，本件における因果関係については，複数原因の競合という要素も考えられる。本件患者の有機水銀曝露の終了(汚染地域からの転出)から既に長い年月が経過しており，現在本件患者に存する症候がすべてチッソ水俣工場の排水に原因があるといえるかどうかは疑わしく，むしろ右の長い年月の間に，程度の差はあっても他の原因が競合した可能性があると考える方が科学的である。また，水俣病はメチル水銀に汚染された魚介類を摂取した不特定多数の者に発現した中毒症であるから，既に他の疾患に罹患していた者が水俣病を併発した場合も考えられ，その疾患が水俣病と類似の症候を呈するものであるときには，当該患者の症候については原因の競合があることになる。本件は，複数の原因のうち，被告チッソ水俣工場廃水に起因する症候を量定する操作が必要な場合であり，この見地からも確率的判断を要する場合である。

　以上3点の理由は，確率的因果関係論を採用するための実質的根拠となるものである。確率的因果関係論という紛争処理方法は，水俣病東京訴訟東京地判平4・2・7判時平成4年4月25日号3頁，判タ782号65頁と同じ考え方に立つ。これは個別認定の必要性，重要性を強調するものであり，有機水銀中毒の軽症事例を公平，妥当に処理し得る理論として注目に値する（野村好弘「因果関係の確率的，割合的認定──定性的判断から定量的判断へ」『交通事故賠償の新たな動向（交通事故民事裁判例集創刊25周年記念論文集）』138頁以下（ぎょうせい，1996年））。

　公害における因果関係の証明を軽減する研究として徳本鎮『企業の不法行為責任の研究』（一粒社，1974年）がある（書評に浅野直人・法政研究41巻4号123頁以下（1975年））。

高度の蓋然性と確率的判断について　1審判決は，本件患者らは軽症例であり，水俣病である高度の蓋然性を認めることはできないが，水俣病に起因する可能性のある者があるとし，水俣病である高度の蓋然性がある場合の慰謝料を2000万円として，同金額に各患者が水俣病に罹患している確率を乗じて慰謝料額を算定した。すなわち第1に，感覚障害＋求心性視野狭窄（10名），四肢の感覚障害＋小脳性運動失調の疑い（1名），四肢末梢優位の感覚障害＋後迷路性難聴の可能性（1名）については40％（800万円）とした。第2に，四肢末梢型の感覚障害のみ（16名），感覚障害＋求心性視野狭窄（鑑別不十分）（2名），変動の大きい感覚障害＋信頼性の低い求心性視野狭窄（2名）については30％（600万円）とした。第3に，四肢末梢型でない感覚障害のみ（4名），感覚障害＋信頼性の低い他の主要症候（2名），変動の大きい感覚障害＋後迷路性難聴の可能性（1名），発症時期の遅い感覚障害のみ（1名），いったん正常所見がみられた四肢末梢型の感覚障害のみ（1名）については20％（400万円）とした。第4に，一旦正常所見がみられかつ診断書の信用性が低い四肢末梢優位の感覚障害のみ（1名）については15％（300万円）とした。

　1審判決が採用したかかる判断基準は，裁判所が依拠した病像論と密接に関連している。すなわち判決は，感覚障害のみを呈する水俣病の有無について，「感覚障害のみを呈する患者については，現時点の医学的知見では，それ

が水俣病である可能性ないし疑いは否定できないにしても，例外的なものといえる。……四肢末端ほど強い感覚障害があるという前提事実が認められるだけで水俣病であると判断する経験則は認められない。ただし，四肢末端ほど強い感覚障害は水俣病の主要症候の一つであり，他の症候が認められるならば水俣病と診断できる場合もあるし四肢末端ほど強い感覚障害しか認められなかった場合でも，医学的可能性として水俣病が考えられるならば，本件患者に対する判断においてその可能性の程度を考慮に入れることはできる。」と述べた。そして52年判断条件と水俣病罹患の可能性について本判決は，「52年判断条件は，直接には公害の健康被害の補償等に関する法律における「水俣病」患者と認定できるかどうかの診断基準として作成されたものであるが，その作成過程においては，当時における医学的知見を基礎として作成されたことが認められる。また，原告らが主張する52年判断条件よりも広い病像は，……昭和52年以降の医学的研究成果をしんしゃくしても，被告らが52年判断条件を基礎にして主張する病像にとって代わるものではない。したがって，当裁判所が本件患者の水俣病罹患の有無を判断するにあたって依拠すべき病像は，遅発性水俣病の点を除き，水俣病の症候については，52年判断条件によることになり，これを満たす患者については水俣病である高度の蓋然性があると考えられるが，これを満たさない患者については水俣病である高度の蓋然性まであるとはいえない。しかし，本件では，各患者ごとの個別的因果関係の有無が問題となっているのであり，行政上の水俣病認定の可否が問題になっているわけではない。また，……本件は，因果関係を確率的に認定できる場合であると考えられるから，52年判断条件を満たさない患者について，直ちに請求棄却とするのではなく，高度の蓋然性はない場合であっても，証拠から認められる水俣病である可能性を量定して，それを損害賠償額に反映させるべきである。」と判断したのである。

第4　三大交通公害訴訟──空港，鉄道，道路

1　概　観

　四大公害訴訟の後には，陸・(海)・空の交通手段の発達に伴う，①空港訴訟（大阪空港訴訟など），②鉄道訴訟（東海道新幹線訴訟など），③道路訴訟（国道43号線訴訟など）が続いた（三大交通公害訴訟）。これらは大規模公共事業に起因して周辺に居住する住民等に騒音，振動，大気汚染，生活妨害等の被害が及んだとする事案であった。

　三大交通公害訴訟では，四大公害訴訟がすべて企業の活動による汚染・被害に対する損害賠償請求であったのに対し，環境問題に対して損害賠償請求とともに差止請求がなされた。環境問題は，私たち人間の活動に密接に関係する交通手段が原因であり，道路訴訟では増加し続ける自動車による排気ガスによる汚染・被害が深刻化し，空港訴訟，鉄道訴訟とともに騒音問題も問われた。戦後復興をとげ，高度経済成長により日本がさらに発展する過程において出現した環境問題である。

　三大交通公害訴訟・判決が契機となり，その後の裁判では，環境の価値に対する侵害，あるいは侵害の恐れに対する法的救済を求めて，損害賠償に加え，差止が請求され，紛争態様の重点は被害の未然防止・拡大防止に移行，拡大した（「損害賠償から差止へ」）。環境訴訟では差止が認められるかどうかが要点となっている。

　差止は被害の未然防止，拡大防止，あるいは被害の軽減をめざすものであり，損害賠償（過去分をいう）が事後の救済であるのに対し事前の救済としての要素がある。裁判所は損害賠償や差止の判断にあたり，公害・環境問題に関する諸事情について利益衡量を行っている。裁判所におけるこのような営みを通じて，違法性（受忍限度論）や，違法性及び過失（新受忍限度論）に関する理論が確立した。ここでの裁判所の判断の適切性は，裁判例の蓄積のほか，利益衡量の妥当性を吟味することによって担保される。以下，差止の判断を中心に概観する。

②　三大交通公害訴訟

①　大阪空港訴訟最大判昭56・12・16民集35巻10号1369頁

三大交通公害訴訟の先頭をきったのが，航空機の騒音等が問題となった大阪空港訴訟であった。控訴審大阪高判昭50・11・27判時797号36頁は差止を認めたが，上告審最判昭56・12・16がこれを否定した（差止請求を棄却，過去の損害賠償請求を一部容認，将来の損害賠償請求を却下）。

最高裁判決は差止について，行政訴訟と民事訴訟の違いに言及している。すなわち，夜間飛行禁止等請求における原告らの差止請求について，「本件空港の離着陸のためにする供用は運輸大臣（当時——小賀野）の有する空港管理権と航空行政権という2種の権限の，総合的判断に基づいた不可分一体的な行使の結果であるとみるべきであるから，右被上告人らの前記のような請求は，事理の当然として，不可避的に航空行政権の行使の取消変更ないしその発動を求める請求を包含することとなる」とし，「いわゆる通常の民事上の請求として前記のような私法上の給付請求権を有するとの主張の成立すべきいわれはない」と判断した。

本判決は運輸大臣（当時）の権限を理由に民事上の請求を否定するものである。ちなみに，控訴審判決大阪高判昭50・11・27判時797号36頁は，原告らの主張（過去の損害賠償，将来の損害賠償，差止）に理解を示していた。

なお，これとは性質の異なる訴訟であるが，深刻化しているのが基地における自衛隊機，米軍機による騒音問題であり，国家の主権も問題になる。厚木基地訴訟最判平5・2・25民集47巻2号643頁，最判平28・12・8民集70巻8号1833頁，横田基地訴訟最判平5・2・25判時1456号53頁，判タ816号137頁，最判平14・4・12民集56巻4号729頁など，数次にわたって提起されている。

②　東海道新幹線訴訟名古屋高判昭60・4・12下級裁判所民事裁判例集34巻1～4号461頁，判時1150号30頁，判タ558号326頁——差止における受忍限度論に基づく判断

東海道新幹線の列車走行による騒音・振動の差止と損害賠償につき，受忍限度論に基づいて判断した（損害賠償は一部容認，差止は否定）。

差止請求についてみると，差止請求権の法的根拠として環境権と人格権に

ついて検討した後，差止請求の当否について次のように判断した。

　本判決は，受忍限度判断において考慮すべき諸事項として，①本件侵害行為の態様，程度，②被侵害利益の性質・内容，③侵害行為の公共性，④いわゆる発生源対策，⑤いわゆる障害防止対策，⑥行政指針，⑦地域性，⑧他の交通騒音との比較を掲げ，差止請求の当否について判断する。

　そして，結論として，「以上本件において当事者双方の側に存する諸事情を簡潔に要約再掲したが，当裁判所は，一方において，本件新幹線騒音振動の態様・程度，原告らの受けている被害の性質・内容，他方において，東海道新幹線のもつ公共性の内容・程度，被告に対する差止によつて生ずる影響を比較衡量し，新幹線営業開始後の騒音振動暴露量の変動，被告がこれに対しとり来つた発生源対策，障害防止対策及びその将来の予測，行政指針，原告ら居住地の地域性，新幹線騒音振動の他の交通騒音振動との比較等を総合考慮した結果，東海道新幹線の現在の本件7キロ区間における運行状況（従つてこれに基づく騒音振動の暴露）は，差止の関係において原告らが社会生活上受忍すべき限度を超えるものでない（違法な身体権の侵害とならない）と判断する。」と述べた。

③　**国道43号訴訟最判平7・7・7民集49巻7号2599頁（平成4年（オ）第1504号）**

（国道43号・阪神高速道路騒音排気ガス規制等請求事件）

　「原審は，その認定に係る騒音等がほぼ一日中沿道の生活空間に流入するという侵害行為により，そこに居住する上告人らは，騒音により睡眠妨害，会話，電話による通話，家族の団らん，テレビ・ラジオの聴取等に対する妨害及びこれらの悪循環による精神的苦痛を受け，また，本件道路端から20メートル以内に居住する上告人らは，排気ガス中の浮遊粒子状物質により洗濯物の汚れを始め有形無形の負荷を受けているが，他方，本件道路が主として産業物資流通のための地域間交通に相当の寄与をしており，自動車保有台数の増加と貨物及び旅客輸送における自動車輸送の分担率の上昇に伴い，その寄与の程度は高まっているなどの事実を適法に確定した上，本件道路の近隣に居住する上告人らが現に受け，将来も受ける蓋然性の高い被害の内容が日常生活における妨害にとどまるのに対し，本件道路がその沿道の住民や企業に対してのみならず，地域間交通や産業経済活動に対してその内容及び量においてかけがえのない多大な便益を提供しているなどの事情を考慮して，上告人らの求める差止を認容すべき違法性があるとはいえないと判断したものということができる。

　　道路等の施設の周辺住民からその供用の差止が求められた場合に差止請求を認容す
　べき違法性があるかどうかを判断するにつき考慮すべき要素は，周辺住民から損害の
　賠償が求められた場合に賠償請求を認容すべき違法性があるかどうかを判断するにつ
　き考慮すべき要素とほぼ共通するのであるが，施設の供用の差止と金銭による賠償と
　いう請求内容の相違に対応して，違法性の判断において各要素の重要性をどの程度の
　ものとして考慮するかにはおのずから相違があるから，右両場合の違法性の有無の判
　断に差異が生じることがあっても不合理とはいえない。このような見地に立ってみる
　と，原審の右判断は，正当として是認することができ，その過程に所論の違法はない。
　論旨は，原審の専権に属する証拠の取捨判断，事実の認定を非難するか，又は原判決
　を正解しないでこれを論難するものにすぎず，採用することができない。」
（最判平7・7・7民集49巻7号1870頁（平成4年（オ）第1503号）（国道43号・阪
神高速道路騒音排気ガス規制等請求事件）は割愛）

第5　都市型複合大気汚染訴訟——工場と道路による複合汚染

1　概　観

　四大公害訴訟及び三大交通公害訴訟に続いて，大気汚染については都市型
複合大気汚染訴訟が深刻化した。

　都市型複合大気汚染訴訟は，工場・事業場の活動と道路交通が集中した地
域で提起されている（西淀川訴訟（1次），川崎訴訟（1次），倉敷訴訟，西淀川訴訟（2〜
4次），川崎訴訟（2〜4次），尼崎訴訟，名古屋南部訴訟，東京訴訟など）。これは，第2
次産業革命，第3次産業革命の負の側面がそれぞれ継続して複合的に問題を
出現させた（従来型の道路訴訟も続いた。国道2号線訴訟広島高判平26・1・29判時
2222号9頁など）。日本では狭い国土で1億人の人間が集中的に生活し，社会
経済活動が高度化していることが主たる要因といえる。他方，都市型複合大
気汚染訴訟をみると，都市計画などまちづくりの問題点が浮かび上がってく
る。

　都市型複合大気汚染訴訟では，複数汚染源（工場や道路など）を原因競合と捉
え，因果関係論，共同不法行為論，損害論をどのように判断するかが論点と
なる。裁判例は紛争処理の新しい法理論として，被告らの「総寄与率に基づ
く分割責任」（寄与率合計の割合的認定）の考え方を示している。これらは損害賠
償責任における公平のあり方を考えさせるものである。

2　都市型複合大気汚染訴訟

　都市型複合大気汚染訴訟各裁判例については多くの解説がある（著者のものとして「個人別的因果関係」判タ 850 号 9 頁以下（1994 年），同「環境民事訴訟の新たな動向」環境法研究 26 号 83 頁以下（2001 年），同「東京大気汚染訴訟東京地裁判決における因果関係論」判タ 1114 号 4 頁以下（2003 年），同「東京大気汚染公害訴訟——損害賠償における瑕疵論，過失論」環境法研究 28 号 126 頁以下（2003 年），同「環境民事訴訟」松村弓彦ほか『ロースクール環境法（補訂版）』413 頁以下（成文堂，2008 年）など）。

図Ⅱ—2　都市型複合大気汚染訴訟に係る判決例　→　控訴の後，和解で解決

Ⅰ　損害賠償を認め，差止を認めなかったもの
①西淀川訴訟（1 次）大阪地判平 3・3・29 判時 1383 号 22 頁，判タ 761 号 46 頁
②川崎訴訟（1 次）横浜地川崎支判平 6・1・25 判時 1481 号 19 頁，判タ 845 号 105 頁
　（倉敷訴訟岡山地判平 6・3・23 判時 1493 号 3 頁，判タ 845 号 46 頁）
③西淀川訴訟（2〜4 次）大阪地判平 7・7・5 判時 1538 号 17 頁，判タ 889 号 64 頁
④川崎訴訟（2〜4 次）横浜地川崎支判平 10・8・5 判時 1658 号 3 頁
⑤東京訴訟東京地判平 14・10・29 判時 1885 号 23 頁，判自 239 号 61 頁
Ⅱ　損害賠償と差止の双方を認めたもの
⑥尼崎訴訟神戸地判平 12・1・31 判時 1726 号 20 頁，判タ 1031 号 91 頁
⑦名古屋南部訴訟名古屋地判平 12・11・27 判時 1746 号 3 頁，判タ 1066 号 104 頁

⑴　二酸化窒素などの健康影響

　①西淀川訴訟判決（1 次訴訟）は，「昭和 30 年代から昭和 40 年代にかけての西淀川区における慢性気管支炎，気管支喘息及び肺気腫の原因は同地域の高濃度の二酸化硫黄，浮遊粉じんにあったと認めるのが相当である」とし，二酸化硫黄と浮遊粉じんの複合について健康被害を認めた。また，「二酸化窒素単独或いは他の物質との混合のいずれの場合においても，健康影響との関係を明確にする充分な知見が得られているとはいえない」，「現在，直ちに環境大気中の二酸化窒素単独あるいは他の物質との複合と本件疾病との相当因果関係を認めるには至らない」と述べ，健康被害を否定した。

　②川崎訴訟判決（1 次訴訟）は，当該地域の大気汚染と原告らの疾病との関係のうち，二酸化窒素との関係について，「少なくとも本件訴訟における証拠調べの結果及び平成 4 年 9 月における本件訴訟終結の時点における当裁判所

にとって顕著な事実に照らすと，現状の二酸化窒素による大気汚染と本件疾病の発症・増悪との間に相当な因果関係があるとまで認めることは困難であると考えざるを得ない。」と述べ健康影響を否定した。また，道路の設置管理の瑕疵（国賠法2条）について，判決は，二酸化窒素と健康被害との間の因果関係を認めることができず，被告国及び同公団の道路に関する責任も認め難いとした。自動車から排出された二酸化窒素の距離減衰については，風向による影響があったものの，道路端から30〜50メートルまでの距離減衰が著しく，100〜150メートルまで穏やかな距離減衰が認められるとした。また，本判決は，二酸化硫黄について，本件道路からの排出量は，被告企業らとの関連共同性が認め難いことを考慮すると，本件道路からの二酸化硫黄と健康被害との間に因果関係は認められないとした。

　③西淀川訴訟判決（2〜4次訴訟）は，国・阪神高速道路公団の責任について，二酸化窒素（窒素酸化物）単体と疾病の発症（健康影響）との間に因果関係を認めることはできないが，自動車から排出される二酸化窒素（窒素酸化物）と，工場から排出される二酸化硫黄（硫黄酸化物）とは相加的影響を及ぼしており，それら汚染物質と疾病の発症・増悪との間には因果関係が認められるとした。すなわち，「西淀川区の第2期（昭和46年度〜昭和52年度）程度の濃度レベルにおいては呼吸器症状の有症率に対し NO2 と SO2 が相加的影響を及ぼしていることが認められる。したがって，第2期においては，西淀川区に現実に存在した SO2 と NO2 との混合した汚染物質と指定疾病の発症・増悪との間に因果関係を認めるのが相当である。」，「西淀川区における現実の大気環境における NO2 濃度のレベルにおいては，いずれの時期においても，NO2 単体と指定疾病の発症との疫学的因果関係を認めるには至らない」と述べた。

　④川崎訴訟判決（2〜4次訴訟）は，川崎市川崎区又は同市幸区における大気汚染は，昭和44年ころから昭和49年ころまでの間は二酸化窒素及び二酸化硫黄の相加的作用により，昭和50年ころ以降は二酸化窒素を中心に浮遊粒子状物質及び二酸化硫黄の相加的作用により，同地域に居住する者に対し，公害健康被害の補償等に関する法律（昭和62年法律第97号による改正前は公害健康被害補償法）に定める指定疾病を発症又は増悪させる危険性があったと認めた。

⑥尼崎訴訟判決（1～2次訴訟）は，道路公害に起因する健康被害について，被告国及び阪神高速道路公団の損害賠償責任を認めるとともに，被告国に対する差止請求を認めた（企業9社については第1審係属中に和解が成立）。本判決は，浮遊粒子状物質と健康影響（気管支喘息）との間の因果関係を認め（沿道50ｍ〈国道43号及び阪神高速大阪西宮線〉以内に居住又は通勤する50名につき），他方，従前の訴訟において認容されてきた二酸化窒素と健康被害との因果関係を否定した。

(2)　損害賠償における受忍限度

③西淀川訴訟判決（2～4次訴訟）は，昭和44年以降に国及び首都高速道路公団の設置・管理する道路及びこれと接続する神奈川県道及び川崎市道の道路端から50メートル以内の沿道地域に居住する患者原告及び死亡患者らの指定疾病の発症又は増悪という健康被害と右道路からの大気汚染物資の排出との間に因果関係が認められ，かつ右被害は受忍限度を超えているとした。

(3)　割合的認定

③西淀川訴訟判決（2～4次訴訟）は，一連の都市型複合大気汚染訴訟の主たる論点である，有害物質の排出→到達→発症の過程をどのように評価すべきかについて，到達の因果関係を35％とし，かつ，発症の因果関係を50～80％の限度で認め，症状の程度，他因子の影響（喫煙等の割合）などを総合的に考慮して，100％の損害額にその割合を乗じて賠償額を算定した。これは，都市型複合大気汚染訴訟の解決法理として，分割責任の考え方を示した。

③判決が展開した「集団の縮図論」は，以下のような構造を有する。第1，本判決は，集団への関与の割合自体を証明対象とすることができる根拠として，①加害者の行為の関与により一定の被害（疾病の発症・増悪）が現に生じていること，②当該訴訟の時点における科学水準によれば，疫学等によって統計的ないし集団的には加害行為との間に一定割合の事実的因果関係の存在が認められるが，集団に属する個々の者について因果関係を証明することが不可能あるいは極めて困難であること，③被害者にその証明責任を負担させることが社会的経済的妥当性を欠く一方，加害行為の態様等から少なくとも右

一般的な割合の限度においては加害者に責任を負担させるのが相当と判断されること，を挙げている。第2，集団への関与の割合自体を証明対象とする利点が損害の適正（公正）な分配を可能にする点にあることを明らかにした。具体的には，①従来の因果関係の立証責任の分配，証明度についての原則を維持できること，②本件のような事例について，被害者側に帰することが妥当でない証明困難により全面的に請求が棄却される事態を防止できること，③他方，加害者側にも加害行為に対応しないおそれのある損害の負担をさせないこと，を示している。これは，本判決が採用した割合的認定の方法が，実質的にみて損害賠償法の目的（＝損害の公正な分配）に沿うものであることを明らかにする。

　③判決は，「因果関係の投影は疫学的調査を基礎とする割合的な主張立証の枠組みのもとで行われると捉えられるとし，「原告らには，個々の患者について，大気汚染が右割合より大きい影響を及ぼしたこと（究極的には，専ら大気汚染により発症・増悪したこと）を明らかにすべく主張立証する余地があり，被告らには，同様に，右割合より小さい影響しか及ぼしていないこと（究極的には，専ら他因子により発症・増悪したこと）を明らかにすべく主張立証する余地があるのは当然である。」と述べた。

　④川崎訴訟判決（2～4次訴訟）は，大気汚染物質排出による沿道原告らの被害に対する寄与割合は，沿道地域に対する大気汚染物質濃度の寄与率によるのが相当であるから，国及び首都高速道路公団は，昭和50年ころ以降は寄与率45パーセント，昭和44年ころから昭和49年ころまでの間は寄与率27パーセントの限度で損害額を分割した額の賠償責任を認めた。本判決は，本件道路からの排出により本件道路沿道の大気汚染濃度は一般環境大気より高いと認められるから，本件道路のその沿道地域に対する大気汚染物質濃度の寄与率をもって，沿道原告らの被害に対する寄与割合であると認め，他の大気汚染物質の発生源がある場合，公平の観点から沿道原告らに対する損害賠償責任はその寄与割合で分割され，被告らはその寄与割合の限度でその責任を負うと解するのが相当であると判断した（野村好弘・小賀野晶一「川崎市大気汚染訴訟判決——寄与率・因果関係・共同不法行為」判タ845号20頁以下（1994年））。

⑷　共同不法行為論と割合的認定

　④川崎訴訟判決（2〜4次訴訟）は，国及び首都高速道路公団の設置・管理する道路及びこれと接続する神奈川県及び川崎市道からの大気汚染物質の排出は，社会通念上全体として1個の行為と認められる程度の一体性があり，国及び首都高速道路公団の設置・管理する道路からの大気汚染物質の排出の間のみならず，右道路すべてからの大気汚染物質の排出の間に関連共同性を認めた。

　③西淀川訴訟判決（2〜4次訴訟）は以下のように判断した。

　　　「共同行為に客観的関連性が認められ，加えて，共同行為者間に主観的な要素（共謀，教唆，幇助のほか，他人の行為を認識しつつ，自己の行為と合わさって被害を生じることを認容している場合等）が存在したり，結果に対し質的に関わり，その関与の度合いが高い場合や，量的な関与であっても，自己の行為のみによっても全部又は主要な結果を惹起する場合など（以下，このような場合を「強い共同関係」という）は，共同行為の結果生じた損害の全部に対し責任を負わせることは相当であり，共同行為者各自の寄与の程度に対応した責任の分割を認める必要性はないし，被害者保護の観点からも許されないと解すべきである。

　　　しかし，そうでない場合，すなわち，右のような主観的な要素が存在しないか，希薄であり，共同行為への関与の程度が低く，自己の行為のみでは結果発生の危険が少ないなど，共同行為への参加の態様，そこにおける帰責性の強弱，結果への寄与の程度等を総合的に判断して，連帯して損害賠償義務を負担させることが具体的妥当性を欠く場合（以下，このような場合を「弱い共同関係」という）には，各人の寄与の程度を合理的に分割することができる限り，責任の分割を認めるのが相当である。

　　　なお，その場合の責任の割合は，結果への量的及び質的な寄与の程度を中心とし，共同関係の態様，帰責性等を総合して判断すべきものと考える。

　　・主張立証責任
　　　以上のような理解に立つとき，被害者側は，共同行為者各自の行為，各行為の客観的関連共同性，損害の発生，共同行為と損害との因果関係，責任要件（責任能力，故意・過失・無過失責任），違法性を主張立証し，加害者側は，弱い共同関係であることと自己の寄与の程度及び責任の分割が合理的に可能であることを主張立証して，責任の分割の抗弁を主張することができる。これに対し，被害者側は，責任の分割を不当とするときは，強い共同関係があることを主張することになる（これは責任分割の抗弁に対する積極否認事実の主張であり，反証にあたる）。

・重合的競合における一部寄与者の責任

(1) 共同不法行為と重合的競合

　以上に検討してきたのは，狭義の共同不法行為（1項前段）においては，共同行為者の行為によって全部の結果，あるいは少なくともその主要な部分が惹起されたことを前提とし，加害者不明の共同不法行為（1項後段）においては，共同行為者とされた者のうちのいずれか（単独又は複数）が全部の結果を惹起していることを前提としている。

　しかし，本件のような都市型複合大気汚染の場合は，先に判断したように，工場・事業場・自動車・ビル暖房などの他にも家庭の冷暖房・厨房や自然発生まで，極めて多数の大小様々な発生源が存在しており，個々の発生源だけでは全部の結果を惹起させる可能性はない。このように共同行為にも全部は幾つかの行為が積み重なってはじめて結果を惹起するにすぎない場合（以下「重合的競合」といい，その行為者を「競合行為者」という）がある。

　このような場合であっても，結果の全部又は主要な部分を惹起した，あるいは惹起する危険のある行為をした競合行為者が特定されたうえで，前記の各要件か証明されれば，共同不法行為の規定を適用することになんら問題はない。しかし，重合的競合で競合行為者が極めて多数にのぼる場合などでは結果の全部又は主要な部分を惹起した者を具体的に特定し，それぞれの行為を明らかにすることは容易ではなく，その一部の行為者しか特定できない場合がある。そのような場合には，右の要件からすれば，直ちに共同不法行為規定を適用することはできない。

　しかし，個々の行為が単独では被害を発生させないとしても，それらが重合した結果，現実に被害が生じている場合に，その被害をまったく救済しないことは不法行為法の理念に照らして不当といわなければならない。そこで，一定の要件が備われば，このような場合にも同条を類推適用して公平・妥当な解決が図られるべきである。

(2) 重合的競合における民法719条の類推適用の要件と効果

(ア) 類推適用の相当性

　競合行為者の行為が客観的に共同して被害が発生していることが明らかであるが，競合行為者数や加害行為の多様性など，被害者側に関わりのない行為の態様から，全部又は主要な部分を惹起した加害者あるいはその可能性のある者を特定し，かつ，各行為者の関与の程度などを具体的に特定することが極めて困難であり，これを要求すると被害者が損害賠償を求めることができなくなるおそれが強い場合であって，寄与の程度によって損害を合理的に判定できる場合には，右のような特定が十分でなくても，民法719条を類推適用して，特定された競合行為者（以下「特定競合者」という）に対する損害賠償の請求を認めるのが相当である。

㈠　特定競合者の責任の範囲

　右のように特定競合者の行為を総合しても被害の一部を惹起したにすぎず，しかもそれ以外の競合行為者（以下「不特定競合者」という）について具体的な特定もされない以上，特定競合者のうちで被告とされた者は，個々の不特定競合者との共同関係の有無・程度・態様について，適切な防禦を尽くすこともできないのであるから，特定競合行為者にすべての損害を負担させることは相当ではない。したがって，結果の全体に対する特定競合者の行為の総体についての寄与の割合を算定し，その限度で賠償させることとするほかはない。

⑶　責任の分割の可否

　特定競合者間の関係については，民法719条の共同不法行為の場合と同様の理由から，客観的関連共同性が認められる限り，原則として連帯負担とするのが相当であると考えるが，加害者側において，共同不法行為の場合と同様に，特定競合者間に弱い共同関係しかないことと，各人の寄与の程度を証明することによって，各人の寄与の割合に従った責任の分割あるいは減免責を主張することができると解する。」

⑸　差止における受忍限度

　④川崎訴訟判決（2〜4次訴訟）は，国及び首都高速道路公団が設置・管理する道路からの大気汚染物質の排出の差止請求は，請求が特定され，強制執行も可能であるから適法であるが，差止基準は合理性を欠き，大気汚染物質の排出に差し迫った危険性がなく，右道路の有する公共性を犠牲にしてまでも大気汚染物質の排出の差止を認める緊急性がないとして否定した。

　⑥尼崎訴訟判決（1〜2次訴訟）は，1990年代の都市型複合大気汚染に係る一連の道路環境訴訟裁判例において初めて差止を認めた。すなわち，本件の違法性について，国道43号線及び大阪西宮線の限度を超える供用は，何も，本件の沿道居住原告に対してだけ影響しているわけではなく，道路沿道に居住する多数の住民に新たに気管支喘息を発症させる現実的な危険性も有しているとし，それら道路の限度を超えた供用を継続することは，沿道の広い範囲で，疾患の発症・増悪をもたらす非常に強い違法性があるといわざるを得ないとし，他方，それら道路の限度を超える供用を公益上の必要性のゆえに許容せざるをえない状況が阪神間に存するとは考え難いとした。

　⑦名古屋南部訴訟判決は，被告国及び被告会社ら（10社）の損害賠償責任を

認めるとともに，被告国に対する差止請求について，国は原告 1 名に対し，国道 23 号線を自動車の走行の用に供することにより排出する浮遊粒子状物質（SPM）につき，同原告の肩書地において，1 時間値の 1 日平均値 0・159 mg/立方メートルを超える汚染となる排出をしてはならないと命じた。この数値は，千葉大調査の対象地域（千葉市，柏市，船橋市，市川市）の沿道平均濃度が引用された。本判決は被告国の公害対策等の努力は認めたが，その有効性を否定した。被害性に注目し，継続的な公害〈大気汚染〉調査の必要性を重視した（本判決は代替可能性についても言及した）。

　⑦判決は差止における利益衡量にあたり，公共性等に配慮しつつ，当該原告について加害性及び被害性を重視し，国の対策が十分でなかったと判断する。すなわち，本判決は差止について，一方，道路の機能，効用の重大，重要性から，侵害行為の公共性又は公益上の必要性は重視しなければならないこと，他方，少なくとも本原告との関係では，その被る損害の内容は本原告の生命，身体に関わるもので回復困難なものであること，被告国は本訴が提起された平成元年 3 月から本件口頭弁論が終結した平成 11 年 11 月までの間でも 10 年余が経過したにもかかわらず，この間，本原告との関係で右のような被害発生を防止すべき格別の対策を採っては来なかったこと，右対策の前提となる調査を実施する具体的な予定を有してはいないこと，及び，本件差止請求を認容しても，所定の方法を採ることにより社会的に回復困難な程の損失を生ずることなく対応できることを指摘する。

　⑦判決はまた，「本原告は，精神疾患に罹患し，このため転居等についても容易ではないところがあることが推認されるところ，国道 23 号線沿道 16 m の位置に居住し，このため大型車の交通量の多い国道 23 号線からの排出ガスに含まれる DEP 等の浮遊粒子状物質に，国道 23 号線が全線開通した昭和 47 年からでも今日まで 4 半世紀以上の間継続的に暴露されてきたこと，そして右暴露により，前記疾患の治療中ころに罹患した気管支喘息の症状を増悪させたこと，気管支喘息は場合によっては死につながることもある疾病であることが認められる。このように本原告は，国道 23 号線沿道の大気汚染により，単に日常生活において洗濯物が汚損した等の受忍し得る生活妨害をはるかに超えたその生命，身体への危険にさらされていることが認められる。」と

指摘する。そして，国道 23 号線について，環境基準を前提にして浮遊粒子状物質を含む大気汚染の一般的な危険性を説き，トンネル化，シェルター化などの対策をとるべきであったという（国道 23 号線以外の道路については問題がないとした）。本判決は差止を認める具体的判断をしている。

(6) 自動車メーカーに対する責任追及

⑤東京訴訟判決は，東京都内に在住又は通勤する気管支ぜんそく等の呼吸器疾患にかかった患者及び遺族（2 名）102 名（うち，公健法認定患者 86 名，未認定患者 14 名）が，国，東京都，首都高速道路公団及びディーゼル自動車を製造する自動車メーカー 7 社に対して，汚染物質の排出の差止と損害賠償を請求した。すなわち，原告らは被告自動車メーカーに対しては，「本件地域内の道路に，自ら製造・販売した自動車が大量に集積し，自動車排気ガスにより大気汚染公害が発生し，住民の生命・身体に重大な危害を加えることを認識しながら，大気汚染物質の排出防止対策をとることなく，大気汚染物質の排出量が多いディーゼル車を製造・販売したことにより，原告らに公害被害を与えたものであり，民法 709 条に基づく不法行為責任を負うべきである」旨の主張をした。⑤判決は，国・都・公団の損害賠償責任を認め，自動車メーカーの責任を認めなかった。

(7) 和解による決着

都市型複合大気汚染訴訟は，第 1 審判決の後，控訴され，控訴審係属中に和解によって解決した。和解の内容は概ね，健康対策と医療対策を柱としている。訴訟当事者は，裁判で紛争を継続，決着するよりも，将来における一定の対策の確保を選択したのである。

以上のように，各訴訟における和解は紛争解決の 1 つのあり方を示したものといえる。

第6　都市環境訴訟——騒音，日照，景観，土壌汚染

【1　概　観】

　私たちは人と人の関係において生活をしており，これを都市生活として捉えることができる。都市化に伴い都市生活に関連して生じる訴訟を都市環境訴訟として分類することができる。このなかには環境汚染に関するもの，快適環境（アメニティ）に関するものがある。前述した都市型複合大気汚染訴訟も都市環境訴訟である。以下，都市環境訴訟のうち，騒音，日照，景観，土壌汚染をとりあげる。前述した都市型複合大気汚染訴訟も都市生活に関連して生ずる訴訟類型として捉えることもできる。

【2　都市環境訴訟】

【都市の騒音】

小田急線訴訟最大判平 17・12・7 民集 59 巻 10 号 2645 頁

（小田急線連続立体交差（高架化）事業認可の取消を請求した行政訴訟事件）

　鉄道の連続立体交差化を内容とする都市計画事業の事業地の周辺に居住する住民のうち同事業に係る東京都環境影響評価条例（平成 10 年改正前のもの）2条 5 号所定の関係地域内に居住する者は，その住所地が同事業の事業地に近接していること，上記の関係地域が同事業を実施しようとする地域及びその周辺地域で同事業の実施が環境に著しい影響を及ぼすおそれがある地域として同条例 13 条 1 項に基づいて定められたことなど判示の事情の下においては，都市計画法（平成 11 年改正前のもの）59 条 2 項に基づいてされた同事業の認可の取消訴訟の原告適格を有することを認めた。

　第 1 審東京地判平 13・10・3 判自 219 号 13 頁は，原告適格や違法性の判断を弾力的に行い，事業認可の取消を認めた。本件各認可の違法性に係る判旨のうち，環境アセスメントなど違法性判断の核心部分について次のように述べている。

　「都市計画決定に当たっての判断内容については，第 1 に，高架式を採用すると相当

範囲にわたって違法な騒音被害が発生するおそれがあったのにこれを看過するなど環境影響評価を参酌するに当たって著しい過誤があり，第2に，本件事業区間に隣接する下北沢区間が地表式のままであることが所与の前提とした点で計画的条件の設定に誤りがあり，第3に，地下式を採用しても特に地形的な条件で劣るとはいえないのに逆の結論を導いた点で地形的条件の判断に誤りがあり，第4に，より慎重な検討をすれば，事業費の点について高架式と地下式のいずれが優れているかの結論が逆転し又はその差がかなり小さいものとなる可能性が十分あったにもかかわらず，この点についての十分な検討を経ないまま高架式が圧倒的に有利であるとの前提で検討を行った点で事業的条件の判断内容にも著しい誤りがある。

　これらのうち，当時の小田急線の騒音が違法状態を発生させているのではないかとの疑念への配慮を欠いたまま都市計画を定めることは，単なる利便性の向上という観点を違法状態の解消という観点よりも上位に置くという結果を招きかねない点において法的には到底看過し得ないものであるし，事業費について慎重な検討を欠いたことは，その点が地下式ではなく高架式を採用する最後の決め手となっていたことからすると，確たる根拠に基づかないでより優れた方式を採用しなかった可能性が高いと考えられる点において，かなり重大な瑕疵といわざるを得ず，これらのいずれか一方のみをみても，優に本件各認可を違法と評価するに足りるものというべきである。」

【日照権】

世田谷区砧町日照事件最判昭和47・6・27民集26巻5号1067頁

居宅の日照，通風は，快適で健康な生活に必要な生活利益であって，法的な保護の対象にならないものではなく，南側隣家の2階増築が，北側居宅の日照，通風を妨げた場合において，右増築が，建物基準法に違反するばかりでなく，東京都知事の工事施行停止命令などを無視して強行されたものであり，他方，被害者においては，住宅地域内にありながら日照，通風をいちじるしく妨げられ，その受けた損害が，社会生活上一般的に忍容するのを相当とする程度を越えるものであるなど判示の事情があるときは，右2階増築の行為は，社会観念上妥当な権利行使としての範囲を逸脱し，不法行為の責任を生ぜしめるものと解すべきである。

　「原判決は，上告人がした原判示の2階増築行為が，被上告人の住宅の日照，通風を違法に妨害したとして，不法行為の成立を認め，上告人に対し，これによって生じた損害の賠償を命じている。

　　思うに，居宅の日照，通風は，快適で健康な生活に必要な生活利益であり，それが他人の土地の上方空間を横切ってもたらされるものであっても，法的な保護の対象にならないものではなく，加害者が権利の濫用にわたる行為により日照，通風を妨害したような場合には，被害者のために，不法行為に基づく損害賠償の請求を認めるのが相当である。もとより，所論のように，日照，通風の妨害は，従来与えられていた日光や風を妨害者の土地利用の結果さえぎったという消極的な性質のものであるから，騒音，煤煙，臭気等の放散，流入による積極的な生活妨害とはその性質を異にするものである。しかし，日照，通風の妨害も，土地の利用権者がその利用地に建物を建築してみずから日照，通風を享受する反面において，従来，隣人が享受していた日照，通風をさえぎるものであって，土地利用権の行使が隣人に生活妨害を与えるという点においては，騒音の放散等と大差がなく，被害者の保護に差異を認める理由はないというべきである。」

　なお，日照については，武蔵野マンション日照事件東京高判昭 60・3・26 判時 1151 号 24 頁，判タ 556 号 98 頁など，風害については「ビル風」が問題となった堺マンション事件大阪高判平 15・10・28 (判例集未搭載) などがある。

【景観権】
国立マンション訴訟最判平 18・3・30 民集 60 巻 3 号 948 頁 (建築物撤去等請求事件)

　国立景観訴訟ともいわれる。本件建物は，地上 14 階建て (地下 1 階付き)，総戸数 353 戸 (うち住居は 343 戸) の分譲と賃貸を目的としたマンションであり，建築面積は 6401.98 平方メートル，高さは北側から南側に向かっておおむね階段状に高くなっており，最高地点で 43.65 m である。なお，本件建物は，外観上 4 棟に分かれている。

　本件は，上告人らが，大学通り周辺の景観について景観権ないし景観利益を有しているところ，本件建物の建築により受忍限度を超える被害を受け，景観権ないし景観利益を違法に侵害されているなどと主張し，上記の侵害による不法行為に基づき，①被上告人 Y1 及び本件区分所有者らに対し本件建物のうち高さ 20 メートルを超える部分の撤去と，②被上告人らに対し慰謝料及び弁護士費用相当額の支払をそれぞれ請求した。

　本判決は以下のように述べ，景観の利益を認めた。

　「都市の景観は，良好な風景として，人々の歴史的又は文化的環境を形作り，豊かな生活環境を構成する場合には，客観的価値を有するものというべきである。被上告人Y1が本件建物の建築に着手した平成12年1月5日の時点において，国立市の景観条例と同様に，都市の良好な景観を形成し，保全することを目的とする条例を制定していた地方公共団体は少なくない状況にあり，東京都も，東京都景観条例（平成9年東京都条例第89号。同年12月24日施行）を既に制定し，景観作り（良好な景観を保全し，修復し又は創造すること。2条1号）に関する必要な事項として，都の責務，都民の責務，事業者の責務，知事が行うべき行為などを定めていた。また，平成16年6月18日に公布された景観法（平成16年法律第110号。同年12月17日施行）は，「良好な景観は，美しく風格のある国土の形成と潤いのある豊かな生活環境の創造に不可欠なものであることにかんがみ，国民共通の資産として，現在及び将来の国民がその恵沢を享受できるよう，その整備及び保全が図られなければならない。」と規定（2条1項）した上，国，地方公共団体，事業者及び住民の有する責務（3条から6条まで），景観行政団体がとり得る行政上の施策（8条以下）並びに市町村が定めることができる景観地区に関する都市計画（61条），その内容としての建築物の形態意匠の制限（62条），市町村長の違反建築物に対する措置（64条），地区計画等の区域内における建築物等の形態意匠の条例による制限（76条）等を規定しているが，これも，良好な景観が有する価値を保護することを目的とするものである。そうすると，良好な景観に近接する地域内に居住し，その恵沢を日常的に享受している者は，良好な景観が有する客観的な価値の侵害に対して密接な利害関係を有するものというべきであり，これらの者が有する良好な景観の恵沢を享受する利益（以下「景観利益」という。）は，法律上保護に値するものと解するのが相当である。

　もっとも，この景観利益の内容は，景観の性質，態様等によって異なり得るものであるし，社会の変化に伴って変化する可能性のあるものでもあるところ，現時点においては，私法上の権利といい得るような明確な実体を有するものとは認められず，景観利益を超えて「景観権」という権利性を有するものを認めることはできない。

　ところで，民法上の不法行為は，私法上の権利が侵害された場合だけではなく，法律上保護される利益が侵害された場合にも成立し得るものである（民法709条）が，本件におけるように建物の建築が第三者に対する関係において景観利益の違法な侵害となるかどうかは，被侵害利益である景観利益の性質と内容，当該景観の所在地の地域環境，侵害行為の態様，程度，侵害の経過等を総合的に考察して判断すべきである。そして，景観利益は，これが侵害された場合に被侵害者の生活妨害や健康被害を生じさせるという性質のものではないこと，景観利益の保護は，一方において当該地域における土地・建物の財産権に制限を加えることとなり，その範囲・内容等をめぐって周辺の住民相互間や財産権者との間で意見の対立が生ずることも予想されるのであるから，景観利益の保護とこれに伴う財産権等の規制は，第1次的には，民主的手続により定められた行政法規や当該地域の条例等によってなされることが予定されている

ものということができることなどからすれば，ある行為が景観利益に対する違法な侵害に当たるといえるためには，少なくとも，その侵害行為が刑罰法規や行政法規の規制に違反するものであったり，公序良俗違反や権利の濫用に該当するものであるなど，侵害行為の態様や程度の面において社会的に容認された行為としての相当性を欠くことが求められると解するのが相当である。」

　本判決は最高裁判所として初めて景観利益を法的保護の対象になることを明示した。そして，本件事案について景観利益に対する侵害が違法な侵害となり不法行為責任が生じるかどうかにつき，違法性論，すなわち相関関係説さらに受忍限度論（あるいは新受忍限度論）に基づいて判断した（本件の結論は否定）。

　景観については他に，歴史的景観に関する京都仏教会事件京都地決平 4・8・6 判時 1432 号 125 頁，判タ 792 号 280 頁，文化的自然環境に関する日光太郎杉事件東京高判昭 48・7・13 判時 710 号 23 頁，判タ 297 号 124 頁，史跡保存の原告適格が問われた伊場遺跡事件最判平元・6・20 判時 1334 号 201 頁，判タ 715 号 84 頁，世界遺産に関する鞆の浦訴訟広島地判平 21・10・1 判時 2060 号 3 頁）などがある。

　日照権，景観権のほか，眺望権，入浜権（長浜町入浜権事件松山地判昭 53・5・29 判時 889 号 3 頁，判タ 363 号 164 頁，住民訴訟），浄水享受権（琵琶湖総合開発計画差止訴訟大津地判平元・3・8 判時 1307 号 24 頁，判タ 697 号 56 頁）など，裁判では種々の権利・利益が主張されている。これらをまとめて個別的環境権として整理することもできる（南・大久保前掲 46 頁・47 頁）。

【土壌汚染】

⑴　土壌汚染と契約責任

　最判平 22・6・1 判時 2083 号 77 頁の事案をとりあげる。本件は土地の売買契約の当時，土壌にふっ素が混入していたが，ふっ素は有害物質と認識されておらず後に有害物質と指定されたことから，一定の土壌汚染対策をしその費用の支出を余儀なくされた買主（被上告人）が売主（上告人）に対して民法の瑕疵担保責任（旧 570 条）に基づく損害賠償を請求した。

　本件売買契約締結当時の当時，土壌に含まれるふっ素については，法令に基づく規制の対象となっておらず，取引観念上も，ふっ素が土壌に含まれることに起因して人の健康に係る被害を生ずるおそれがあるとは認識されておらず，買主の担当者もそのような認識を有していなかった。本件土地につき，売買契約締結後に制定された条例に基づき買主が行った土壌の汚染状況の調査の結果，その土壌に上記の溶出量基準値及び含有量基準値のいずれをも超えるふっ素が含まれていることが判明した。

　争点は，売買の瑕疵担保責任における瑕疵の有無はいつの時点で捉えるかであり，売買により土地の所有権が売主から買主に移転した場合に，売買契約時に既に土壌に存在したふっ素（後に有害物質に指定）に関する責任は旧所有者（売主）にあるか新所有者（買主）にあるか，などが問題になった。

　原審・東京高判平20・9・25金融・商事判例1305号36頁は，本件買主が負担したふっ素の除去費用について瑕疵担保責任に基づく損害賠償請求を認めた。すなわち，瑕疵担保責任の制度を，「民法570条に基づく売主の瑕疵担保責任は，売買契約の当事者間の公平と取引の信用を保護するために特に法定されたものであり，買主が売主に過失その他の帰責事由があることを理由として発生するものではなく，売買契約の当事者双方が予期しなかったような売買の目的物の性能，品質に欠ける点があるという事態が生じたときに，その負担を売主に負わせることとする制度である。」と捉え，「売買契約締結当時の知見，法令等が瑕疵の有無の判断を決定するものであるとはいえない。」と判断した。そして，原審判決は，本件土地の土壌にふっ素が上記の限度を超えて含まれていたことは瑕疵に当たると認めた（買主勝訴）。

　上告審最判平22・6・1判時2083号77頁は，原審の瑕疵に係る上記判断は是認することができないとした（破棄自判。売主（上告人）勝訴）。

　　　「売買契約の当事者間において目的物がどのような品質・性能を有することが予定されていたかについては，売買契約締結当時の取引観念をしんしゃくして判断すべきところ，前記事実関係によれば，本件売買契約締結当時，取引観念上，ふっ素が土壌に含まれることに起因して人の健康に係る被害を生ずるおそれがあるとは認識されておらず，被上告人の担当者もそのような認識を有していなかったのであり，ふっ素が，それが土壌に含まれることに起因して人の健康に係る被害を生ずるおそれがあるなど

の有害物質として，法令に基づく規制の対象となったのは本件売買契約締結後であったというのである。そして，本件売買契約の当事者間において，本件土地が備えるべき属性として，その土壌に，ふっ素が含まれていないことや，本件売買契約締結当時に有害性が認識されていたか否かにかかわらず，人の健康に係る被害を生ずるおそれのある一切の物質が含まれていないことが，特に予定されていたとみるべき事情もうかがわれない。そうすると，本件売買契約締結当時の取引観念上，それが土壌に含まれることに起因して人の健康に係る被害を生ずるおそれがあるとは認識されていなかったふっ素について，本件売買契約の当事者間において，それが人の健康を損なう限度を超えて本件土地の土壌に含まれていないことが予定されていたものとみることはできず，本件土地の土壌に溶出量基準値及び含有量基準値のいずれをも超えるふっ素が含まれていたとしても，そのことは，民法570条にいう瑕疵には当たらないというべきである。」

　最高裁判決は瑕疵の判断にあたり，「売買契約の当事者間において目的物がどのような品質・性能を有することが予定されていたか」に着眼し，「本件売買契約の当事者間において，本件土地が備えるべき属性として，その土壌に，ふっ素が含まれていないことや，本件売買契約締結当時に有害性が認識されていたか否かにかかわらず，人の健康に係る被害を生ずるおそれのある一切の物質が含まれていないことが，特に予定されていたとみるべき事情がうかがわれ」る場合には瑕疵担保責任が生じるとし，本件事案はこの例外的場合に当たらないと判断した。これは判例における一般的な解釈方法であり，契約当事者の合理的意思を探求するものである。

　以上，本判決を概観した。学界は概ね最高裁判決を支持するが，環境法の視点からみると高裁判決は評価すべきところがある。すなわち，原審判決は，売買の有償性を考慮し，売主に損害賠償責任を認めることによって当事者の公平を実現しようとする。なお，物の瑕疵を客観的に捉えようとする原審判決の考え方は，売買契約締結時に既に本件土地に含まれていたふっ素以外の有害物質について，買主が知っていたことを考慮しなかった点にも現れている。原審判決はふっ素による土壌汚染という瑕疵に注目することによって，瑕疵担保責任の立法趣旨である売主責任を認め買主保護を図った。原審判決における瑕疵論は瑕疵の有無を客観的に捉えており，従来の客観説をより徹底させている。また，本書で検討する環境法からのアプローチでは，汚染原

因者に費用負担の最終責任を求める土壌汚染対策法の趣旨を考慮することは民法解釈における検討課題となる。

　原審は客観的に瑕疵ある物の売主の責任を認め，買主を救済しており，明快な考え方を示している（小賀野晶一「瑕疵担保責任の瑕疵とは何か」，千葉大学法学論集 28 巻 1・2 号 63 頁（2013 年））。なお，解釈論上は，「原審判決にように，締結時にふっ素の有害性の認識が欠如していたとしても，『居住その他の土地の通常の利用』を目的とする土地の売買契約においては，健康被害をもたらす危険がないと認められる限度を超えて含まれていないことを，当事者間で通常予定される性質だと解することも不可能ではないとする見解も少なくない」との解説（桑岡和久・民法判例百選Ⅱ債権 7 版 52 事件 107 頁（別冊ジュリスト 224 号，2015 年））は規範論のあり方として示唆に富む。

　2017 年民法（債権関係）改正法（2020 年 4 月 1 日施行）は，瑕疵担保責任（570 条）の規律を修正し，新たに契約不適合による責任を認めた。すなわち，新法 562 条で買主の追完請求権を認め，「引き渡された目的物が種類，品質又は数量に関して契約の内容に適合しないものであるときは，買主は，売主に対し，目的物の修補，代替物の引渡し又は不足分の引渡しによる履行の追完を請求することができる。ただし，売主は，買主に不相当な負担を課するものでないときは，買主が請求した方法と異なる方法による履行の追完をすることができる。②前項の不適合が買主の責めに帰すべき事由によるものであるときは，買主は，同項の規定による履行の追完の請求をすることができない」と定めた。かかる改正は，瑕疵担保責任の性質論をめぐる民法学説の対立（法定責任説と契約責任説）を，契約責任説で捉えるものである。新法の考え方は，上記最高裁判決の判断の根拠ともなり得るものである。

　本件訴訟を契機に，土壌汚染では売主と買主のどちらに責任を負担させるのが公平かという問題について，売買法と環境法の双方からアプローチすることが望まれる。

(2) 瑕疵，汚染浄化義務，説明義務

　東京地判平 20・11・19 判タ 1296 号 217 頁に関する事案をとりあげる。本件はヒ素による土壌汚染が判明した場合において，買主が売主に対して損害

賠償請求をした。

　本判決は，売主に信義則上の付随義務として汚染浄化義務を認め，同義務違反による債務不履行責任を認めた。その前提として土壌汚染の調査義務違反を認めたが，説明義務違反は認めなかった。

　本件売買契約の 10 条（瑕疵担保責任）には，①買主は，本件土地に隠れたる瑕疵がある場合には，売主に対して損害賠償を請求することができる。この場合において，契約を締結した目的を達することができないときは，買主は売主に対して契約を解除し，損害賠償を請求することができる（本件瑕疵担保責任条項）。②買主は売主に対して，前項前段に定める損害賠償に代えて，又はそれとともに，本件土地の修補を請求することができる，などの瑕疵担保責任期間制限条項があった。

　また，被告 Y1 と原告は，平成 16 年 8 月 9 日付けで本件覚書を取り交わし，現地立会い確認の上，本件土地について次のとおり合意した。すなわち，①油が混じっているとされる土壌 2 か所について，地表から地下 1 m までの部分は被告 Y1 の負担において搬出の上，埋め戻すものとする。②パラクレゾールが混じっているとされる土壌 1 か所について，地表から地下 0.5 m までの部分は被告 Y1 の負担において搬出の上，埋め戻すものとする。③売主は本件土地のうち地表から地下 1 m までの範囲に限り本件売買契約第 10 条の瑕疵担保責任を負うものとする（本件瑕疵担保責任制限特約）。

　被告 Y1 は，平成 16 年 8 月 31 日，原告に対し本件土地を引き渡した。

① 　被告 Y1 の瑕疵担保責任の有無──瑕疵に当たるか

　　「本件売買契約は本件土地を原告において戸建て住宅分譲事業を行うことを目的とするものであるから，本件瑕疵担保責任制限特約の対象となる本件土地の地表から地下 1 m までの部分に環境基準値を大幅に超える高濃度のヒ素が含まれることは，宅地として通常有すべき性状を備えたものということはできず，本件土地の瑕疵に当たる。そして，原告は，本件売買契約の際に，被告 Y1 から，本件土地につき本件浄化工事を行い，浄化効果の確認の結果，環境基準値を下回ったとの報告を受けたことは前記 1 認定のとおりであって，本件土壌に環境基準値を大幅に超える高濃度のヒ素が含まれていることを知らなかったのであるから，上記瑕疵は「隠れた」瑕疵に当たる。」

② 　被告 Y1 の汚染浄化義務違反の有無

　　「本件売買契約の売主である被告 Y1 は，本件土地に環境基準値を上回るヒ素が含

まれている土地であることを事前に知っていたのであるから，信義則上，本件売買契約に付随する義務として，本件土地の土壌中のヒ素につき環境基準値を下回るように浄化して原告に引き渡す義務を負うというべきである。ただし，被告 Y1 は原告との間で本件瑕疵担保責任制限特約により，地表から地下 1 m までの部分に限り瑕疵担保責任を負担する旨の合意をしていることに照らせば，上記汚染浄化義務は本件土地の地表から地下 1 m までの部分に限定されると解するのが相当である。」

③　被告 Y1 の説明義務違反の有無

「原告は，本件売買契約の売主である被告 Y1 が，信義則上，本件売買契約に付随する義務として，本件土地の土壌汚染を説明する義務を負うのに，これを説明しなかったのは上記説明義務に違反するもので債務不履行に当たると主張する。

しかし，本件土地の地表から地下 1 m までの部分に環境基準値を超えるヒ素が残留していたことを被告 Y1 が知っていたことを認めるに足りる証拠はない。むしろ，被告 Y1 は，専門業者である被告 Y3 に依頼して本件浄化工事を実施し，被告 Y5 からヒ素が環境基準値を下回るという調査結果の報告を受けたことは前示のとおりであり，これらの事実からみて，被告 Y1 は本件土地の土壌が浄化されたものと信頼していたと推認されるのであって，このような被告 Y1 が，信義則上，環境基準値を超えるヒ素が残留していることを説明する義務を負うということはできない。したがって，原告の上記主張は採用することができない。」

参考文献

野村好弘『公害法の基礎知識』（ぎょうせい，1973 年）

淡路剛久『公害賠償の理論（増補版）』（有斐閣，1978 年）

日本弁護士連合会公害対策環境保全委員会編『公害・環境訴訟と弁護士の挑戦』（法律文化社，2010 年）

淡路剛久・寺西俊一・吉村良一・大久保規子編『公害環境訴訟の新たな展開——権利救済から政策形成へ』（日本評論社，2012 年）

富井利安『景観利益の保護法理と裁判』（法律文化社，2014 年）

淡路剛久・大塚直・北村喜宣編『環境法判例百選（2 版）』別冊ジュリスト 206 号（2011 年）

吉村良一『公害・環境訴訟法講義』（法律文化社，2018 年）

大塚直・北村喜宣編・環境法判例百選（3 版）別冊ジュリスト 240 号（2018 年）

Ⅲ 環境法理論

　本書Ⅱで概観した環境訴訟（環境問題に関する裁判）における紛争処理は，主に法律や条例に基づいて行われるが，そこに環境問題の法理論，すなわち環境法理論を認めることができる。環境法理論はまた，本書Ⅳでとりあげる環境立法によっても提示される。このように環境訴訟，環境立法，環境法理論は相互に密接に関連している。

　環境法理論は，これ自体が環境問題を現している。本章では「環境問題へのアプローチ」の1として，第1に，環境法理論をとりあげ，環境問題の解決等において主要な役割をしている法理論として環境権論，人格権論，受忍限度論を概観し，さらに環境配慮義務論に言及する。前二者は権利論としての特徴を鮮明にするが，このうち人格権論は受忍限度論と結合することによって環境法理論として実務において重要な機能を発揮している。第2に，訴訟の根拠法あるいは紛争処理法として行政法，民法，刑事法をとりあげ，紛争処理の一般理論が果たすべき役割について言及する。

　学習の要点は，法理論が裁判や立法においてどのような役割を果たしているかを理解するために，裁判例や立法の原文を丁寧に読むことである。

図Ⅲ—1　環境問題に対する環境法理論からのアプローチ

環境問題　←　環境法理論

第1　環境権論

1　概観——日弁連の活動を中心に

　環境法の規範は権利と義務に大別できるが，従来は主として環境権のあり方を中心に環境権論が規範論の主流であった。

　環境権の経緯は，国際社会科学評議会主催の国際会議における 1970 年「東

京宣言」の採択，これを受けた日本弁護士連合会（日弁連）の活動が開始される。

　公害訴訟に勝利するための戦略として原告（被害者）側から主張されてきた環境権は，利益衡量を許さない絶対的権利として構成された。かかる絶対的環境権は，個々の住民が地域における生活環境を破壊する行為に対して，その差止や損害賠償を請求することができる根拠になるとする。

　環境権論は従来，権利の主体である人間に基礎をおき，人間中心主義の権利体系のなかで形成されてきたが，憲法における近時の議論は権利論から義務論への移行を示唆しており，権利論の新たな視点を示している。ここでは人間のあり方に関する思想に深みを増し，人間中心主義からの脱却を意図しているようである。今日,地球環境問題は人類をはじめ生命体の存亡に関わっており，価値の序列において環境価値は生命・身体・健康と同列の最高レベルに位置する。現行の法体系では，権利の主体となることができるのは人（民法 3 条）と法人（同 34 条）に限られており，その他の生物や自然には権利能力は認められない。環境権論におけるこのような壁は環境法の課題であり，民法の課題でもある。

　絶対的環境権論は紛争処理の権利論としては裁判所に受け容れられなかったが，環境問題の深刻性を捉え，改善の必要性を訴えている点については共感することができる。

2　絶対的環境権論に対する裁判所の判断

　①環境権訴訟として有名な伊達火力発電所訴訟最判昭 60・12・17 判時 1179 号 56 頁，判タ 583 号 62 頁（1 審札幌地判昭 55・10・14 判時 988 号 37 頁，判タ 428 号 145 頁，控訴審札幌高判昭 57・6・22 行集 33 巻 6 号 1320 頁）では，火力発電所建設禁止に係る差止請求について，原告らの主張する環境権が差止請求の根拠となるかが主たる争点となった。本判決は，憲法 13 条，25 条 1 項は綱領的規定であるとし，「個々の国民に，国に対する具体的な内容の請求権を賦与したものではない」，「私法上の権利としての環境権を認めた規定は，制定法上見出しえない。」と述べ，環境権を認めなかった。

　②国道 43 号線訴訟 1 審神戸地判昭 61・7・11 判時 1203 号 1 頁は，物権な

ど個々の権利を有する者に限って従来認められていた妨害予防及び妨害排除請求権の行使を、これら個々の権利を有しない者にも広く権利として行使することを承認し、訴訟における当事者適格や訴の利益に関する審査を経ることなく、すべて訴訟を通じて環境の保全を図るべきであるとする原告らの主張を否定し、現行法において環境保全を実現するためには、国民や住民の多数決原理による民主的選択に基づく立法及びこれを前提とする行政の諸制度を通じてなされなければならず、訴訟という限られた場や、限定された対立当事者間において、これを実現すべきものとされていないこと、環境権には実定法上の根拠がないのみならず、その成立要件、内容、法律効果等も極めて不明確であり、これを私法さらには環境法上の権利として承認することは法的安定性を害すること、などを指摘した。

　環境権に関するその後の裁判例もほぼ同様の考え方をしている。裁判所は紛争処理にあたり利益衡量を行っており、環境権が絶対的権利として主張されていることについて受け容れられないとしている。

　③前掲東海道新幹線訴訟名古屋高判昭60・4・12では、東海道新幹線の列車走行による騒音・振動の差止と損害賠償の各請求につき、差止請求の適法性（肯定）、差止請求の法的根拠としての人格権侵害、新幹線列車の走行に伴う騒音・振動とこれによる被害の内容、差止請求と受忍限度、新幹線列車の走行と国賠法2条1項の適用（肯定）、損害賠償請求と受忍限度、後住者と危険への接近の法理、慰謝料額、将来の慰謝料請求の適法性（否定）などが争点となった。

　本判決は、差止請求の法的根拠としての環境権の主張については次のように判断した。

　　「原告らは、平穏にして健康な生活と環境を享受すべき利益は本質的かつ基本的な価値として人格権及び環境権と把握すべくこれらは他に優越する絶対的権利であるところ、原告らが新幹線騒音振動により被つている被害は右人格権及び環境権の侵害であるから、これに基づき被告に対し本件差止請求をする旨主張する。これに対し、被告は、人格権又は環境権なるものは実定法上明文の規定を欠くばかりでなく、その権利概念の内容・性格が不明確であつて、いまだ排他的効力を有する私法上の権利として承認することはできず、到底差止請求の根拠となし得ない旨主張するので、以下判

断する。

　1　環境権について

　原告らは，環境権とは人間が健康な生活を維持し，快適な生活を求めるため良き環境を享受し，かつこれを支配し得る権利であって，それは私法上の排他的支配権としての側面を有し，住民に直接具体的な被害が発生する前に環境汚染者の行為の違法性を追及することを可能とし，また，それは個々の住民が自己の権利侵害と同時に広汎な地域的被害を直接自己の権利侵害の内容として主張することができるものであると主張する。

　しかしながら，人の環境は一般に地域的広がりを有する自然的・社会的諸条件を含むものであり，しかもそれは人により立場によって認識，評価を著しく異にし得るものであるから，そのいうところの権利の対象となる環境の範囲及びこれに対する支配の内容は極めて不明確であり，ひいてはその権利者の範囲も確定し難いものである。従って，実定法上何らの根拠もなく，権利の主体，客体及び内容の不明確な環境権なるものを排他的効力を有する私法上の権利であるとすることは法的安定性を害し許されないものといわなければならない。環境の破壊行為と目される行為が住民の具体的権利を侵害するおそれが生じたときには，当該権利侵害のおそれを理由として侵害行為の差止を請求することができるのであるから，これによってある程度環境保全の目的を達することもできるのである。もともと地域的環境の保全については人の社会的経済的活動の自由との調和がはかられねばならず，本来民主々義機構を通じ終局的には立法をもつて決定されるべき問題である。原告ら主張のごとき具体的被害の発生をはなれ，あるいは，個人の被害を超えた地域的被害をもってその内容とし得る環境権なる私法上の権利を構成し，これによる差止を認めることにより直接環境の保全を企図するごときは，自然環境の破壊を未然に防止するという社会的目的を達成するための即効的な手段を求めるに急な余り，個人の私権の保護を中心に発達してきた民事裁判制度に対し，その本来の役割を超えて，社会的，経済的，文化的な価値判断を含む広範な裁量に基づく公権力発動の可能性を求めようとするものであり，法解釈の限界を超えるものといわざるを得ない。

　よって，環境権を私法上の権利として認めることはできず，本件差止請求の法的根拠とはなし得ないものであり，環境権に基づく原告らの請求は失当である。」

3　新しい環境権論の主張

　環境権は，民事訴訟における差止請求の根拠として原告側から繰り返し主張されたが，現行法制及び裁判所のハードルは高く現在までのところ認められていない。このなかで環境権論は新たな道を探ってきた。後にみる自然の権利訴訟もその１つである（後掲アマミノクロウサギ訴訟のほか，オオヒシクイ訴訟

東京高判平 8・4・23 判タ 957 号 194 頁など)。また，環境権論の目標は，権利救済
から政策形成へ重点を移している（淡路剛久・寺西俊一・吉村良一・大久保規子編
『公害環境訴訟の新たな展開──権利救済から政策形成へ』（日本評論社，2012 年))。

　憲法上の環境権，参加権としての環境権，防御権としての環境権，社会権
としての環境権の議論もこうした新しい主張に位置づけることができる（大
塚 BASIC41 頁以下）。ここに参加権としての環境権は，行政（政策）の意思決定
への参加権を意味する。環境権論の理念は環境政策及び環境立法に影響を及
ぼすことによって政策論・立法論として実現することができ，また，被害者
救済は現行の環境政策及び環境立法を修正することによって実現することが
できる，との考え方をうかがうことができる。環境権の内容を「環境公益」
（北村喜宣）と捉える見解はここに位置づけることができる。

　政策（施策）をみると，制度上は，環境基本法に基づき環境基本計画が策定
され，国の計画は日本の標準例として地方自治体の環境基本計画に影響を及
ぼしている。地方自治体のなかには地域の特徴を考慮するものも増えてきた。
他に，都道府県知事が策定する公害防止計画制度があり，公害の防止に関す
る事業に係る国の財政上の特別措置に関する法律（公害財特法）に基づく公害
防止対策事業計画は同計画の一部である。

　新しい環境権論は，伝統的な私権としての環境権論ではなく，環境法にお
いて求められるべき新しい権利論を追求しているが，他方，環境訴訟では以
下にみるように，従来型の権利論の延長として，より具体的な権利論が展開
されている。いずれも注目することができる。

(1) 自然環境権

　自然環境権は，例えば神戸市民が身近に親しんできた六甲の自然を守る活
動などの基礎となっている考え方である。身近な自然を育もうとする足元の
実践から導かれたものであり，住民が享有すべき普遍的価値を明らかにし，
人々の生活関係に働きかけている。

　自然環境権の確立を求める国会請願が 2001 年 6 月 29 日，衆参両院の本会
議で採択された。請願の採択は具体的な法的効果をもたらすものではないが，
制度化への関心を高める契機となり得る。請願の要旨は，「人と自然との豊か

な触れ合いを確保するため，⑴すべての国民が，自然環境の恵沢を受ける権利を有することをわが国の環境法令上に明確にすること，⑵さらに国民が，右の権利（自然環境権）を適切に行使する方法についての立法措置を検討すること，につき貴議院の格別のお取組みを賜りたくここに請願いたします。」という。

⑵　訴訟における自然の権利，自然享有権の主張

　環境訴訟では近時，自然の権利論が主張されているが，その先鞭をつけたのがアマミノクロウサギ訴訟である（なお，本件訴訟を含め以下に掲げる訴訟の各判決はいずれも判例集未搭載のため LEX-DB 及び判例秘書を参照した）。本件では，森林法 10 条の 2（林地開発許可制度）に基づく森林開発行為の許可処分の無効確認及び森林開発行為の許可処分の取消請求がなされた。本件訴訟の争点は原告らが原告適格を有するかであり，「自然の権利」及び「自然享有権」と森林法 10 条の 22 項 3 号の保護する個別的利益を有するかが問われた。

　第 1 審鹿児島地判平 13・1・22（アマミノクロウサギら動物を原告とした訴状ついては訴状却下。アマミノクロウサギこと某と修正）は自然の権利・自然享有権につき，抽象的権利性を認めたが，具体的権利性を否定し，請求を却下した。本件訴訟は自然の権利訴訟と称され，環境権訴訟の展開事例として位置づけられる。

　本判決はまず，抽象的権利性について，「原告らは，自然及び自然物そのものの法的価値（自然の権利）を承認し，人間の自然に対する保護義務を定め，市民や環境 NGO に自然の価値の代弁者として，自然の価値を侵害する人間の行為（権利侵害行為）に対する法的な防衛活動を行う地位を有するという趣旨で「自然の権利」の概念を主張し，市民や環境 NGO は，国民が豊かな自然環境を享受する権利としての「自然享有権」を根拠に「自然の権利」を代位行使し原告適格を有すると主張する。」と原告らの主張を整理し，環境基本法 3 条，6 条から 9 条及び自然環境保全法 2 条，種の保存法 1 条，2 条のほか，国際法上，世界自然憲章の前文，生物の多様性に関する条約を引用し，「今や法的においても自然及び野生動植物等の自然物の価値は承認されており，かつ，人間の自然に対する保護義務も，具体的な内容はともかく，一般的抽象的責

務としては法的規範となっていると解することができる。」と述べた。

　次に，具体的権利性について本判決は，「自然の価値を侵害する人間の行動
に対して，市民や環境 NGO に自然の価値の代弁者として法的な防衛活動を
行う地位があるとして訴訟上の当事者適格が一般に肯定されると解するこ
と，そしてその根拠として「自然享有権」が具体的権利として憲法上保障さ
れているとまで解することは次のとおり困難である。」と判断した。環境基本
法3条，6条から9条，11条の各規定について，「これらの諸規定は原告らの
主張する「自然享有権」の実定法上の出発点となり得るとも解されるが，他
方で，原告らの主張する「自然享有権」に具体的な権利性を認め得るか否か
については，自然破壊行為に対する差止請求，行政処分に対する原告適格，
行政手続への参加の権利等の根拠となるような「自然享有権」の具体的な範
囲や内容を実体法上明らかにする規定は環境の保全に関する国際法及び国内
諸法規を見ても未整備な段階であって，いまだ政策目標ないし抽象的権利と
いう段階にとどまっている」と述べた。

　本判決は，以下のように「終わりに」を追記し，本判決の結論は現行法制
度上譲れない一線であったことを述べている。裁判例として異例であるが，
本判決の考え方やその背景を整理している。また，「終わりに」は規範論とし
ても傾聴に値する。

(3)　終わりに

　本判決は，「わが国の法制度は，権利や義務の主体を個人（自然人）と法人に
限っており，原告らの主張する動植物ないし森林等の自然そのものは，それ
が如何に我々人類にとって希少価値を有する貴重な存在であっても，それ自
体，権利の客体となることはあっても権利の主体となることはないとするの
が，これまでのわが国法体系の当然の大前提であった」とし，当裁判所は，
「「原告適格」に関するこれまでの立法や判例等の考え方に従い，原告らに原
告適格を認めることはできないとの結論に達した。」という。しかし，同時に，
「現行法上でも，自然保護の枠組みとして，いわゆるナショナル・トラスト活
動を行う自然環境保全法人（優れた自然環境の保全業務を行うことを目的とする公益
法人）の存在が認められており，このような法人化されたものでなくとも，自

然環境の保護を目的とするいわゆる「権利能力なき社団」，あるいは自然環境の保護に重大な関心を有する個人（自然人）が自然そのものの代弁者として，現行法の枠組み内において「原告適格」を認め得ないかが，まさに本件の最大の争点となり」，「個別の動産，不動産に対する近代所有権が，それらの総体としての自然そのものまでを支配し得るといえるのかどうか，あるいは，自然が人間のために存在するとの考え方をこのまま押し進めてよいのかどうかについては，深刻な環境破壊が進行している現今において，国民の英知を集めて改めて検討すべき重要な課題というべきである。」と述べ，「原告らの提起した「自然の権利」（人間もその一部である「自然」の内在的価値は実定法上承認されている。それゆえ，自然は，自身の固有の価値を侵害する人間の行動に対し，その法的監査を請求する資格がある。これを実効あらしめるため，自然の保護に対し真率であり，自然をよく知り，自然に対し幅広く深い感性を有する環境 NGO 等の自然保護団体や個人が，自然の名において防衛権を代位行使し得る。）という観念は，人（自然人）及び法人の個人的利益の救済を念頭に置いた従来の現行法の枠組みのままで今後もよいのかどうかという極めて困難で，かつ，避けては通れない問題を我々に提起した」と結んでいる。現行制度の厳格性に対する司法からの問題提起（訴え）といえる。

　本件控訴審福岡高宮崎支判平 14・3・19 は，無効確認訴訟の原告適格に係る行政事件訴訟法 36 条の解釈を踏まえ，結論として，「森林法 10 条の 22 項 1 号の規定は，森林において必要な防災措置を講じないままに開発行為を行うときは，その結果，土砂の流出又は崩壊，水害等の災害が発生して，人の生命，身体の安全等が脅かされるおそれがあることにかんがみ，開発許可の段階で，開発行為の設計内容を十分審査し，当該開発行為により土砂の流出又は崩壊，水害等の災害を発生させるおそれがない場合にのみ許可をすることとしていると解したうえ，この土砂の流出又は崩壊，水害等の災害が発生した場合における被害は，当該開発区域に近接する一定範囲の地域に居住する住民に直接的に及ぶことが予想される捉え，こうした範囲に居住する者は，開発許可の無効確認を求めるにつき法律上の利益を有する者として，その無効確認訴訟における原告適格を有すると解するのが相当であるが，他方，そのような範囲の地域の外に居住する者は原告適格を有しないものといわざる

をえない」と指摘した。

　　地球温暖化とホッキョクグマ　　自然の権利と関連する問題として，地球温暖化問題に係る東京地判平26・9・10は，日本に住所を有する個人等及びツバル（南太平洋に位置する国家）に住所を有する個人らが公害紛争処理法26条1項（生活環境被害調停）の規定に基づいてした電力会社を被申請人とする二酸化炭素の排出量の削減を求める調停の申請に係る公害等調整委員会の却下決定（公害等調整委員会は，同項所定の「公害に係る被害について，損害賠償に関する紛争その他の民事上の紛争が生じた場合」に当たらない不適法なものであり，かつ，その欠陥は補正することはできないとして却下した）の取消しを求めた。当初，原告にホッキョクグマ（シロクマ）1頭も含まれていたが，当事者能力（民事訴訟法28条）がないとして訴えが却下されている（先の調停も申請人適格がないとされたようである）（NPO法人　気候ネットワークの資料参照）。

　争点は，地球温暖化が環境基本法2条3項にいう「公害」に当たるかどうかであり，第1審判決は，環境基本法の下においても，公害対策基本法の下において紛争の処理等を含めて形成され一定の役割を果たしてきた公害の防止に関する施策等に係る一連の制度及び規律は基本的に維持されているとし，「特定の事態がこれらの法令の規定する「公害」に当たるか否かについては，それがそのような事態への現行の法制度下での対応の在り方の選択に係る立法政策的な決定を基礎とする事項であることにも照らし，これらの法令において「公害」の内容として規定されているところの文言を踏まえて判断すべきものである」と解し，控訴審東京高判平27・6・11は，「公害紛争処理法26条1項の「公害」とは環境基本法2条3項に規定する「公害」をいうところ，同法は，「公害」とは別に，地球全体の温暖化の進行に係る環境の保全に関する施策等については，同条2項に規定する「地球環境保全」に関する事項として位置付けているものと解される」と判断した。

北川湿地事件横浜地判平23・3・31判時2115号70頁
（発生土処分場建設事業差止請求事件）

　原告らは，三浦市三戸地区発生土処分場建設事業（以下「本件事業」という。）の事業主体である被告に対し，本件事業の実施により，原告らが有する自然

の権利，環境権，自然享有権ないしは学問・研究の利益に基づく活動の利益，生命・身体の安全及び平穏な生活を営む権利を違法に侵害されるとして，土地所有権の制限法理による差止請求権，不法行為による差止請求権若しくは原告らの自然の権利及び人格的利益に基づく差止請求権に基づき，本件事業の差止を請求した。被告は，本案前の答弁として，原告北川湿地には当事者能力が認められないとして，訴えの却下を求めるとともに，本件事業の実施に当たっては神奈川県環境影響評価条例に基づく環境影響予測評価を実施し，環境への配慮及び適切な公害防止計画を行うから，原告らの権利利益は何ら侵害されないなどと主張した。

　本判決は，第1に，北川湿地を原告とする訴えについて，「北川湿地は，本件事業対象地内に存する，北川流域における湿地帯を呼称するものであるところ，民事訴訟法28条は，当事者能力について，同法に特別の定めがある場合を除き，民法その他の法令に従う旨を定めており，自然物たる湿地に当事者能力や権利義務の主体性を認める法令上の根拠は存しない。したがって，〇〇〇は，当事者能力を有しないものを原告とする訴えとして不適法である。」とした。第2に，その余の原告らの請求については，「原告らは，本件事業の差止の根拠として，生物多様性に関する人格権，環境権，自然享有権及び研究の権利を主張するが，これらはいずれも，実体法上の明確な根拠がなく，その成立要件，内容，法的効果等も不明確であることに照らすと，それが法的に保護された利益として不法行為損害賠償請求権による保護対象となる余地があることはともかく，差止請求権の根拠として認めることはできない。」

　住民の人格権侵害に基づく差止請求権については，「およそ個人の生命，身体，健康が極めて重大な保護法益であることはいうまでもなく，人格権は，物権の場合と同様に排他性を有する権利というべきであるから，生命，身体，健康の安全に関する利益を違法に侵害され，又は侵害されるおそれのある者は，一定の要件のもとに，人格権に基づき，侵害者に対して，現在及び将来の侵害行為の差止を求めることができる。その判断基準としては，原告自然人らが社会生活上受忍すべき限度を超えて，生命，身体，健康の安全に関する利益を違法に侵害され又は侵害される蓋然性が大きい場合に限って，差止

請求権が認められるというべきである。そして，受忍限度を超えるか否かの判断に当たっては，侵害行為の態様・程度，被侵害利益の内容・性質，侵害行為の社会的有用性・公共性，侵害結果の発生防止のための対策の有無などの諸般の事情を総合的に比較衡量すべきである。」とし，騒音，振動及び交通危険，粉じん飛散，交通渋滞及び大気汚染，土壌汚染及び水質汚濁について吟味した。そして，「本件事業の公共性はそれほど高いものではないが，本件事業により生じる騒音・振動被害や，粉じん飛散，交通渋滞及び大気汚染の程度からすれば，それが社会生活上の受忍限度を超えるものと認めることはできない。」と判断した。

(4)　地球環境権

　地球環境権（Global Environmental Right）は，環境権は開発途上国・先進国を問わず地球上のすべての国・地域において共通に追求されなければならないとする考え方に基づき，自然環境権等とは視点をやや異にし，地球環境問題の解決をめざしたものである。地球環境問題の解決という地球レベルで追求されるべき課題について地球レベルの合意が求められているが，かかる合意の法的根拠及び内容を提示しようとするものである。

　地球環境権は地域の環境保全にも配慮する。秋田県環境白書（2000年版）は，第1部〈総説〉・第1章〈環境行政の課題と動向〉・第1節〈環境行政をとりまく課題及び施策の方向〉の冒頭に，「地球環境問題への取組」の項目において「1972年にスウェーデンのストックホルムで開かれた国連人間環境会議で採択した「人間環境宣言」では，「人は，尊厳と福祉を保つに足る環境で，自由，平等及び十分な生活水準を享受する基本的権利を有するとともに，現在及び将来の世代のため環境を保護し改善する厳粛な責任を負う。」と宣言しました。地球環境問題への対応が求められている現在，私たちは，この宣言に示された理念を「地球環境権」と位置づけるとともに，その確立のために本県としても全力を尽くす必要があると考えています。」，と。そこに地域における環境行政の理念として地球環境権が掲げられたが，規範を考慮するものといえる。白書の以下に続く叙述について，権利との関係を自覚することができる。

　国際法では，国家に共通の利益に加え人類共通の利益の概念が打ち出され，後者として地球環境の保護，平和の維持などが挙げられている（大谷良雄編『共通利益概念と国際法』10 頁（大谷），382 頁・383 頁（高村ゆかり）（国際書院，1993 年））。この共通利益には気候，生物多様性や，自然遺産・歴史的遺産も含めることができる。

　地球環境権はかかる共通利益の考え方に注目し，その考え方が各国・地域において実現されることを願っている。環境保全の法的枠組は各国・地域に応じて様々なレベルのものが考えられるし，権利も各国・地域の事情によって変わり得るが，地球環境権は各国・地域の法的枠組における共通の理念及び方向を示すものとして位置づけられるべきである。地球環境権のもとでは，環境保全の実質的内容を有する権利及び義務として構成されなければならない。地球環境権が実効性をもつためには，国際的な合意がめざされなければならない。各国・地域がどこまで具体的かつ実質的な権利として構成することができるかが問われる。

自然保護地

　2018 年 4 月末日時点の集計では，国内主要団体（日本野鳥の会など会員団体，助成団体，NPO など）が管理する土地は計 1 万 5700 ヘクタールにのぼる（日本経済新聞 2018 年 5 月 4 日付朝刊「自然保護地　国内 1・5 万ヘクタールに寄付募り取得，活動半世紀」）。

◎出典，公益社団法人日本ナショナル・トラスト

「トラスト活動とは？　ナショナル・トラストの発祥

　19 世紀の英国。産業革命とともに急速に自然が失われるなか，3 人の市民が「ナショナル・トラスト」を発案しました。国民のために，国民自身の手で大切な自然環境という資産を寄付や買い取りなどで入手し，守っていく。これが，ナショナル・トラストの基本理念です。

　1895 年に非営利団体として「英国ナショナル・トラスト」が設立されると，多くの人々から寄付が集まるようになりました。ピーターラビットの生みの親でもあるビアトリクスポター TM もそのうちの 1 人です。彼女は，湖水地方の美しい風景を守るために 1700 ha を超える土地を買い取り，英国ナショナル・

トラストに寄付をし，その維持管理をゆだねました。

　英国ナショナル・トラストは現在，会員数 420 万人という世界でも最大級の
環境保全団体に成長しました。所有している資産には，約 25 万 ha（東京都と
ほぼ同じ面積）の土地や，1，200 km 以上にわたる海岸線，350 ヶ所以上の歴史
的建造物や自然保護区，庭園など様々なものがあります。これらの取得や維持
管理，啓発活動などを進めるための資金は，すべて会費や寄付によりまかなわ
れています。」

(5)　憲法と環境権

　憲法の私権的効力，憲法改正における新しい人権としての環境権，比較法
研究（例えば隣国の韓国の憲法は基本権としての環境権を置く）など，憲法議論に対
する環境法からの関心は高い。

　環境権は，基本的人権の 1 つとして，憲法 25 条（生存権），13 条（幸福追求権）
にその根拠が求められるなど，着実にその存在を明確にしている。例えば，
環境権は，基本権，生きる権利，あるいは人権論に関連して議論されている
（石村修『基本権の展開』125 頁以下（尚学社，2017 年））。憲法調査会報告書は環境保
全義務の可能性について記述している（2005 年 4 月衆議院憲法調査会報告書 347
頁，同参議院憲法調査会報告書 110 頁）。憲法学者の西原博史はその著，「人権保障
と国民の義務」法時 77 巻 10 号 84 頁（2005 年）において憲法調査会報告書を
引用し，「05 年の両報告書における議論に新鮮な所があるとすると，個人の
《環境保全義務》が検討されている所であろう。《新しい権利》に関わる問題
として《環境権》が検討の対象とされているが，本質的に環境保護の問題は
---特に人間中心主義から脱却し，生態学的バランスを視野に入れれば入れ
るほど---個人の権利に関わるものではなく，むしろ次世代や他種の生物と
の関係で基礎づけられる人間の義務に関わるものとなっていく。そのため，
環境権論が環境保護義務へ転化していくことは，むしろ自然の流れであると
言えよう。」と指摘する。このような主張は示唆深いものがある。

　憲法 13 条の幸福追求権は人間の幸福を扱っているが，近時の動向は幸福
あるいは幸福追求の内容を問い直すものである。憲法において主張されてい
る新しい人権としての環境権，さらに環境保護義務・環境保全義務は，環境法

における地球環境主義のもとに位置づけることができるのではないだろうか。

憲法学の視点

　棟居快行（憲法学）「日本国憲法はそもそも，政治権力を抑制し民主化するものとして作られた。このため，大企業など社会的権力と呼ばれる存在を公益の観点からコントロールする『環境権』のような発想がなかった。ドイツやフランスが環境について憲法で定めるようになったのは，環境を守るルールを自ら作ることで，自国だけでなく開発途上国を含む外国にも環境を破壊しないように主張する狙いがあった。日本の憲法論議には，こうした国家戦略的な発想がないのが残念だ」（読売新聞 2017 年 5 月 3 日付朝刊）

第 2　人格権論

1　概　観

　人格権は，環境問題に対するアプローチの権利論において重要な役割をしている。

　生命，身体，健康に対する人身被害については，民法 710 条（及び 709 条，711 条）を根拠に損害賠償請求権が認められている。環境問題に関する裁判例ではこれらの規定を 1 つの根拠にして，人格権に基づく損害賠償請求や差止請求を認めている。なお，実定法上の根拠ということでは，民法の物上請求権（物権的請求権）も重要である。物上請求権は，物に対する直接支配性を有する物権の機能として当然に認められるものであり，占有権に関する規定（民法 198 条～202 条）が根拠にされている。物上請求権は物権が侵害された場合にその侵害を回復する権利であるところ，環境問題の侵害が物権侵害に当たる場合には有力な方法である。しかし，請求権者が物権を有する者などに限定され，生命，身体，健康に対する侵害や，物権侵害に当たらない場合には用いることができない。

　人格権論は，本章第 3 でとりあげる受忍限度論と結合することにより，その効果を発揮している。以下，人格権について参考となる裁判例を引用する。

2　裁判例

(1)　前掲東海道新幹線訴訟名古屋高裁判決

本判決は，差止請求権の法的根拠としての人格権について，次のように判断した。

　　「次に，原告らが人格権の名のもとに主張しているところについて検討する。騒音振動は新幹線軌道において発生し，空気中または地中を通過して原告ら居住敷地に到達し，直接または家屋を経由して原告らの身体に伝達される。これが原告らのいう侵害行為の本体であって，身体に対する物理力（騒音・振動エネルギー）の侵襲である点において，暴行，傷害等ありふれた有形力の行使と本質的に異なるところはない。騒音振動も充分強大な場合にあつては人の身体を物理的に損壊することもある（例えば爆発音による鼓膜の破裂）のである。

　　しかしながら，騒音振動の物理的エネルギーは多くの場合そのように大きなものではなく，身体に到達しても何らの痕跡を止めることなく消え去り，また，身体の機能を妨害することもない。従って，通常の傷害行為が常に身体を毀損し，その機能を妨害する結果を生ずるのと異なり，騒音振動の侵襲はそのエネルギーの程度により身体に対する影響も皆無から身体損傷にいたるまでいろいろの段階があり得るわけである。すなわち，騒音振動の侵襲は，社会生活上認容される程度の身体機能への妨害ないし影響を与えるものから，これが認容されない程度の強大なものを経て，身体傷害を惹起するにいたるものまで種々あり得るということになろう。

　　このように見てくると，騒音振動による静穏の妨害，日常生活の妨害等といわれているものは，これに対応する権利（静穏権，快適な生活を営む権利）が存在し，これが侵害されていると解すべきものではないと考えられる。騒音振動によつて侵襲されているのは身体であって，日常生活に対する妨害，静穏に対する妨害はその結果として生じたものに外ならないからである。このことは，あたかも，傷害により人が四肢の一つを失った場合と同様である。手足を失った人はその結果日常生活の万般にわたって不便を感じ日常生活をいわば妨害され，精神的苦痛を受けるであろうが，このような場合，快適な生活をする（人格）権を侵害されたとはいわないのである。

　　会話妨害を例にとれば，新幹線騒音は音波として人の耳に到達し騒音の感覚を発生せしめる（侵襲）。この騒音がたまたま聴取しようとする他人の発言（または自己の発言）と同時に到達すれば，聴取（発言）が妨害される（侵襲の結果）。この妨害も軽度の場合法律上無視されるが，これがある程度こえ多数回にわたるに及んで法律上無視し得ないもの（被害）となる。このように，会話妨害は，騒音の人体に対する侵襲の結果として生ずるものであり，会話を妨害されない権利などというものが存在してこれが騒音によって侵害されているわけではないのである。

　　以上要するに，原告らが人格権の侵害という名の下に主張するところは，騒音振動

による身体の侵襲をいう限りにおいて正当であるが，その余の所論はにわかに採用することができないものである。しかして，ここにいう身体の侵襲は，前記騒音振動の特質から，その質または（及び）量によって社会通念上画される一定の限界を超えた場合においてはじめて法律上許されないものとなる（従って，その結果に対しては損害賠償を認容すべきこととなる。）。この一定の限界がいわゆる受忍限度である。それ故，騒音振動の（事実上の）侵襲が，（法律上）侵害行為となるためには，前に述べた鼓膜破裂のごとき特殊の例を除き，そこにすべて受忍限度判断を経由することを必要とする。

　進んで，身体なる法益（身体権といってもよい。）に対する侵害がいわゆる差止請求権を発生せしめるか否かについて考える。一般に従来法律上問題とされた生命ないし身体に対する侵襲の行為は極めて短時間内に終了するものが多かつた。法律が物の占有権について妨害排除，妨害予防請求権等のいわゆる物上請求権を規定しながら，身体に対する危害についてこれに対応する規定をおかなかったのも，通常身体危害に対しかかる請求権を論ずる実益が存しなかったことによるものと察せられる。しかしながら，身体に対し痕跡を残さないで妨害ないし影響を及ぼし，比較的長期に亘り得る騒音振動にあつては，条理上からも（身体はもとより物よりも重しとしなければならない。）また身体侵害に対し正当防衛なる排除行為が法律上認められていることからするも，当該騒音振動の侵襲につき，原因を与えている者に対しこれを排除（場合により予防）する請求権が被侵襲者に与えられるものと解しなければならない。そして，この請求権については法律上何ら明文がないから，その内容効果については可能な限り物上請求権に関する規定を類推するのが相当である。

　以上の次第により，本件において，原告らはその身体の保持者として（身体権に基づきといってもよい。），新幹線列車の運行により現に毎日原告らに到達しつつある騒音振動の一定限度（騒音65ホン振動60デシベル等）以上の排除を求めるため，物上請求権に準ずる妨害排除請求権の行使を主張しているものということができる。」

(2)　丸森町産業廃棄物処分場事件仙台地決平4・2・28判時1429号109頁，判タ789号107頁

　債務者が宮城県丸森町の山林28078平方メートル（本件土地）に設置し，使用操業を予定している産業廃棄物最終処分場（以下「本件処分場」という。）の周辺に居住する債権者らが，水質汚濁，地盤崩壊，交通事故発生，農道路肩崩壊の各差し迫った危険性の存在を理由に，生活環境権，人格権若しくは財産権に基づく差止請求権又は不法行為の差止請求権を被保全権利として，本件処分場の使用操業差止の仮処分を申請した。債務者は，債権者ら主張の右差

し迫った危険及び差止請求権の存在について争った。

　「人格権は，民法の規定を実定法上の根拠として，具体的権利として認められるものというべきである。すなわち，民法709条は，すべての権利が侵害から保護されることを規定し，同710条は，右709条で保護される権利には，財産権のみならず，身体・自由・名誉が含まれることを規定している。これらの規定は，すべての人が，人格を有し，これに基づいて，生存し生活をしてゆく上での様々な人格的利益を有することを前提に，民法が単に財産権だけではなく，そのような様々な人格的利益をも保護しようとしていることを宣明している趣旨と理解される。したがって，そのような「人格に基づく，生存し生活をしてゆく上での様々な人格的利益」の帰属を内容とする権利を包括的に「人格権」と呼ぶならば，人格権は民法の右条項を実定法上の根拠として具体的権利として認められるものと言うべきである。

　そして，このような意味での人格権の意味を踏まえるならば，人格は人の生活の全ての面で法律上の保護を受けるべきであるから，民法710条に明示されている人格権としての身体権・自由権・名誉権は人格権の内容の例示と理解するのが相当であって，それぞれの生活の場面に応じてそれに相応する権利（例えば，精神的苦痛や睡眠妨害を味わわない平穏生活権等）が，右民法の規定を実定法上の根拠として，人格権の一種として認められるものと解される（東京高等裁判所昭和62年7月15日判決，判タ641号232頁以下参照）。

　また，このような人格権の重要性に鑑みれば，人格権を侵害された者が，民法709条，710条，722条により損害賠償請求をなすことができるのはもとより，物権の場合と同様に，排他性の現れとして，現に行われている侵害行為を排除し，又は将来生ずべき侵害を予防するため，侵害行為の差止を求めることができるものと解するのが相当である（最高裁判所昭和61年6月11日大法廷判決・民集40巻4号872頁以下参照）。」

第3　受忍限度論——人格権論と受忍限度論の結合

1 概観

　受忍限度論とは，不法行為の要件の1つである違法性の有無を，諸要素を比較衡量し，社会生活上受忍すべき限度を超えたかどうかによって判断する考え方をいう。受忍限度論は利益衡量論に依拠する法理論であり，環境民事訴訟（損害賠償，差止）における違法性の有無を評価するための理論として機能してきた。その後，この理論は，違法性だけでなく，過失及び違法性の有無

を評価するものとして位置づけられた（野村説，淡路説）。これが新受忍限度論である。新受忍限度論は受忍限度論の一つの態様であるが，その発展型として捉えることができる。

　以上のように，環境権論は原告側の訴訟戦略とされ，損害賠償請求や差止請求の法的根拠として主張されたが，裁判所は環境権を採用せず，利益衡量論の応用である受忍限度論に立脚して問題解決をしてきた。公害訴訟の各判決は受忍限度論など公害法理論の発展に貢献した。人格権論における議論は受忍限度論と結合することによって，紛争処理の法理論として確立した（後掲東海道新幹線訴訟判決参照）。受忍限度論は判例が一貫して採用している法理論であり，環境法の基本を追求する本書としては何よりもまずこのことを評価しなければならない。

［2］　受忍限度論の判断要素

　受忍限度の判断要素（諸要素）は，被害の性質・内容・程度，地域性（地域環境），加害行為の態様，環境基準，公共性の有無・程度，損害の程度，損害防止措置の有無・内容・効果等があり，違法性（あるいは違法性及び過失）の有無はそれら諸事情を比較衡量して総合的に判断される。受忍限度論における判断要素には，私的要素と公的要素の双方が含まれている。公的要素には行政法の規律・基準が含まれている。受忍限度論は利益衡量論であるから，環境立法における基準やその他の規律に違反したからといって直ちに違法と評価されるわけではなく，逆に，基準，規律を遵守していたからといって違法にならないというわけではない。ここに行政法の規制にみられない，この理論の弾力性がある。

　環境問題において違法性（違法性及び過失）を判断するには，上記のような要素を総合的に判断することが必要であるとしている。このように，受忍限度論は利益衡量論の応用理論であり，実質的には相関関係説（我妻榮）の発展形として位置づけることができる。かつて受忍限度論に対しては，絶対的環境権論の立場から判断を裁判官に白紙委任するもの，あるいは被害者救済上問題がある等の批判がなされた。確かに，絶対的環境論と比較すると受忍限度論における総合的判断は，結論を見通しにくいところがあり，あるいはどん

な事案でも常に環境保全の利益を重視するというものではない。これは利益衡量論に内在する問題点でもあるともいえるが，これらの問題については受忍限度の判断過程を透明化し，類型化することによって対応すべきであろう。このことについては，受忍限度の構造は手続的審査，規制的審査，実体的審査の3つの要素から成ることに注目したい（野村好弘「環境訴訟における受忍限度の構造」環境法研究5号157頁（1976年）参照）。かかる類型化は判例の分析に基づき理論の更なる発展を企図するものであり，多元審査説として整理することができる。こうした公的要素を考慮することは，環境配慮義務の形成を促す。受忍限度論は判例法における受忍義務を明らかにしている。換言すれば，民事訴訟・環境訴訟の受忍限度論のもとでは，私的規範のみならず，公的規範が形成されているのである。ここに環境法の独自性を求めることができる。野村は1978年に『環境問題』（筑摩書房）の著書を著し（同書は3人の著者がそれぞれの専門分野のテーマについて執筆した論考を1冊に収録し書名を『現代の社会問題と法』としている），環境問題に対する法学的アプローチを実践した。

3　損害賠償と差止

　東海道新幹線訴訟で概観したように，受忍限度論は判例において，損害賠償だけでなく，差止の判断においても用いられている。差止は被告の行為を制限するものであることから，受忍限度判断の基準はより高いレベルが要請されている。これは損害賠償との関係では違法性はあるが，差止との関係では違法性はないとすることを認めるものであり，損害賠償と差止とで違法性を相対的に捉えている。この考え方を違法性段階論という。

　違法性段階論は，次にとりあげる事業損失論に応用することができる。

4　事業損失

　例えば，新幹線の高架橋によって周辺の稲の生育が遅れたなど，高架橋設置の事業は適法だが，稲に損害が出ているなど，適法か適法かが判然としない場合があり，これらの場合をどのように扱うかが事業損失の問題である。違法行為によって発生した損害については損害賠償制度があり，他方，適法行為によって発生した損失については損失補償制度がある。

　事業損失における補償（賠償）の性質については，損害賠償説，損失補償説，結果責任説（損害賠償でも損失補償でもないとする説）など，諸説が主張されている。諸説はそれぞれに相応の根拠を有する。事業損失が損害賠償なのか損失補償なのか，いずれでもないのか，などの争われ方では，議論の決着を困難にする。発生した被害とその行為の違法性に着目すると，損害賠償とみることができるし，事業の行政法上の適法性に着目すると損失補償とみることができるからである。

　環境法理論としての事業損失論は，救済の必要性に注目すべきである。事業損失とよばれるものには何らかの補償又は賠償を必要とするものがあるが，要件及び効果の判断基準として，かかる必要性の有無とその内容を明らかにすればよい。そして，そのような判断を可能にする理論として，受忍限度論，とりわけ新受忍限度論のもとで行われてきた利益衡量の方法を参考にすることができる（小賀野晶一「事業損失補償の法的性質──道路騒音を中心として」月刊用地 92 年 3 月号 37 頁（1992 年））。

　民法の有力説は相隣関係における償金は一種の適法行為に対する損失補償と共通の基盤を有するものであり，公害についても同じように考えることができること，他方で，近時は不法行為法の領域で公害を問題にするときでも，故意・過失とか違法性の概念を用いずに受忍限度の考え方によって判断するようになってきていると指摘する。

　行政法からは，大阪空港訴訟最高裁判決の損害賠償論には損失補償的な考え方がみられること，同判決で問題とされる受忍限度は，国家作用によって蒙った損害が特別の犠牲と認め得るかどうかとして意味を有するとの見解（雄川一郎「国家補償総説──国家補償法の一般的問題」『現代行政法大系第 6 巻』1 頁以下（有斐閣，1983 年））や，事業損失を損失補償と位置づけ，受忍限度を導入し，事業損失は土地収用に通常付随する程度であれば損失補償として捉えられるべきであるが，その程度を超える場合は損害賠償として位置づけられるべきであると述べ，受忍限度を超える被害を 2 段階に区別したうえで，通常の受忍限度を超えるが特別の受忍限度内にある被害は適法と評価し，特別の受忍限度をも超える被害は違法と評価すべきであるとする見解（西埜章『損失補償法コンメンタール』176 頁（勁草書房，2018 年），同『国家賠償法コンメンタール（2版）』1065

頁（勁草書房，2014 年），同『損失補償の要否と内容』200 頁（一粒社，1991 年）参照）に注目したい。

【裁判例——受忍限度論と環境アセスメントを中心に】

し尿・ごみ

① **牛深し尿処理場訴訟**（民事上あるいは私法上の義務を認めたものと位置づけられる事例）

し尿処理施設からの放流によって漁業，健康の被害が予想されるとして，周辺住民 67 名が施設の建設禁止の仮処分を請求した。

熊本地判昭 50・2・27 判時 772 号 22 頁，判タ 318 号 200 頁は住民の請求を認め，建設禁止を命じた。本判決は，「本件のように，清澄な海に棲息する魚介類を対象とする漁業が現に行われ，かつ住民の健康に悪影響が予想される場所にし尿処理場を設置しようとする場合においては，被申請人において，設置予定の施設が真実海水汚濁の最低基準を守る性能を有するものであるかどうかを精査するほか，少なくとも，本件予定地付近海域の潮流の方向，速度を専門的に調査研究して放流水の拡散，停滞の状況を的確に予測し，また同所に棲息する魚介類，藻類に対する放流水の影響について生態学的調査を行い，これらによって本件施設が設置されたときに生ずるであろう被害の有無，程度を明らかにし」なければならないと述べた。

野村はこれを，受忍限度判断の手続的要素のうちの環境影響事前評価義務と位置づけ，「差止訴訟において裁判所がこの義務についてくわしく判示したのは，本件がはじめてであり，きわめて重要である」と指摘した。そして，この義務は，代替案の検討，住民との話合いというその他の手続的要素とともに，本判決における非常に重要な要素であると分析した（野村・前掲書『環境問題』40 頁・41 頁）。また，森島は同判決が環境アセスメントを私法上の義務として位置づけたものであると分析した（森島昭夫「牛深し尿処理場事件」別冊ジュリスト 126 号 65 頁（1994 年））。

② **小牧市共同ごみ焼却場訴訟**（アセスメントの欠如は受忍限度を超える違法性があるとした事例）

被申請人（小牧市及び岩倉市がごみ焼却場の設置及び維持管理を共同で処理するため

に設定された一部事務組合）が着工したごみ焼却場の建設について，申請人らは，受忍限度を超える被害を被る虞れがあるとして，建設工事ないし操業の差止を請求した（建設工事禁止仮処分申請事件）。

名古屋地判昭59・4・6判時1115号27頁，判自4号95頁は，概ね次のように述べ申請を一部認容した。すなわち，「一般に，公害発生原因によって，物権又は人格権（あるいはその行使）が妨害され，あるいは，妨害される蓋然性が大であれば，加害者側，被害者側及び社会的な種々の事情（例えば，被害の性質と程度，差止を受ける側の損害とその程度，汚染源の社会的有用性や，公共性の度合等）を比較衡量して，差止を受ける側の損害及び社会公共的損失を勘案しても，なお，差止を認容するのが相当であると解される程度の違法性，別言すれば，受忍限度を超えた違法性の存在を要件として，被害者は加害者に対し，物権又は人格権に基づいて被害の発生を防止するための妨害排除ないし妨害予防請求権を有する。これを本件についてみるに，申請人ら主張の手続面の瑕疵は，理由がなく，また，本件ごみ焼却場における公害物質除去施設については，メーカーの保証する各公害物質に対する排出濃度の規制値（保証値）をほぼ達成できるとの疎明は存するけれども，本件においては，公害発生の有無の予見ないし，公害発生防止のためとるべき改善策の検討のため，不可欠と認められるアセスメントにつき，被申請人の実施したアセスメントは，その規模，内容に照らし，著しく不十分であり，極論すれば，アセスメントの名に価しないと認められる。したがって，本件ごみ焼却場の操業開始前に，さらに十分なアセスメントを通年（約1年間）にわたり実施することが必須要件と認められる。してみると，この要件に欠ける本件につき，被申請人に操業を認めることは，申請人らに対し，公害発生による受忍限度を超える被害をもたらす蓋然性が大である」，と。

さらに本判決は結論部分において，「被保全権利とその必要性について」の項目のもとに，「本件ごみ焼却場の公共的必要性は十分に肯認できるし，もし，本件差し止め請求が容認されれば，小牧，岩倉両市としては，相当の経済的，公共的損害を被るであろうことは容易に推認できる。しかしながら，これらの点を勘案しても，本件ごみ焼却場は，必要なアセスメントの現地調査が，殆どなされていないという点において重大な欠陥を有しているのであるか

ら，受忍限度を超える被害の蓋然性は高いというべきであり，地域住民の健康保持の観点からして，本件申請中操業の差し止めを求める部分は理由がある」と述べた。

　以上を要するに本判決は，(1)アセスメントは公害発生の有無の予見あるいは公害発生防止のためとるべき改善策の検討のため不可欠である，(2)実施されたアセスメントの規模や内容に着目し，著しく不十分である，(3)適正なアセスメントの欠如（名ばかりのアセスメント）は公害発生による受忍限度を超える被害をもたらす蓋然性が高いと認めた。いずれも法理論の方向を示す注目すべき考え方である。

　その後，名古屋高決昭59・8・31判時126号15頁は仮処分の執行を停止し，名古屋高判昭61・2・27判時1195号24頁は仮処分申請を却下した（確定）。

　なお，別件の千葉ごみ埋立処理場訴訟抗告審東京高決昭52・4・27判時853号46頁は，環境影響評価義務について，「なるほど，政府において抗告人（申請人）ら主張のような閣議了解がなされたことは，疎明資料により明らかであるが，本件ごみ処理施設の設置について，相手方が，抗告人ら主張のような環境アセスメントを実施すべき法令上の義務を負うものと認めるべき疎明はなく，地方自治法の規定から，直ちに，右義務の存在を肯定することもできない。」と判示した。

③　東京地立川支判平23・12・26判自369号61頁

（エコセメント化施設操業禁止請求事件（東京たま広域資源循環組合））

　東京たま広域資源循環組合が所有するエコセメント化施設から有害物質が排出されるなどと主張して，周辺住民らがその建設禁止，操業禁止を請求したものである。原告らは，身体的人格権と平穏生活権的人格権の侵害を根拠にしたが，本判決は原告らの請求を棄却した。

(1)　被保全権利

　差止の法的根拠については，民法典に明示の規定がなく，解釈論において環境権など諸論が主張されたが，近時は人格権を根拠にすることについてほぼ異論がない。ただし，人格権の内容については，なお明確とはいえず，こ

の意味において本件は参考事例になる。

原告らは身体的人格権と平穏生活権的人格権に分けて主張しており，裁判所はこのそれぞれについて検討した。

本判決は第1に，身体的人格権については，以下(2)①でとりあげるように，立証が尽くされていないとした。第2に，原告らのいう平穏生活権（平穏生活権的人格権）については，「原告らについて認められるのは，谷戸沢処分場及び二ツ塚処分場の存在に加えて，二ツ塚処分場内に本件施設があり，焼却残さが自分たちの居住する地域に継続的に持ち込まれ，本件施設においてエコセメント化の工程を経ることに対する不安感である。このような不安感も，その原因行為の態様と，不安感の内容，程度によっては，法的保護の対象となり得る場合もあると考えられる。」と述べ，不安感が受忍限度論の枠組みのなかで法的保護の対象になり得る場合があることを明らかにしている。

ところで，平穏生活権は，環境問題に係る事前差止訴訟のうち，特に，廃棄物処分場の設置・操業をめぐる紛争において，飲用・生活用水にあてるべき適切な質量の確保や，生存・健康を損なうことのない水の確保が疑われる場合に，裁判所によって人格権の一種として認められ，また，身体的人格権に直結する精神的人格権の一種として，健康被害に至る以前の不安感の状態で差止等を求める根拠として認められている。判例法は人格権論に基づいて紛争処理を行っており，本判決もここに位置づけることができる。

(2) 受忍限度の判断要素
① 身体的人格権に基づく差止請求について

本判決は受忍限度論の判断要素のうち，第1に，被害発生の蓋然性について，本件施設からの排ガスの5年間にわたる測定結果もいずれも法規制基準値及び自己規制値以下であることを述べ，「単に原料が焼却残さであり，その危険性を立証しただけでは，本件施設から有害物質が排出され，将来における原告らの身体的被害発生の蓋然性・具体的危険について，一応の立証があったとすることはできない。」とした。

第2に，環境規制について，大気汚染防止法制の立法経過をたどり，「有害性が一般に認識されている物質の排出が放置されているとは考え難く，原告

らがなお見過ごされている物質があり，これが本件施設から排出されて原告らに健康被害を及ぼす危険があるというのであれば，その立証責任はこれを主張する原告らにある。」とした。

　第3に，排出基準の遵守について，「原告らは，本件は通常の民事訴訟であるから，被告が法令等の排出規準を遵守していることだけでは立証として足りないと主張するが，本件施設の操業が法令等の排出規準を遵守して行われているにもかかわらず，なお原告らに健康被害を及ぼす危険があることについては，通常の民事訴訟である以上，原告らに立証責任がある。」とした。

　第4に，放射性物質の影響の蓋然性について，「本件の口頭弁論終結時においてはかかる懸念が現実化するような状況は認められない。」とした。

②　平穏生活権的人格権に基づく差止請求について

　本判決は受忍限度の判断要素のうち，本件施設のコスト，エコセメントの公益性及び経済性を中心に検討した。原告らの主張はごみの焼却場・処分場問題を中心に公益性及び経済性に係る問題にも及ぶが，裁判の機能を越えたところがあった。本判決も，「焼却残さが原料であることは，感覚的に好ましいものではないことは否定できないが，焼却残さのエコセメント化は，処分場の新設の困難という状況のもとで，処分場の負担の軽減という目的から開発されたものであり，その観点からは有用な技術である。ごみの焼却場や処分場の問題は，原告らの主張するようにごみ量の減少を図ることで解決できればそれが望ましいこととは考えられるが，そのための具体的な方策を見いだすことは容易なことではなく，少なくともこの裁判によって解決し得ることではない。」と述べた。

③　千葉地判平 19・1・31 判時 1988 号 66 頁

（産業廃棄物最終処分場建設・操業差止等請求事件）

　本件民事訴訟では，産業廃棄物管理型最終処分場の建設，使用及び操業を予定している業者に同処分場の操業につき適切な維持管理を継続するだけの経済的な基盤を認めることができず，遮水シートが破損して同処分場から産業廃棄物と接触した水が漏出する蓋然性があると推定することができ，搬入された有害物質が同処分場外に流出することがないとの業者の立証がされていないとして，同処分場付近の地下水と同一の地下水脈を井戸水源としてい

る住民の人格権に基づく同処分場の建設，使用及び操業の差止請求が認容した。これに対して，控訴審東京高平 21・7・16 判時 2063 号 19 頁は，地下水汚染の蓋然性は認められないとして身体的人格権に基づく差止を否定した。

本件については設置許可処分の取消を求めた行事事件訴訟も提起され，1 審千葉地判平 19・8・21 判時 2004 号 62 頁はこれを認容（裁判所の初の判断である），控訴審東京高平 21・5・20 判例集未搭載は結論を支持した（控訴棄却）。ただし，控訴審判決では廃棄物処理法改正に伴う適用法規が問われた（詳細は環境判例百選 3 版 43 事件（山田健吾），48 事件（清水晶紀）参照）。

第 4　環境配慮義務論

1　概　観

　環境権論は進歩してきており，環境権論の重要性は今後も変わらない。もっとも，環境問題について権利からの考察だけではどうしても限界がある。法規範を総合的に明らかにするためには，権利論だけでなく，義務論が不可欠である。権利の行使といわれるものについても，環境配慮の要請のもとに民法の所有権等財産権を中心に私権制限を必要とする場合が生じているが，ここでは権利の制限ではなく義務の観点が必要である（権利の捉え方については財産法だけでなく親族法でも問題となり親権義務論はその典型例である）。環境権論には当然に義務論が付着してくるともいえる。

　環境問題を解決するためには，最終的には個人の行動にゆだねられることになる。かつての運動論では権利論が強調されたが，より多くの人々によって自発的に環境保全活動が担われるためには，環境権を再構成するとともに，義務論からのアプローチが欠かせない。環境配慮義務は環境法の基礎となるべき概念である。最近では，各主体において環境配慮への関心が高まってきており，義務論を追求すべき機会が到来したといえる。環境配慮の要請の内容を法的に吟味し，環境配慮義務のあり方に関する議論を自覚的に進めることが必要である。環境権論とともに環境配慮義務論の必要性を指摘したい。

　環境権論について前述したことは，差止の法的根拠として環境権論とともにとりあげられることが多い人格権論や物権論にも基本的に妥当する。人格

権は解釈論レベルでは，判例及び学説において受忍限度論との接続が図られてきた。義務論は，絶対的環境権論のもとでは成長しにくかったが，人格権論のもとでは受忍限度論との接続を通して理論的発展の可能性が与えられたということができる。重要なことは，利益衡量論をどのように評価するかである。裁判は利益衡量論を必要としており，環境問題の法理論，すなわち環境法理論としても利益衡量論を深化させることが必要である。受忍限度論は新受忍限度論を含め，今後とも環境法理論の骨格を形成する。本書は受忍限度論から導かれる法理論として，環境配慮義務論を提唱する（以下，小賀野・前掲「環境配慮義務論──環境法論の基礎的研究」36 頁以下参照）。

　環境配慮義務は，その違反に対する効果として，それぞれの事案の状況を総合的に考慮し，損害賠償や差止の効果をもたらすものと位置づけることができる。環境配慮義務論はまた，環境問題の指針として本書Ⅴでとりあげる環境政策の基礎になり得るものと考える。

2　環境問題へのアプローチと環境配慮義務論

(1)　環境配慮義務とは

　従来の環境法における規範論は環境権を中心にしていたが，環境配慮義務を看過していたわけではなかった。しかしながら，そこでの議論は環境基本法 19 条を中心に国の公法上の義務が中心とされてきた（大塚 BASIC12 頁，49 頁以下，91 頁，北村 4 版 108 頁，286 頁など）。

　本書でとりあげる環境配慮義務は，より広範に公法，私法の法規範として位置づけられるものである。法規範は人々の意識及び行動に働きかける。環境問題について人々の意識及び行動に働きかけ一定の法的効果を導く規範として，環境配慮義務が考えられる。環境配慮義務が認められるべき根拠は，以下に検討するように環境基本法をはじめ環境立法の各種規定や，そこから導かれる解釈論・運用論（主として判例法に負うところが大きい。）と，それらが拠り所とする環境の価値に求めることができる。環境訴訟の成果として蓄積した判例法理は，環境配慮義務の重要な根拠になる。環境の価値を軽視すると生態系が破壊され，人をはじめとする生物全体の生存に脅威が及ぶ。

　環境配慮義務は主として規範の根拠，形式の違いから，一般的環境配慮義

務と具体的環境配慮義務に分けることができる。一般的環境配慮義務は民法，さらに行政法などの一般的規範として要請されるものであり，人々が一般的に負担すべき義務である。他方，具体的環境配慮義務は行政法，民法など実定法に規定として明示され，あるいは，実定法の規定の解釈・運用の結果として導き出され，判例法としても要請されるものである。具体的環境配慮義務は行為規範と裁判規範になり得るが，一般的環境配慮義務も行為規範・裁判規範の基礎になるものである。

(2)　実質的根拠

　環境配慮義務論の基礎にあるのは地球益である。地球益とは，地球が存続することによって獲得される利益であり，持続的に保全，創造されるべき地球の利益をいう。今日の法学では原則として分離される私益と公益とを包摂するものであろう。

　宇都宮深志『環境創造の行政学的研究』(東海大学出版会，1984年)が提唱した環境創造論は，実証的，思想的に地球益の重要性を明かにする。環境創造論は環境文明社会の実現を目的としており，より根源的に人間中心主義に対して疑問を呈するものである。

　環境創造論には地球環境権の基礎となり得る思想を求めることができる。地球環境権 (Global Environmental Right) は地球益の尊重を規範的に構成するものである。地球環境問題の解決をめざし，環境保全は開発途上国・先進国を問わず地球上のすべての国・地域において共通に追求されなければならないと考える。地球環境権は国際法における共通利益の考え方に注目し，その考え方が各国・地域において実現されることを目的とする。国際法における共通利益には気候，生物多様性や，自然遺産・歴史的遺産も含めることができる (大谷良雄編「共通利益概念と国際法」10頁 (大谷)，382頁～383頁 (高村ゆかり) (国際書院，1993年))。なお，本書で引用する裁判例はしばしば「公益」に言及している (環境法で強調される環境公益の概念と通ずる。北村4版53頁)。

　地球環境権は地球，生命，生態系に関心がある。地球環境問題は地球レベルで追求されるべき価値について，地球レベルの合意が求められている。環境創造論及び地球環境権論はかかる合意の実質的根拠及び内容となり得るも

のである。

(3) 法律の根拠

　環境配慮義務については，環境基本法が国，地方公共団体，事業者，国民のそれぞれの責務を明確にしていること（6条〜9条）に注目すべきである。それらは，環境の保全についての基本理念（3条〜5条）にのっとり，各主体が担う基本的責務として位置づけられるものである。かかる責務規定に続けて，環境基本法は環境配慮のための個別規定を置く。環境法の教科書では環境配慮義務として，国の施策の策定等に当たっての配慮（19条）を重視しているが，本法はさらに環境影響評価の推進（20条），経済的措置（22条），環境教育・環境学習の推進（25条），環境情報の提供（27条），国際協力等（32条〜35条）について規定し，原因者負担（37条），受益者負担（38条）の各原則を掲げている。これらの規定も，環境法における環境配慮義務の規範を形成するものである。そして，その基礎に位置しているのが環境基本法，その他の環境立法における責務規定である，

　環境立法をみると，公害法制から環境法制に至る多数の法令等が制定されている。環境情報の提供の促進等による特定事業者等の環境に配慮した事業活動の促進に関する法律（環境配慮促進法），国等における温室効果ガス等の排出の削減に配慮した契約の推進に関する法律（環境配慮契約法）のように，特定分野において環境配慮を要請する法律もある。環境立法は質・最ともに充実してきたが，それら法令等を横に貫くことが可能な規範として，一般的環境配慮義務が存在すると捉えることができる。

　また，環境法の基本法の1つである循環型社会形成推進基本法は，環境基本法に基づく個別環境立法の1つとして，循環型社会の形成（3条），適切な役割分担等（4条）の各規定をおき，各主体の責務，すなわち国の責務（9条），地方公共団体の責務（10条），事業者の責務（11条），国民の責務（12条）について定めている。これらの義務は公的，私的性質を有しており，環境配慮義務として位置づけることができる。具体的には，本法の原則は排出抑制であり，本法は原材料，製品等が廃棄物等となることを抑制し（5条），循環資源の循環的な利用及び処分を求めている（6条）。また，循環資源の循環的な利用及

び処分の基本原則（7条）は，環境への負荷の低減にとって有効であると認められるときは，①循環資源の全部又は一部のうち，再使用をすることができるものについては，再使用がされなければならないこと，②循環資源の全部又は一部のうち，①の再使用がされないものであって再生利用をすることができるものについては，再生利用がされなければならないこと，③循環資源の全部又は一部のうち，①の再使用及び②の再生利用がされないものであって熱回収をすることができるものについては，熱回収がされなければならないこと，④循環資源の全部又は一部のうち，①〜③による循環的な利用が行われないものについては，処分されなければならないこと，を定める。さらに，施策の有機的な連携への配慮（8条）は，循環型社会の形成に関する施策を講ずるについては，自然界における物質の適正な循環の確保に関する施策その他の環境の保全に関する施策相互の有機的な連携が図られるよう，必要な配慮がなされるものとする。なお，岩手県に設置された研究会が2001年8月にまとめた「循環型地域社会の形成に向けた制度的整備に関する研究会報告書——不法投棄のない豊かな循環型地域社会を目指して」（座長南博方）は，廃棄物問題について具体的に検討している（環境立法については本書Ⅳで概観する）。

3　理論と実践について

　環境法において，理論は，実践を伴い，実践を推進するための理論でなければならい。こうした理論を実務理論と称することができる。

　環境保全の価値を軽視すると，生態系を破壊し，人々（生物）の生存に脅威が及ぶことを自覚すると，環境配慮の要請は単なる要請にとどまっていてはならない。環境保全は地球上のすべての生物が享有すべき基本的価値である。地球環境問題の解決や，「将来世代への環境の継承」を最優先し，環境法規範の基礎となる法的義務として位置づけることが不可欠である。本研究の推進にあたっては，この点をくりかえし確認することが重要である。このような価値は従来の議論では，環境権の根拠論を中心に検討されてきたが，義務の観点から捉えることもできる。

　環境基本法に基づく各主体の責務は，個別環境立法に基づく各主体の責務，

それぞれの個別規定を通じて，環境法理論を形成している。環境配慮義務論を実務理論として発展させるために，学界と実務の双方からのアプローチが必要である。環境保全活動にも期待したい。

第5　紛争処理の方法と一般理論

［1　相手方との話合い，調停など］

　環境問題が出現すると，しばしば人々の間に紛争が生じ得る。こうした環境紛争の解決方法としては，いきなり裁判という選択肢ももちろんあるが，まずは裁判以外の方法で解決をめざす（裁判の道は残されている）という選択肢もある。同じ地域で生活を継続するなら当事者間の話し合い，第三者を交えての話し合いが望ましい場合も少なくない。訴訟をするには弁論主義のもと厳密な立証が必要になり，時間や費用がかかることを考慮しなければならない。

　国，地方公共団体や裁判所の関与により紛争解決を図る方法としては，①公害苦情相談等の住民相談，②裁判所（簡易裁判所）の民事調停及び③公害紛争処理制度（公害等調整委員会，公害審査会）がある。各地の弁護士会，司法書士会の法律相談窓口で相談することもできる。②と③の異同を確認することも有益である（北村4版255頁）。

　準備するものとしては，被害の状況を客観的に明らかにすることであり，例えば騒音問題であれば時間帯を特定して騒音レベルを測定すること，あるいは第三者に証人になってもらうことも有益である。話合いや調停の基本情報として，当該事案に関する法令の規定や基準を参考にすることもできる。戸建・マンションなど居住に関する問題では，民法の相隣関係の規定（209条〜238条），日影規制（1997年），地区計画（1980年）などが参考になる。大気汚染防止法など個別立法が参考になることはいうまでもない。

　問題の状況を明らかにする証拠が必要になることもある。健康被害を明らかにするために，医療機関の診断書を必要をとすることもある。

2　公害反対運動から環境保全活動へ

　公害問題に対しては，公害苦情のほか，公害反対運動に及ぶこともある。公害反対運動はしばしば，社会的に大きな影響を及ぼした。公害反対運動を通じて公害問題に対する社会的関心が高められたが，そこに関与した新聞，テレビ等のマスコミの影響も大きい。

　公害反対運動の法的，社会的根拠としては，環境権論が重要な役割をした。前述したように，環境権論は環境権を絶対的権利として捉えたため，裁判所の容認するところに至らず，民事訴訟だけでなく，民事訴訟と連動すべき運動論の法的根拠としても限界があった。もっとも，絶対的環境権論の提唱者からみれば，環境権に対する裁判所の理解が足りなかったということになる。ここでの評価の鍵は利益衡量論をどのように捉えるかに求めることができる。

　公害反対運動は今日，環境保全活動として展開している。環境保全活動は，絶対的環境権を基礎にする公害反対運動ではなく，問題解決を志向し被害者と加害者（とりわけ行政・企業など）との話合いを重視するいわば政策志向，合意形成を内容とするものである。また，環境保全活動そのものに価値がおかれるようになったということもできる（各地の実践例などを参照）。特定の個人や団体によってのみ担われるものでなく，すべての人々が実践すべき活動として位置づけられるべきものである。そのための一般理論が必要となっている。

3　訴訟（裁判）

　当事者の話合いで決着がつかなければ，裁判，すなわち裁判所に訴訟を提起することが考えられる。

　環境訴訟の主役は行政訴訟と民事訴訟である。行政訴訟のうち，環境訴訟においてしばしば用いられるのが行政事件訴訟であり，なかでも行政事件訴訟法に基づく抗告訴訟が中心になる（環境行政争訟制度は行政訴訟の他に，行政庁の違法又は不当な処分等に対する行政不服審査法（1951年）に基づく行政不服審査請求がある）。民事訴訟では，損害賠償請求訴訟と差止請求訴訟が中心となる。環境訴訟は環境民事訴訟及び環境行政訴訟を中心にし，ここでは損害賠償だけで

なく差止による未然防止に重点がある。

Ⅰ　行政事件訴訟
(1)　行政事件訴訟法に基づく請求——仕組みの概観

　行政事件訴訟法（以下「行訴法という」）によると，「行政事件訴訟」とは，抗告訴訟，当事者訴訟，民衆訴訟及び機関訴訟をいう（2条）。

　第1，行政訴訟の中心となっているのが抗告訴訟である（3条参照）。「抗告訴訟」とは，行政庁の公権力の行使に関する不服の訴訟をいい，以下のものがある。

①「処分の取消しの訴え」とは，行政庁の処分その他公権力の行使に当たる行為（次項に規定する裁決，決定その他の行為を除く。以下単に「処分」という。）の取消しを求める訴訟をいう。

②「裁決の取消しの訴え」とは，審査請求その他の不服申立て（以下単に「審査請求」という。）に対する行政庁の裁決，決定その他の行為（以下単に「裁決」という。）の取消しを求める訴訟をいう。

③「無効等確認の訴え」とは，処分若しくは裁決の存否又はその効力の有無の確認を求める訴訟をいう。

④「不作為の違法確認の訴え」とは，行政庁が法令に基づく申請に対し，相当の期間内に何らかの処分又は裁決をすべきであるにかかわらず，これをしないことについての違法の確認を求める訴訟をいう。

⑤「義務付けの訴え」とは，行政庁が一定の処分をすべきであるにかかわらずこれがされないときなど，一定の場合において，行政庁がその処分又は裁決をすべき旨を命ずることを求める訴訟をいう。

⑥「差止の訴え」とは，行政庁が一定の処分又は裁決をすべきでないにかかわらずこれがされようとしている場合において，行政庁がその処分又は裁決をしてはならない旨を命ずることを求める訴訟をいう。

　第2，「当事者訴訟」とは，当事者間の法律関係を確認し又は形成する処分又は裁決に関する訴訟で法令の規定によりその法律関係の当事者の一方を被告とするもの及び公法上の法律関係に関する確認の訴えその他の公法上の法律関係に関する訴訟をいう（4条）。

　第3，「民衆訴訟」とは，国又は公共団体の機関の法規に適合しない行為の是正を求める訴訟で，選挙人たる資格その他自己の法律上の利益にかかわらない資格で提起するものをいう（5条）。

　第4，「機関訴訟」とは，国又は公共団体の機関相互間における権限の存否又はその行使に関する紛争についての訴訟をいう（6条）。

⑵　原告適格

　取消訴訟における訴訟要件は，処分性，原告適格，訴えの利益の全部を充たす必要がある。このうち要となるのは原告適格である。

　原告適格の要件を定める9条は，第1，処分の取消しの訴え及び裁決の取消しの訴え（以下「取消訴訟」という。）は，当該処分又は裁決の取消しを求めるにつき法律上の利益を有する者（処分又は裁決の効果が期間の経過その他の理由によりなくなつた後においてもなお処分又は裁決の取消しによって回復すべき法律上の利益を有する者を含む。）に限り，提起することができる（同条1項）。

　第2，裁判所は，処分又は裁決の相手方以外の者について前項に規定する法律上の利益の有無を判断するに当たっては，当該処分又は裁決の根拠となる法令の規定の文言のみによることなく，当該法令の趣旨及び目的並びに当該処分において考慮されるべき利益の内容及び性質を考慮するものとする。この場合において，当該法令の趣旨及び目的を考慮するに当たっては，当該法令と目的を共通にする関係法令があるときはその趣旨及び目的をも参酌するものとし，当該利益の内容及び性質を考慮するに当たっては，当該処分又は裁決がその根拠となる法令に違反してされた場合に害されることとなる利益の内容及び性質並びにこれが害される態様及び程度をも勘案するものとする（同条2項）。

　2004年行訴法改正により9条2項が追加され，原告適格を判断するに当たっての考慮事項が明記された。①処分において考慮されるべき利益の内容及び性質，②処分の根拠となる法令の趣旨及び目的，③処分の根拠となる法令と目的を共通にする関係法令の趣旨及び目的，④処分が違法にされた場合に害されることとなる利益の内容及び性質並びにこれが害される態様及び程度。

　以上のように，改正行訴法により取消訴訟等の原告適格の拡大が図られた
が，公害・環境問題に関する行政訴訟（「環境行政訴訟」と一括することもできる）
に及ぼした影響は現在までのところ顕著なものではない。換言すれば，適法
な行政手続を経た行政処分の取消請求，無効確認等の請求に対して，裁判所
は新規定のもとでも慎重に判断しているのである。

　行訴法における原告適格論において，裁判所は「<u>当該処分を定めた行政法</u>
<u>規が，不特定多数者の具体的利益をもっぱら一般的公益の中に吸収解消させ</u>
<u>るにとどめず，それが帰属する個々人の個別的利益としてもこれを保護すべ</u>
<u>きものとする趣旨を含むと解される場合には，このような利益もここにいう</u>
<u>法律上保護された利益に当たり，当該処分によりこれを侵害され又は必然的</u>
<u>に侵害されるおそれのある者は，当該処分の無効確認訴訟における原告適格</u>
<u>を有するものというべきである。そして，当該行政法規が，不特定多数者の</u>
<u>具体的利益をそれが帰属する個々人の個別的利益としても保護すべきものと</u>
<u>する趣旨を含むか否かは，当該行政法規の趣旨・目的，当該行政法規が当該</u>
<u>処分を通して保護しようとしている利益の内容・性質等を考慮して判断すべ</u>
<u>きである。</u>」という（アマミノクロウサギ訴訟控訴審判決も行訴法36条に関して説示）。

　原告適格論の壁は立法と解釈・適用の双方にある。解釈論では，当該処分
を定めた行政法規が，「不特定多数者の具体的利益をそれが帰属する個々人
の個別的利益としても保護すべきものとする趣旨を含む」かどうかの判断基
準があり，かかる判断基準の解釈・適用が厳格なためである。実定法や裁判
例において環境権が規定されておらず，環境権と称されるものの内容が明確
でないことが実質的な理由とされている。

　以上の原告適格論を踏まえ，差止に関する規定をみると，行訴法は，「差止
の訴え」とは行政庁が一定の処分又は裁決をすべきでないにかかわらずこれ
がされようとしている場合において，行政庁がその処分又は裁決をしてはな
らない旨を命ずることを求める訴訟をいうとし（3条7項），訴訟要件として，
一定の処分・採決がされることにより重大な損害を生ずるおそれがある場合
（積極要件），損害を避けるため他に適当な方法があるとき（消極要件。以下「補充
性」という。）を掲げている（37条の4第1項）。同じく抗告訴訟である取消訴訟
と比べてより厳格な訴訟要件を求めているのは，行政と司法の役割分担の整

理のもとに，差止訴訟は取消訴訟と異なり，処分・裁決がされていない段階，つまり事前に処分・裁決の違法性の判断を求めるものであるからである（塩野宏『行政法Ⅱ行政救済法（第5版補訂版）』284頁─249頁（有斐閣，2013年），橋本博之『解説改正行政事件訴訟法』76頁以下（弘文堂，2004年），佐藤泉・池田直樹・越智敏裕『実務環境法講義』255頁以下（民事法研究会，2008年）参照）。

　このうち，「重大な損害を生ずるおそれ」とは何かについて，判例は「処分がされることにより生ずるおそれのある損害が，処分された後に取消訴訟等を提起して執行停止の決定を受けることなどにより容易に救済を受けることができるものではなく，処分がされる前に差止を命ずる方法によるのでなければ救済を受けることが困難なものであることを要する」と解し（国家斉唱義務不存在確認等請求事件最高裁平成24年2月9日第1小法廷判決・民集66巻2号183頁・判自357号51頁），学説も「事後的な処分取消訴訟⇒執行停止，という救済ルートでは救いきれないような，『重大な損害が生ずるおそれ』が要求される」と解する（橋本・前掲書78頁・79頁）。

　行訴法は救済方法の順序を設けており，これが差止訴訟における本案前の要件を厳格にしている。しかし，当該行為によって環境影響が深刻化することが明らかな場合には，救済方法の順序の壁を低くして，本案における違法性の判断が許容されるとする解釈も不可能ではない（37条の4第5項及び執行停止の積極要件を定める25条2項も参照）。ここでの要点は，環境問題に関する規範をどのように考えるかであろう。環境問題の重要性を踏まえると，行政法の論理をそのまま用いるべきかどうかを環境法の視点から吟味することが必要である（これを「環境法アプローチ」という）。そして，差止訴訟の訴訟要件の解釈については，差止の必要性を考慮し（塩野・前掲書248頁，大橋洋一『行政法Ⅱ　現代行政救済論』221頁（有斐閣，2012年）），より柔軟な解釈の可能性を求めることができないか，という発想をもつことが必要であろう（室井力・芝池義一・浜川清編著『コンメンタール行政法Ⅱ　行政事件訴訟法・国家賠償法（第2版）』414頁（日本評論社，2006年），佐藤ほか編・前掲書257頁─258頁参照）。環境法規範のあり方として環境配慮義務を重視すると，行訴法の「重大な損害を生ずるおそれ」，さらに「補充性」の判断にあたり，当該行為が環境に及ぼす影響を実質的に考慮することになる。

Ⅱ 民事訴訟

(1) 民法に基づく請求──不法行為を中心に

(ア) 一般不法行為

民事訴訟では，民事責任の有無が問われる。主たる民事責任は，契約に基づく責任と不法行為に基づく責任がある。

不法行為に基づく民事責任の内容は損害賠償と差止がある。例えば，損害が発生している場合，第1に，そのことを主張立証して損害賠償を請求する。根拠となるのは民法である。大気汚染防止法，水質汚濁防止法など特別法が制定されている場合は特別法が民法に優先する。第2に，人格権・人格的利益に基づき騒音の差止を請求することもできる（所有権者などは物権的請求権を行使することもできる）。

損害賠償，差止のいずれの場合も，責任の根拠となる違法性の有無が裁判所によって判断される。ここに形成されるのが法理論であり，裁判所は受忍限度論の方法を採用している。なお，環境権は裁判上の請求権としては認められないとするのが裁判所の考え方である（受忍限度論，環境権論については本書Ⅲで概観する。）。

一般不法行為の損害賠償責任の規定は次のようになっている。すなわち，故意又は過失によって，他人の権利又は法律上保護される利益を侵害した者は，これによって生じた損害を賠償する責任を負う（709条）。他人の身体，自由もしくは名誉を侵害した場合又は他人の財産　権を侵害した場合のいずれであるかを問わず，709条の規定により損害賠償の責任を負う者は，財産以外の損害に対しても，その賠償をしなければならない（710条）。他人の生命を侵害した者は，被害者の父母，配偶者及び子に対しては，その財産権が侵害されなかった場合においても，損害の賠償をしなければならない（711条）。

709条については，2004年の民法一部改正において被保全権利として「権利」に加え，新たに「法律上保護される利益」が追加された。

民法709条は，行為者の故意又は過失による行為を原因とする，不法行為の一般的規定であり（710条～711条を含めることもできる），過失責任主義に立っている。環境侵害による被害の責任については，無過失責任立法が制定されており（鉱害，大気汚染，水質汚濁，原子力損害，土壌汚染などの主要分野に広がる），

「過失責任から無過失責任へ」の変化に注目することができる（民法典は唯一，土地工作物責任における所有者の無過失責任を認めている（717条1項ただし書）。無過失責任の規定は危険責任の法理に由来する。

㈡　特殊不法行為

714条〜718条は，行為者以外の人の行為あるいは物の瑕疵を原因とする，特殊不法行為として分類されている（共同不法行為や名誉毀損も特殊不法行為に含めるものがある）。

一般不法行為では，過失の立証責任は被害者側にあるが，特殊不法行為責任では加害者側に転換されている（ただし，土地工作物責任の所有者は無過失責任）。本書ではこの点を捉えて中間責任という（学説上は自己責任か代位責任かという問題設定をし，自己責任についてのみ中間責任を論ずる意味があると捉えるものがある）。これにより被害者救済が図られている。

①　使用者責任（715条）

使用者あるいは使用者に代わって事業を監督する者は，その被用者が事業の執行につき第三者に加えた損害を賠償する責任を負う（715条1項本文，2項）。ただし，相当の注意をして監督をしたこと，又は相当の注意をしても損害が生じたであろうことを証明すれば責任を負わない（1項ただし書）。

使用者責任は被用者の不法行為について使用者が被用者に代わって責任を負うものである（代位責任説が通説）。

使用者責任は，過失の挙証責任が被害者から加害者側に転換され，その分被害者救済に貢献している。

使用者責任は，企業の責任（企業責任）が認められる一態様である（企業の責任の根拠は他に709条，716条，717条や，一般社団法人及び一般財団法人に関する法律（78条）その他の特別法上の責任・契約責任も考えられる）。

報償責任　使用者責任は，使用者は被用者の行為（事業の執行）によって利益を得ているのであるから，被用者の行為によって損害が発生した場合には被用者に代わって責任を負担しなければならない，とする報償責任の考え方に基づいている。

報償責任の考え方を徹底すると，被用者への求償（715条3項）を無限定に

認めることは必ずしも合理的でない。判例法は，信義則に基づき，一定の状況のもとに求償の範囲を限定している。

使用者責任の成立要件　　使用者責任の成立要件は，①ある事業のために他人を使用すること，②被用者が事業の執行について第三者に損害を与えたこと，③使用者が相当の注意をして被用者を監督したこと又は相当の注意をしても損害が生じたであろうことを証明できないこと，である。

　715条の「事業の執行につき」とは，その行為の外形から客観的に観察し，職務の範囲に属すると認められるものであればよい（外形理論あるいは外形標準説という）。外形理論に関して判例は，取引的不法行為については行為の外形に対する第三者の信頼保護にその根拠を求めている。事実的不法行為については，行為の外形を重視し，職務の範囲内にあたるかどうかを客観的に判断する。判例は従業員の犯罪行為についても事業との関連性を考慮して使用者責任を認める場合がある。以上により被害者救済が図られている。

　本条の使用・被用関係は，雇用契約を必要とせず，日常の用法よりも広義である。

使用者と被用者の責任関係　　使用者の責任（715条）と被用者の責任（709条）とは，不真正連帯債務の関係に立つ。

②　共同不法行為

　数人が，共同の不法行為により他人に損害を加えたときは，各自連帯して損害賠償責任を負う（719条1項前段）。共同行為者中のいずれがその損害を加えたかを知ることができないときも同様の責任を負い（同後段）（加害者不明の共同不法行為），教唆者及び幇助者は共同行為者とみなされる（同条2項）。

　共同不法行為責任は，発生した損害の全部について，複数加害者に連帯責任（不真正連帯責任）を課すことによって被害者救済を図っている。

　共同不法行為の成立要件（719条1項前段）は，①各加害行為が不法行為の一般的成立要件をみたすこと（ただし，各行為の因果関係が結果との間に必要か，共同行為との因果関係で足りるかについては議論がある），②関連共同性が認められること，である。

　このうち関連共同性は，客観的関連共同性で足りると解されてきた（従来の

判例・通説。四日市訴訟判決参照）。その論拠としては，被害者救済が挙げられた。ただし，主観的要素を全く無視することはできないとの付記がなされていることに留意すべきである）。行為者間に主観的意思の連絡があれば共同不法行為が成立する。

　最近では，行為者間の主観的事情をも考慮すべきであるとする見解が主張されている。また，学説のなかには「寄与度を超えたところまで責任を負わせて良いだけの実質的関係」という基準が提示されている。この考え方は不法行為損害賠償法の割合的認定論を基礎にし，共同不法行為の要件と効果を関連させるものといえる。

　共同不法行為の態様には，他に加害者不明の場合（719条1項後段），教唆・幇助の場合（719条2項）がある。

　共同不法行為者間には，明示の規定はないが解釈上，その責任割合に応じた求償が認められる（かかる求償権の性質は不当利得返還請求権ともいうべきものであり，損害賠償請求権の3年の短期消滅時効にかからないと解される）。

(ウ)　損害賠償請求権の消滅

　権利制限に関する民法の規定についてみると，前掲水俣病関西訴訟上告審判決最判平16・10・15民集58巻7号1802頁は，次のように述べ起算点をずらすことによって権利の消滅を回避した。

　すなわち，一般論として，「民法724条後段所定の除斥期間は，「不法行為ノ時ヨリ20年」と規定されており，加害行為が行われた時に損害が発生する不法行為の場合には，加害行為の時がその起算点となると考えられる。しかし，身体に蓄積する物質が原因で人の健康が害されることによる損害や，一定の潜伏期間が経過した後に症状が現れる疾病による損害のように，当該不法行為により発生する損害の性質上，加害行為が終了してから相当の期間が経過した後に損害が発生する場合には，当該損害の全部又は一部が発生した時が除斥期間の起算点となると解するのが相当である。このような場合に損害の発生を待たずに除斥期間が進行することを認めることは，被害者にとって著しく酷であるだけでなく，加害者としても，自己の行為により生じ得る損害の性質からみて，相当の期間が経過した後に損害が発生し，被害者から損害賠償の請求を受けることがあることを予期すべきであると考えられるか

らである。原審の判断は，以上の趣旨をいうものとして，是認することができる。論旨は採用することができない。」と述べ，本件について，「本件患者のそれぞれが水俣湾周辺地域から他の地域へ転居した時点が各自についての加害行為の終了した時であるが，水俣病患者の中には，潜伏期間のあるいわゆる遅発性水俣病が存在すること，遅発性水俣病の患者においては，水俣湾又はその周辺海域の魚介類の摂取を中止してから4年以内に水俣病の症状が客観的に現れることなど，原審の認定した事実関係の下では，上記転居から遅くとも4年を経過した時点が本件における除斥期間の起算点となるとした原審の判断も，是認し得るものということができる。この点に関する上告人らの論旨も採用することができない。」と判断した。

　なお，民法724条後段の「20年」は，時効ではなく，除斥期間と解するのが通説・判例であり，本判決もそのように解している。2017年民法（債権関係）改正法は時効説を採用している。

㈋　損害の評価・算定

損害の意義　人身損害の場合，被害者が加害者に請求できる損害とはどのようなものか。

　損害とは，その不法行為によって生ずる現実の減収をいう（差額説あるいは現実損害説）。判例法は基本的にはこの考え方を採用する。また，労働能力喪失を損害と捉える見解（労働能力喪失説）もあり，判例法のなかにはこの考え方に親しむものもある。他方，学説には，不法行為によって生じた傷害・死亡自体を損害と捉える見解（死傷損害説）などがある。労働能力喪失説や死傷損害説では，たとえ現実の減収がなくても損害が認められることがあり，この点で差額説と異なる。なお，労働能力を基礎にし，より基本的に生活能力という概念を用いることもできるる実務の関心は，抽象的な損害論ではなく，具体的な基準のあり方にある。

　区分論の立場からは，損害を不法行為によって被害者に生じた不利益な事実と捉える見解がいくつか主張されている（それらの見解を損害事実説という）。

個別損害の積上げ　実務上は，個別損害を積み上げる方式が採用されてきた。個別損害は，積極損害，消極損害（休業損害，逸失利

益）及び慰謝料に分類される。

　損害算定にかかる個別損害積上方式に対しては，実務が採用する逸失利益の算定方法は問題があるとし，人の価値を平等に扱うべきであるとして，死傷損害説に立脚して賠償額の定額化を主張する見解がある。かかる見解の基本理念は崇高であり，学界に大きな影響を及ぼした。実務上も，慰謝料等の損害項目の定額化（部分的定額化）について相応の根拠を与えたと評価することができる。しかし，事故当時における被害者の生活水準は違っており，損害算定においてその違いを捨象してしまうことは適切でない。むしろ個別性を評価することに意義がある。学説の多くはこのように考える。判例法の蓄積は厚く，損害全体にわたる完全定額化は困難であろう。

　環境問題の損害論では，四大公害訴訟各裁判例にみられるように，原告の一律請求等の請求について，その趣旨を考慮するものがある（本書では割愛）。

(2)　国家賠償法に基づく請求

　第1，公務員の違法行為による国又は地方公共団体の責任（1条）については，国又は公共団体の公権力の行使に当る公務員が，その職務を行うについて，故意又は過失によって違法に他人に損害を加えたときは，国又は公共団体が，これを賠償する責に任ずる（1項）。この場合において，公務員に故意又は重大な過失があったときは，国又は公共団体は，その公務員に対して求償権を有する（2項）。

　第2，営造物責任といわれるものであり，道路，河川その他の公の営造物の設置又は管理に瑕疵があったために他人に損害を生じたときは，国又は公共団体は，これを賠償する責に任ずる（2条）。環境問題については，例えば，国や地方公共団体の道路管理に瑕疵があったために周辺住民に騒音，大気汚染等の損害を発生させた場合に問題となる。供用関連瑕疵といわれる（本書Ⅱの国道43号線訴訟，都市型複合大気汚染訴訟などを参照）。

(3)　割合的認定論

　不法行為については，債務不履行における通常損害及び特別損害の基準（民法416条）が明示されていない。判例は，損害賠償の範囲は原則としてその不

法行為によって通常生ずべき損害であり，また，特別事情によって生じた損害については当事者（加害者）が予見していたか，予見可能であった場合に限り損害賠償の範囲に含められるとする。ここでの予見は通常人（合理人）が基準とされる。

　ある加害行為が原因となってその被害が発生したという原因と結果の事実上のつながりを事実的因果関係（自然的因果関係）という。学説は，事実的因果関係は「あれなければこれなし」の条件関係をいい，「あるかないか（オール・オア・ナシング）」の考え方を基準にするとしている。そして，かかる基準のもとでは「風が吹けば桶屋がもうかる」式に因果のつながりが広がる可能性があるので，この広がりを法的視点から限定する必要がある。

　このような考え方のもとに，相当因果関係論は，その行為がなければその損害が生じなかったであろうと認められ，かつ，そのような行為があれば通常はそのような損害が生じるであろうと認められる場合に，法的因果関係が認められるとする。そこでは，事実的因果関係の存在を前提にし，さらに法的に，損害賠償責任の有無と損害賠償の範囲とを確定する（法的因果関係という）。法的因果関係は損害賠償の範囲を確定する機能を有しており，因果関係論と損害論とが緊密に関連する。相当因果関係論における相当性の判断は，因果関係と損害の双方に及んでおり，因果関係論と損害論とは密接に関連していると捉える。

　伝統的因果関係論（事実的因果関係を「あるかないか」で捉える考え方）と割合的認定論をめぐる議論は，不法行為法における法的判断と科学的知見との関係を問うている（野村好弘「因果関係の本質——寄与度に基づく割合的因果関係論」『交通事故損害賠償の法理と実務』（交通事故紛争処理センター創立 10 周年記念論文集）62 頁以下（ぎょうせい，1984 年），小賀野晶一「割合的認定論の法的構成」『交通賠償論の新次元』（ぎょうせい，2007 年））。

　割合的認定の考え方は金銭債権における可分性に注目しており，可分性が認められるなら損害賠償だけでなく差止についても応用することができる。差止論においても損害賠償論と同様，事案によって，請求の全部の差止を認めるか，その一部を認めることができるかという視点が重要であり，理論として深化させるべきであろう（小賀野晶一「小松基地事件——差止に関する受忍限度

の判断」公害・環境判例百選（別冊ジュリスト 126 号）122 頁・123 頁（1994 年）では部分的差止に言及した）。

比較法の視点——中国の民法

　環境問題に対して民法の規定を適用するにあたっては，環境問題の重要性を認識しなければならない。日本民法は環境保全のための明示の規定を置いていないが，不法行為を中心に環境問題に関する権利・利益の保護について貢献している。ちなみに，中華人民共和国民法総則（2017 年）の 9 条は，「民事主体が民事活動に従事するにあたっては，資源の節約，生態環境の保護に貢献するよう努めなければならない。」と定め，環境に対する民法の責務を明らかにしている。同規定は中華人民共和国民法典（2020 年公布，2021 年 1 月 1 日施行）に継承されている。一般規範としての環境配慮義務の存在を示唆しており，比較法的に注目すべき考え方である。

Ⅲ　刑事訴訟

　環境問題のなかには環境立法，刑法など関係法の犯罪を構成するとして刑事責任が追及されるものもある（著名な事件として業務上過失致死罪等に係る熊本水俣病最決昭 63・2・29 刑集 42 巻 2 号 314 頁，後掲公害罪法に係る最判昭 62・9・22 刑集 41 巻 6 号 255 頁，最判昭 63・10・27 刑集 42 巻 8 号 1109 頁などがある）。

　多くの個別環境立法には，本書Ⅳで概観するように罰則規定が置かれている。罰則は，法律による一般的義務違反を行政罰の対象とする直罰制（大気汚染，水質汚濁，廃棄物，自然保護などの関係規定参照）と，一般的義務違反に対する改善命令など命令違反を対象にするものがあり，後者は命令前置制という。命令前置制に対しては行政に従属することにならないか等の問題として，環境刑事法のあり方が問われている（大塚 BASIC463 頁以下）。

　以下にとりがえる「人の健康に係る公害犯罪の処罰に関する法律」は，生命，身体に危険を生じさせたことを要件とする具体的危険犯である。

◎人の健康に係る公害犯罪の処罰に関する法律（公害罪法）
　（1970 年）

1　制度の概要

　本法は，事業活動に伴つて人の健康に係る公害を生じさせる行為等を処罰することにより，公害の防止に関する他の法令に基づく規制と相まって人の健康に係る公害の防止に資することを目的とする（1 条）。

2　故意犯（2 条）

　工場又は事業場における事業活動に伴つて人の健康を害する物質（身体に蓄積した場合に人の健康を害することととなる物質を含む）を排出し，公衆の生命又は身体に危険を生じさせた者は，3 年以下の懲役又は 300 万円以下の罰金に処する。

　人を死傷させた者は，7 年以下の懲役又は 500 万円以下の罰金に処する。

3　過失犯（3 条）

　業務上必要な注意を怠り，工場又は事業場における事業活動に伴って人の健康を害する物質を排出し，公衆の生命又は身体に危険を生じさせた者は，2 年以下の懲役若しくは禁錮又は 200 万円以下の罰金に処する。

　人を死傷させた者は，五年以下の懲役若しくは禁錮又は 300 万円以下の罰金に処する。

4　両罰（4 条）

　法人の代表者又は法人若しくは人の代理人，使用人その他の従業者が，その法人又は人の業務に関して前 2 条の罪を犯したときは，行為者を罰するほか，その法人又は人に対して各本条の罰金刑を科する。

（以下，略）

第6　環境問題の規範定立——解釈論，運用論，制度論の視点

　環境問題へのアプローチの視点は人間中心主義，地球環境主義の2点に大別できるほど単純ではなく，環境法教科書ではこれらはさらに細分化されている（北村4版10頁）。本書もこれら2点で十分とは考えないが，考え方の方向の違いを確認することができ，規範定立，すなわち規範論において有益な視点を提供してくれる。

　確かに，法学は人間の権利・義務を対象にしているから，その意味における人間中心主義は当然ともいえるが，人間中心主義と地球環境主義のそれぞれの考え方，相互の違いについては環境法のあり方，特に規範定立論において議論されてよい。環境に関するこのテーマは平和，文化，国家，政治・経済等が関係する複合的問題でもある。人間中心主義か地球環境主義かという選択は，自然科学，人文科学，社会科学の総合科学（総合知）からの教示を必要とする，環境法における課題である。

　人間中心主義も地球環境主義も人間の尊厳を追求する。しかし，地球環境問題の解決や地球の持続性という観点から評価すると，地球環境主義が優れている。ここでの議論で重要なことは，地球環境主義の内容を既に確立したものとして固定的に捉えないことである。地球環境主義の内容は，地球環境問題の現状や解決のための取り組み等を考慮して，創造的に形成，提案されるものである。環境配慮義務はここに位置づけることができる。

　持続可能な社会が成り立つためには，地球の持続性が前提になる。地球環境主義は地球・生命・生態系を考慮するという空間的広がりをもち，将来世代を考慮するという時間的広がりをもつ概念である。検討の軸足が地球環境主義と人間中心主義のいずれにあるかによって，環境問題の規範定立，具体的には環境法の解釈論，運用論，制度論の方向性や内容が変わり得る。また，解釈論，運用論，制度論のそれぞれを支える規範論が違ってくる。

参考文献

　加藤一郎『不法行為』（有斐閣，初版1957年・増補版1974年）

森島昭夫『不法行為法講義』（有斐閣，1987 年）

大阪弁護士会環境椎研究会『環境権』（日本評論社，1973 年）

野村好弘『環境問題』（筑摩書房，1978 年）

澤井裕『公害差止の法理』（日本評論社，1979 年）

淡路剛久『環境権の法理と裁判』（有斐閣，1980 年）

山村恒年・関根孝道編『自然の権利』（信山社，1996 年）

中山充『環境共同利用権─環境権の一形態』（成文堂，2006 年）

松村弓彦『環境法の基礎』（成文堂，2010 年）

桑原勇進『環境法の基礎理論──国家の環境保全義務』（有斐閣，2013 年）

東京弁護士会・第 1 東京弁護士会・第 2 東京弁護士会『住環境トラブル解決実務マニュアル』（2016 年，東京弁護士会・第 1 東京弁護士会・第 2 東京弁護士会）

小賀野晶一「環境配慮義務論──環境法論の基礎的検討」千葉大学法学論集 17 巻 3 号 21 頁以下（2002 年）

Ⅳ 環境立法

　環境問題へのアプローチにおいて立法（法律，条例）が果たす役割は大きい。環境立法の基本法として環境基本法が制定され，また，個別立法として，大気汚染防止法など多くの環境立法（環境立法は公害立法を含んでいる）が制定されている。

　環境立法の多くは法の伝統的分類でいえば公法，とりわけ行政法に属する。また，大気汚染防止法，水質汚濁防止法など立法によっては無過失損害賠償責任の規定が導入され，過失責任主義に立つ民法の規定を修正している。ここでは環境立法は民法の特別法としての働きをしている。

　個々の環境立法による規律がどのようなものであるかを理解するためには，法律を調べるだけでは十分でなく，法律が抱える政令，内閣府令，省令あるいは規則等をみることによってその全体を理解することができる。以下にとりあげる法律の規定には政令，省令等が登場するが，本書では法律を解説する。

　環境立法はこれ自体，環境問題を現している。本章では「環境問題へのアプローチ」の1として，環境立法をとりあげ，環境立法の体系を総論（第1）と各論（第2〜第5）に分けて概観する。環境立法は大気，水質など環境問題の態様別に整理した。

図Ⅳ—1　環境問題に対する環境立法からのアプローチ

環境問題　←　環境立法

第1　総　論

1　概　観

(1)　公害対策基本法から環境基本法へ

環境立法は，環境問題を法（正義）の観点から規律することを目的する。

　「公害問題から環境問題へ」の変化に対応して立法も公害立法から環境立法に変化した。日本環境立法史は，1967年の公害対策基本法の成立，1993年の環境基本法の成立（公害対策基本法の廃止）をそれぞれ画期とする。地方自治体における条例も国の動きと前後してほぼ同様の展開をしている。

　環境基本法は，前年の1992年に開催された国連環境開発会議の成果を受けて制定された。日本における公害対策基本法から環境基本法への展開は，制度，政策，理論等に関する「公害から環境へ」の展開を象徴するものとして特筆される。

　環境基本法1条は「この法律は，……現在及び将来の国民の健康で文化的な生活の確保に寄与するとともに人類の福祉に貢献することを目的とする。」と規定し，人間中心主義に立つようにみえる（北村4版278頁）が，将来世代の生活を考慮しており地球環境主義の考え方を否定するものではない。

　規範論をみると，環境基本法に環境権は明記されなかったが，これについては諸事情が考えられるが，当時の立法担当者が規範論（あるいは政策論と規範論との関係）をどのように捉えたかを示している。

⑵　環境保全の方法——規制から多元化へ

　公害対策基本法のもとでは，深刻な公害問題を改善するため，規制の方法を柱にしている。しかし，環境問題が多様化し，複雑化してくると，規制だけでは限界がある。ここに「規制から多元化へ」，考え方の方向が提示される。環境基本法は環境保全のために複数の方法を導入した（後掲「各論」で後述）。

⑶　地方から国へ，国から地方へ

　公害法令は，公害問題が深刻化した地方自治体の要綱や条例がパイオニアとしての働きをし，国の法令がこれらの先例に続くことがある。先進的条例として例えば，東京都の公害防止条例（1969年），川崎市の環境影響評価に関する条例（1976年）などがある。

　四大公害訴訟・判決を経験し，法制度上は公害規制立法が整備された。公害対策の基本法として1967年に公害対策基本法が制定されたが，1970年の第64国会（いわゆる公害国会）では同法改正を含め14の個別法が制定・改正

された。

2 公害立法の目的——公害の定義と公害の規制

1960 年代に深刻化した大気汚染，水質汚濁などの公害問題に対して，大気汚染防止法，水質汚濁防止法など次々に公害立法（法律，条例）が制定された。

公害の定義は旧公害対策基本法（1967 年）において明記され，環境基本法（1993 年）に継承されている。すなわち，公害とは，環境の保全上の支障のうち，事業活動その他の人の活動に伴って生ずる相当範囲にわたる大気の汚染，水質の汚濁（水質以外の水の状態又は水底の底質が悪化することを含む），土壌の汚染，騒音，振動，地盤の沈下（鉱物の掘採のための土地の掘削によるものを除く）及び悪臭によって，人の健康又は生活環境（人の生活に密接な関係のある財産並びに人の生活に密接な関係のある動植物及びその生育環境を含む）に係る被害が生ずることをいう（2 条 3 項参照）。

公害防止の規制は基準に基づいて行われる。第 1 に，施策の目標値として環境基準が設定される。すなわち，環境基本法 16 条に基づき，政府は，大気汚染，水質汚濁，土壌汚染及び騒音に係る環境上の条件として，それぞれ，人の健康を保護し，及び生活環境を保全する上で維持されることが望ましい基準を定めている。第 2 に，排出基準（大気汚染防止法（3 条，17 条の 4），排水基準（水質汚濁防止法 3 条）など具体的な規制基準が設定される。

公害防止の規制に加え，公害紛争処理法（1970 年），公害防止事業費事業者負担法（1970 年），公害健康被害補償法（1973 年）が制定され，それぞれ裁判外紛争処理，公害防止事業費，被害補償を扱う法制度が導入された。また，特定工場における公害防止組織の整備に関する法律（1971 年）が制定され，公害防止に資することを目的に，公害防止統括者等の制度を設けることにより，特定工場（同法 2 条参照）における公害防止組織の整備が図られた（1976 年改正）。

刑事法では，人の健康に係る公害犯罪の処罰に関する法律（1970 年）（公害罪法）が制定されている。

経済界の反対等もあり少し遅れたが，環境影響評価法（1997 年）が制定され，大規模開発事業等における環境影響を考慮する法制度が導入された。公害被害が深刻化した地方自治体の一部は国の法制度に先駆けて先進的制度を導入

した。

　以上の各種の公害立法を基礎にして，国や地方公共団体は公害対策・環境対策を進めた。国の環境行政の組織は厚生省等から環境庁（1971年）に一元化され，環境庁は2001年環境省に格上げされた。地方自治体の行政組織も整備された。環境部局以外の部局もそれぞれに環境配慮の対応を行っている。他方，企業は各種の規制を遵守し，公害防止に相応の投資をした。公害防止技術は新規で水準が高かった。このような営みが立法の制定を促した。以上の成果（今日でも活用される遺産といってよい）は，それだけ日本の産業公害が深刻であったということを示すものである。

3　環境立法へのアプローチ

⑴　目的──未然防止，原状回復，損害賠償など

　それぞれの立法の目的を定めた規定（通常は1条）が重要である。

　環境影響評価法は環境配慮の手続を定め環境問題の未然防止を目的としている。

　個別環境立法は，当該立法が対象としている環境問題について，その未然防止，対策などを目的としている。例えば，大気汚染防止法は大気汚染につき，水質汚濁防止法は水質汚濁につき，それぞれ未然防止を図ることを目的にしている。典型7公害やこれに類似する公害に対しては，主として規制の方法が採用される。これに対して，化学物質の管理など，規制というよりは，管理，情報提供など新しい方法を採用し，あるいは規制とこれらの方法を組み合わせる立法ある。土壌汚染対策法は既に存在する土壌汚染を発見し原状回復（対策，処理など）に重点がある。

　地球環境問題に対応するために，地球温暖化対策推進法が制定されている。

　以上の環境立法とは異なり，公害健康被害補償法は公害健康被害の補償を，公害防止事業費事業者負担法は公害防止事業費の負担を，公害紛争処理法は裁判外の公害紛争処理を目的とするものがあり，これも紛争処理に属する。

　以上は，環境立法の捉え方としては，やや大括りであるが，それぞれ太い柱となるものである。

⑵ 環境立法の読み方

　本書は，以下の構成，順序で，国の環境立法（法律）を概観する。各法律によって制度が導入されている。本書Ⅳでは「法律・法制度」の見出しをつけた。

　地方公共団体の環境立法（条例）も整備されており，東京都や川崎市など一部の先進自治体では，国の法律に先駆けて条例を整備したという実績をもつ。条例のなかには法律の規定を修正し（上乗せ），あるいは法律にはない規律をしている（横出し）事例が少なくない。関連して，行政法からは，条例のタイプの違いが説明されている。地方公共団体の条例や政策については本書では割愛するが，法律という太い幹を確認した後はこれらに関心をもつことが重要である。

　本書は環境立法の概観にあたり，法律の「目次」を掲げ，「目的」と「定義」の各規定を中心に引用した。目的規定をみることは，法律の全体と構造を理解するために有用である。定義規定は当該法律の目的を達成するための基本概念を示し，用語の意味を明らかにしている。目的規定を読み，定義規定の基本概念・用語を参考にしてこれに続く諸規定を読み進むと，当該法律を正確に理解することができる。なお，本書では条文の引用にあたり文言等を適宜削除するなど，できる限り簡明化に努めたが，主要部分を理解することが必要であると考えるからである。条文を正確に理解するために『六法』で確認していただきたい。

　本書では，環境立法における各主体に対する「責務」規定を重視した。責務規定は，当該立法の「目的」規定を受け，それに続く個々の「義務」規定の一般規定として位置づけることができる。また，本書Ⅵで概観するように，各主体の意思決定に作用する根拠規定になるものと考えるからである。なお，環境立法には責務規定のないものもあるが，その場合でも環境基本法における責務規定が，基本法としてそれぞれの個別立法に作用している。

　以下の各論では，環境立法のなかから，①環境法の基本（基本法・一般法），②典型7公害に関する立法，③典型7公害以外の立法，④補償，公害防止，紛争処理の各立法をとりあげた。

4　法律の改正について

　廃棄物処理法をはじめ環境立法ではしばしば法律の改正が行われる。法律の改正は現に発生している問題に対応するということにおいて法分野における重要な営みであるが，その場合なぜ改正が必要になったのかを法律の外部要因にのみ求めるのではなく，より根本的には法律の内部要因にも関心を広げることが重要である。そこでは，例えば対症療法的な改正が行われていなかったか，より大網をかける対応をとることができなかったかを追求することが望まれる（消費者立法の問題点につき小賀野晶一・成本迅・藤田卓仙編『認知症と民法』15・16頁（小賀野）（勁草書房，2018年））。

5　法律・法制度の概観

　以下，法律・法制度を概観するにあたり，条文の「項」は第1，第2──とし，「号」は①，②──とし，ただし条文中の「項」「号」はそのまま用いた。条文中の文言の一部は省略したところもある。正確を期すためには六法で確認されたい。法律の規定はしばしばその細目等を政令・省令に委任している。政省令は国会の議決を経たものではないが，法律の委任を受けており，それぞれの法律の趣旨に基づくものでなければならない。法律の当該箇所については【　】の印で強調した（その内容は本書では割愛した）。

　　1　化学物質審査を目的とする法律・法制度，化学物質管理を目的とする法律・法制度，ダイオキシン類対策を目的とする法律・法制度，水銀環境汚染防止を目的とする法律・法制度【化学物質】

　　2　廃棄物処理を目的とする法律・法制度【廃棄物】

　　3　広義のリサイクルに関する法律・法制度【資源の循環】

　　4　自然公園に関する法律・法制度，自然環境保全を目的とする法律・法制度【自然の保護】

　　5　地球温暖化対策を目的とする法律・法制度，省エネを目的とする法律・法制度【地球温暖化】

　　6　生物多様性に関する法律・法制度【生物多様性】

第 5　補償，公害防止，紛争処理

　　1　公害健康被害の補償を目的とする法律・法制度【公害健康被害の補償】

　　2　公害防止事業費事業者負担に関する法律・法制度【公害防止事業費の事業者負担】

　　3　公害紛争処理を目的とする法律・法制度【裁判外の公害紛争処理】

第 2　環境立法の基本

1　環境基本法──環境立法の基本

Q　環境基本法はどのような法律か。
A　環境基本法は，環境法の基本法として，環境法の基本原則を明らかにし，環境保全の基本理念，国家等の責務，施策の基本事項などについて定めている。環境基本法に基づく国の環境基本計画は環境政策の要となっており，第 1 次～第 5 次（現行）が策定されている（本書Ⅴで概観する）。地方公共団体では環境基本条例に基づいて環境基本計画を策定している。

　環境基本法は環境問題に関する基本法であり，大気汚染防止法など個別環境立法の基本になるものである。基本法としては，循環型社会形成推進基本法，生物多様性基本法も基本法でありそれぞれ「資源循環」，「生物多様性保全」の基本になるものであるが，本書では個別環境立法として整理している。

◎環境基本法（1993 年制定）

1 制度の概要

　本法は，環境の保全について，基本理念を定め，並びに国，地方公共団体，事業者及び国民の責務を明らかにするとともに，環境の保全に関する施策の基本となる事項を定めることにより，環境の保全に関する施策を総合的かつ計画的に推進し，もって現在及び将来の国民の健康で文化的な生活の確保に寄与するとともに人類の福祉に貢献することを目的とする（1条）。

　本法は，環境の保全に関する基本的施策として次の8点について定めている。

　　①施策の策定等に係る指針（14条）

　　②環境基本計画（15条）

　　③環境基準（16条）

　　④特定地域における公害の防止（17条・18条）

　　⑤国が講ずる環境の保全のための施策等（19条～31条）

　　⑥地球環境保全等に関する国際協力等（32条～35条）

　　⑦地方公共団体の施策（36条）

　　⑧費用負担等（37条～40条の2）

2 定義（2条）

　第1，「環境への負荷」とは，人の活動により環境に加えられる影響であって，環境の保全上の支障の原因となるおそれのあるものをいう。

　第2，「地球環境保全」とは，人の活動による地球全体の温暖化又はオゾン層の破壊の進行，海洋の汚染，野生生物の種の減少その他の地球の全体又はその広範な部分の環境に影響を及ぼす事態に係る環境の保全であって，人類の福祉に貢献するとともに国民の健康で文化的な生活の確保に寄与するものをいう。

　第3，「公害」とは，環境の保全上の支障のうち，事業活動その他の人の活動に伴って生ずる相当範囲にわたる大気の汚染，水質の汚濁（水質以外の水の状態又は水底の底質が悪化することを含む。），土壌の汚染，騒音，振動，地盤の沈下

（鉱物の掘採のための土地の掘削によるものを除く。）及び悪臭によって，人の健康又は生活環境（人の生活に密接な関係のある財産並びに人の生活に密接な関係のある動植物及びその生育環境を含む。）に係る被害が生ずることをいう。

3　環境の保全についての基本理念

①　環境の恵沢の享受と継承等（3条）

　環境の保全は，環境を健全で恵み豊かなものとして維持することが人間の健康で文化的な生活に欠くことのできないものであること及び生態系が微妙な均衡を保つことによって成り立っており人類の存続の基盤である限りある環境が，人間の活動による環境への負荷によって損なわれるおそれが生じてきていることにかんがみ，現在及び将来の世代の人間が健全で恵み豊かな環境の恵沢を享受するとともに人類の存続の基盤である環境が将来にわたって維持されるように適切に行われなければならない。

②　環境への負荷の少ない持続的発展が可能な社会の構築等（4条）

　環境の保全は，社会経済活動その他の活動による環境への負荷をできる限り低減することその他の環境の保全に関する行動がすべての者の公平な役割分担の下に自主的かつ積極的に行われるようになることによって，健全で恵み豊かな環境を維持しつつ，環境への負荷の少ない健全な経済の発展を図りながら持続的に発展することができる社会が構築されることを旨とし，及び科学的知見の充実の下に環境の保全上の支障が未然に防がれることを旨として，行われなければならない。

③　国際的協調による地球環境保全の積極的推進（5条）

　地球環境保全が人類共通の課題であるとともに国民の健康で文化的な生活を将来にわたって確保する上での課題であること及び我が国の経済社会が国際的な密接な相互依存関係の中で営まれていることにかんがみ，地球環境保全は，我が国の能力を生かして，及び国際社会において我が国の占める地位に応じて，国際的協調の下に積極的に推進されなければならない。

4　責　務

① 国の責務（6条）

国は，前3条に定める環境の保全についての基本理念（以下「基本理念」という。）にのっとり，環境の保全に関する基本的かつ総合的な施策を策定し，及び実施する責務を有する。

② 地方公共団体の責務（7条）

地方公共団体は，基本理念にのっとり，環境の保全に関し，国の施策に準じた施策及びその他のその地方公共団体の区域の自然的社会的条件に応じた施策を策定し，及び実施する責務を有する。

③ 事業者の責務（8条）

第1，事業者は，基本理念にのっとり，その事業活動を行うに当たっては，これに伴って生ずるばい煙，汚水，廃棄物等の処理その他の公害を防止し，又は自然環境を適正に保全するために必要な措置を講ずる責務を有する。

第2，事業者は，基本理念にのっとり，環境の保全上の支障を防止するため，物の製造，加工又は販売その他の事業活動を行うに当たって，その事業活動に係る製品その他の物が廃棄物となった場合にその適正な処理が図られることとなるように必要な措置を講ずる責務を有する。

第3，事業者は，基本理念にのっとり，環境の保全上の支障を防止するため，物の製造，加工又は販売その他の事業活動を行うに当たって，その事業活動に係る製品その他の物が使用され又は廃棄されることによる環境への負荷の低減に資するように努めるとともに，その事業活動において，再生資源その他の環境への負荷の低減に資する原材料，役務等を利用するように努めなければならない。

第4，事業者は，基本理念にのっとり，その事業活動に関し，これに伴う環境への負荷の低減その他環境の保全に自ら努めるとともに，国又は地方公共団体が実施する環境の保全に関する施策に協力する責務を有する。

④ 国民の責務（9条）

第1，国民は，基本理念にのっとり，環境の保全上の支障を防止するため，その日常生活に伴う環境への負荷の低減に努めなければならない。

第2，国民は，基本理念にのっとり，環境の保全に自ら努めるとともに，国

又は地方公共団体が実施する環境の保全に関する施策に協力する責務を有する。

⑤ 環境基本計画 (15条)

政府は，環境の保全に関する施策の総合的かつ計画的な推進を図るため，環境の保全に関する基本的な計画（以下「環境基本計画」という。）を定めなければならない。

環境基本計画は，次に掲げる事項について定めるものとする。

①環境の保全に関する総合的かつ長期的な施策の大綱

②前号に掲げるもののほか，環境の保全に関する施策を総合的かつ計画的に推進するために必要な事項

⑥ 環境基準 (16条)

大気の汚染，水質の汚濁，土壌の汚染，騒音に係る環境上の条件などについて定められる。公害の規制は典型的には，「基準」を設定し，工場・事業場等に「基準」を遵守させることによって行われる。環境基準はこれらの「基準」の目標となる基準である。環境省資料によると，環境基準とは，「人の健康の保護及び生活環境の保全のうえで維持されることが望ましい基準として，終局的に，大気，水，土壌，騒音をどの程度に保つことを目標に施策を実施していくのかという目標を定めたものをいう。環境基準は，「維持されることが望ましい基準」として，行政上の政策目標となる。これは，人の健康等を維持するための最低限度としてではなく，より積極的に維持されることが望ましい目標として，その確保を図っていこうとするものである。また，汚染が現在進行していない地域については，少なくとも現状より悪化することとならないように環境基準を設定し，これを維持していくことが望ましいものである。また，環境基準は，現に得られる限りの科学的知見を基礎として定められているものであり，常に新しい科学的知見の収集に努め，適切な科学的判断が加えられていかなければならないものである。」という。

新幹線鉄道騒音については前掲東海道新幹線訴訟を参照されたい。

7　国の施策の策定等に当たっての配慮

国は，環境に影響を及ぼすと認められる施策を策定し，及び実施するに当たっては，環境の保全に配慮しなければならない（19条）。

8　環境保全の方法の多元化

公害対策基本法では公害対策のために規制の方法を柱にしていたが，環境問題が多様化し，複雑化してくると，規制だけでは限界がある。そこで，環境基本法は，公害対策基本法における規制中心の規律を改め，規制を含む多元的方法による規律を導入した（本書Ⅵで概観するように環境問題に関する立法は「規制から多元的方法へ」として整理することができる）。このような立法を環境立法ということもできる

環境基本法は次のような環境保全方法について定めている。すなわち，環境影響評価の推進（20条），典型7公害対策（21条1項1号），土地利用（21条1項2号），自然環境保全（21条1項3号），野生生物，自然物保護（21条1項4号），経済的措置（22条），環境教育・環境学習の推進（25条），環境情報の提供（27条），国際協力等（32条～35条）など。

地方公共団体は，19条～31条に定める国の施策に準じた施策及びその他のその地方公共団体の区域の自然的社会的条件に応じた環境の保全のために必要な施策を，これらの総合的かつ計画的な推進を図りつつ実施する。この場合において，都道府県は，主として，広域にわたる施策の実施及び市町村が行う施策の総合的調整を行う（36条）。

9　環境法の基本原則

環境基本法は環境法の原則として，持続的発展（3条，4条），未然防止原則・予防原則（4条，8条），原因者負担（37条），受益者負担（38条）などについて定めている。また，事業者の責務に関する規定（8条1項）は，汚染者負担原則（汚染者支払原則）(PPP)，予防原則に位置づけられている。ただし，環境基本法が予防原則を導入したかどうかは専門家の間で議論が分かれているが，環境基本法に基づく環境基本計画には予防原則の考え方が随所に織り込まれている。環境基本法に明記されていないが，環境権は，環境法の基本原則となり

得るものである。

　規範のあり方として，本書は環境権とともに，環境配慮義務の重要性について強調したい。このことに関連して，環境基本法が定める「責務規定」について補足する。各種の環境立法はそれぞれの目的を掲げ，目的を実現するための義務の規定，より一般的な責務の規定を設けており，それらは環境配慮義務の規範群を構成している。かかる環境基本法と個別環境立法の規範群を立法的環境配慮義務と称することができる。立法的環境配慮義務は立法の解釈・適用の指針となり，さらには立法論の指針となる。立法的環境配慮義務はまた，裁判規範となり，ひいては人々の行為規範ともなり得る。環境配慮義務については本書Ⅲで概観する。環境立法について，国会で制定される法律，地方自治体の議会で制定される条例（環境基本条例のほか，公害防止・環境保全を目的とする各種の条例）は，明治期以降，膨大な数に及び，毎年，国と地方自治体において新たな立法が制定されている。これらの立法の集団が形成している法規範は全体として重みのあるものである。環境問題が人々の生活・活動に起因することを考えると，私的生活において環境配慮が要請されなければならない。国，地方公共団体，企業を含む，あらゆる人々に対して環境保全のための一定の行為をなすべきこと（作為の規範），あるいは，環境に悪影響を及ぼす一定の行為をしてはならないこと（不作為の規範）が法的に要請されているのである。

2　環境影響評価法──環境アセスメント

【環境アセスメント】
環境影響評価（環境アセスメント）を目的とする法律・法制度

　Q　1997 年に制定された環境影響評価法はどのような内容か。
　A　私たちは生存し生活するために開発行為等の事業を行ってきた。事業は私たちの生活を豊かにする反面，大気，水質，土壌など環境質に対して様々な影響を及ぼす。事業が環境に及ぼす影響を調査，評価し，あらかじめ環境に配慮することを環境影響評価（環境アセスメント）という。
　環境影響評価法は，環境影響評価を事業実施段階において行う仕組みを導入

する（いわゆる事業アセスメントの大枠を維持）。すなわち，大規模な開発事業の実施にあたり，事業が環境に及ぼす影響について事業者自らが調査等を行い，地方公共団体・住民等の意見を聴く手続を定めるとともに，それらの結果を踏まえて事業の許認可等を行わせることにより，その事業に係る環境の保全について適正な配慮がなされることを確保することを目的とするものである（環境影響評価法1条参照）。

　以上のように，事業者が主体となり，配慮書の作成，方法書の作成（具体的な環境影響評価の方法を定める），準備書の作成，評価書の作成を行う。評価書について，環境大臣は必要に応じ許認可等を行う行政機関に対し環境の保全上の意見を提出し，許認可等を行う行政機関は当該意見を踏まえて事業者に環境保全上の意見を提出する。事業者はこれらの意見を考慮して評価書を補正する。

　手続は，配慮書，方法書，準備書，評価書の作成へと進行する。①対象事業（法2条参照），②スコーピングの導入（法5条以下），③住民等の参加の機会の拡大，④審査の主体，⑤評価の仕方，⑥評価書公告後の事後評価，フォローアップの制度化，などが主な内容である。

本法の背景

　環境アセスメントの必要性は，一部の地方自治体では国に先行し，要綱や指針に基づく行政指導，条例による制度化が進められた。立法の契機となったのは，1993年環境基本法の制定（特に環境影響評価の推進を掲げる20条）がある。また，1993年に行政手続法が制定され（1994年10月施行），行政指導（要綱に基づくもの，条例に基づくもの）が法的に位置づけられた（32条～36条）。

　国レベルでは，1972年閣議了解「各種公共事業に係る環境保全対策について」，1984年閣議決定要綱「環境影響評価の実施について」（実施要綱）が定められた。

　立法では，個別法による環境アセスメント（港湾法，公有水面埋立法，瀬戸内海環境保全臨時措置法）が先行し，1993年の環境基本法によって制度的に位置づけられた（20条）。

◎環境影響評価法（1997 年制定）

1　制度の概要

目的（1 条）

　この法律は，土地の形状の変更，工作物の新設等の事業を行う事業者がその事業の実施にあたりあらかじめ環境影響評価を行うことが環境の保全上極めて重要であることにかんがみ，環境影響評価について国等の責務を明らかにするとともに，規模が大きく環境影響の程度が著しいものとなるおそれがある事業について環境影響評価が適切かつ円滑に行われるための手続その他所要の事項を定め，その手続等によって行われた環境影響評価の結果をその事業に係る環境の保全のための措置その他のその事業の内容に関する決定に反映させるための措置をとること等により，その事業に係る環境の保全について適正な配慮がなされることを確保し，もって現在及び将来の国民の健康で文化的な生活の確保に資することを目的とする（1 条）。

　本法は，方法書の作成前の手続（配慮書（3 条の 2〜3 条の 10），第 2 種事業に係る判定（4 条）），方法書（5 条〜10 条），環境影響評価の実施等（11 条〜13 条），準備書（14 条〜20 条），評価書（評価書の作成等（21 条〜24 条），評価書の補正等（25 条〜27 条）），対象事業の内容の修正等（28 条〜30 条），評価書の公告及び縦覧後の手続（31 条〜38 条の 5），環境影響評価その他の手続の特例等（都市計画に定められる対象事業等に関する特例（38 条の 6〜46 条），港湾計画に係る環境影響評価その他の手続（47 条・48 条））などについて定めている。

　罰則の規定はない。

2　定義（2 条）

　第 1，「環境影響評価」とは，事業（特定の目的のために行われる一連の土地の形状の変更（これと併せて行うしゅんせつを含む。）並びに工作物の新設及び増改築をいう。）の実施が環境に及ぼす影響（当該事業の実施後の土地又は工作物において行われることが予定される事業活動その他の人の活動が当該事業の目的に含まれる場合には，これらの活動に伴って生ずる影響を含む。以下単に「環境影響」という。）について環境の構成

要素に係る項目ごとに調査，予測及び評価を行うとともに，これらを行う過程においてその事業に係る環境の保全のための措置を検討し，この措置が講じられた場合における環境影響を総合的に評価することをいう。

第2，「第1種事業」とは，次に掲げる要件を満たしている事業であって，規模（形状が変更される部分の土地の面積，新設される工作物の大きさその他の数値で表される事業の規模をいう。次項において同じ。）が大きく，環境影響の程度が著しいものとなるおそれがあるものとして【政令で定める】ものをいう。

①次に掲げる事業の種類のいずれかに該当する一の事業であること。

イ　高速自動車国道，一般国道その他の道路法2条1項に規定する道路その他の道路の新設及び改築の事業

ロ　河川法3条1項に規定する河川に関するダムの新築，堰の新築及び改築の事業（以下この号において「ダム新築等事業」という。）並びに同法8条の河川工事の事業でダム新築等事業でないもの

ハ　鉄道事業法による鉄道及び軌道法による軌道の建設及び改良の事業

ニ　空港法2条に規定する空港その他の飛行場及びその施設の設置又は変更の事業

ホ　電気事業法38条に規定する事業用電気工作物であって発電用のものの設置又は変更の工事の事業

ヘ　廃棄物の処理及び清掃に関する法律8条1項に規定する一般廃棄物の最終処分場及び同法15条1項に規定する産業廃棄物の最終処分場の設置並びにその構造及び規模の変更の事業

ト　公有水面埋立法による公有水面の埋立て及び干拓その他の水面の埋立て及び干拓の事業

チ　土地区画整理法2条1項に規定する土地区画整理事業

リ　新住宅市街地開発法2条1項に規定する新住宅市街地開発事業

ヌ　首都圏の近郊整備地帯及び都市開発区域の整備に関する法律2条5項に規定する工業団地造成事業及び近畿圏の近郊整備区域及び都市開発区域の整備及び開発に関する法律2条4項に規定する工業団地造成事業

　ル　新都市基盤整備法 2 条 1 項に規定する新都市基盤整備事業

　ヲ　流通業務市街地の整備に関する法律 2 条 2 項に規定する流通業務
　　団地造成事業

　ワ　イからヲまでに掲げるもののほか，一の事業に係る環境影響を受
　　ける地域の範囲が広く，その一の事業に係る環境影響評価を行う
　　必要の程度がこれらに準ずるものとして【政令で定める】事業の
　　種類

②次のいずれかに該当する事業であること。

　イ　法律の規定であって【政令で定める】ものにより，その実施に際
　　し，免許，特許，許可，認可，承認若しくは同意又は届出（当該届
　　出に係る法律において，当該届出に関し，当該届出を受理した日から起算し
　　て一定の期間内に，その変更について勧告又は命令をすることができること
　　が規定されているものに限る。ホにおいて同じ。）が必要とされる事業（ハ
　　に掲げるものを除く。）

　ロ　国の補助金等（補助金等に係る予算の執行の適正化に関する法律 2 条 1 項
　　1 号の補助金，同項 2 号の負担金及び同項 4 号の【政令で定める】給付金のう
　　ち【政令で定める】ものをいう。）の交付の対象となる事業（イに掲げる
　　ものを除く。）

　ハ　特別の法律により設立された法人（国が出資しているものに限る。）が
　　その業務として行う事業（イ及びロに掲げるものを除く。）

　ニ　国が行う事業（イ及びホに掲げるものを除く。）

　ホ　国が行う事業のうち，法律の規定であって【政令で定める】もの
　　により，その実施に際し，免許，特許，許可，認可，承認若しく
　　は同意又は届出が必要とされる事業

　第 3，「第 2 種事業」とは，前項各号に掲げる要件を満たしている事業であっ
て，第 1 種事業に準ずる規模（その規模に係る数値の第 1 種事業の規模に係る数値に
対する比が【政令で定める】数値以上であるものに限る。）を有するもののうち，環境
影響の程度が著しいものとなるおそれがあるかどうかの判定（以下単に「判定」
という。）を 4 条 1 項各号に定める者が同条の規定により行う必要があるもの
として【政令で定める】ものをいう。

第4,「対象事業」とは，第1種事業又は4条3項1号の措置がとられた第2種事業をいう。

第5,「事業者」とは，対象事業を実施しようとする者（国が行う対象事業にあっては当該対象事業の実施を担当する行政機関（地方支分部局を含む。）の長，委託に係る対象事業にあってはその委託をしようとする者）をいう。

対象事業（国の直轄公共事業，国の許認可の対象となる事業を対象）

以下の13種類の事業が対象になる（事業の規模に応じて第1種事業と第2種事業に分かれる）。

高速道路等の道路，ダム・堰等の河川，鉄道，飛行場，発電所，廃棄物最終処分場，埋立て・干拓，土地区画整理事業，新住宅市街地開発事業，首都圏近郊整備地帯等整備法及び近畿圏近郊整備区域等整備法に規定する工業団地造成事業，新都市基盤整備事業，流通業務団地造成事業，宅地の造成の事業である。上記の他，個別事業についての環境影響評価とは別に，港湾計画

図Ⅳ—3　手続の主な流れ

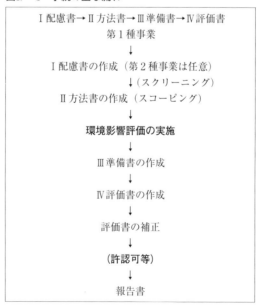

◎出典　環境省──環境影響評価法改正法の概要

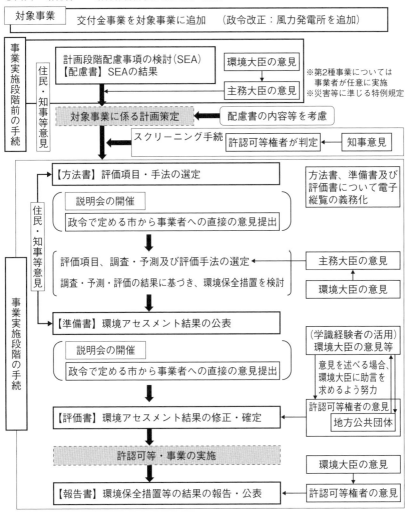

につき環境影響評価を行う。

　実施要綱にはなかった, 発電所(法律レベル), 大規模林道及び在来線鉄道(政令レベル)が追加された。実施要綱の時代には, 港湾計画, 公有水面の埋立て, 発電所の立地に係る環境アセスメントは, 個別の法律や行政指導によって行われた。

(第2種事業の対象にならないより小規模の事業, 環境影響評価法の対象とならない事業, 以下にみる同法のスクリーニングによりアセスメントを不要とされた事業についても, それぞれ条例によって対応することができる。61条参照。)

環境影響評価手続　第1種事業, 第2種事業, スクリーニングなど

　第1種事業とは, 必ず環境影響評価を行うべき一定規模以上の事業をいい, 第2種事業とは, 第1種事業に準ずる規模を有し, 環境影響評価を実施する必要があるかどうかを行政機関が個別に判定する事業をいう。第2種事業におけるかかる判定をスクリーニングといい, 当該事業の許認可等を行う行政機関が, 都道府県知事に意見を聞いて, 事業内容, 地域特性を考慮して行う(4条参照)。そして, この後, 配慮書, 方法書, 準備書, 評価書の各作成を経て, 許認可等に至る。

Ⅰ　配慮書の作成

⑴　計画段階配慮事項 (3条の2)

　　①第1種事業を実施しようとする者は, 第1種事業に係る計画の立案の段階において, 当該事業が実施されるべき区域その他の事業の種類ごとに【主務省令で定める】事項を決定するに当たっては, 事業の種類ごとに【主務省令で定める】ところにより, 1又は2以上の当該事業の実施が想定される区域 (以下「事業実施想定区域」という。) における当該事業に係る環境の保全のために配慮すべき事項 (以下「計画段階配慮事項」という。) についての検討を行わなければならない。

　　②事業が実施されるべき区域その他の事項を定める主務省令は, 主務大臣が環境大臣に協議して定めるものとする。

　　③1項の主務省令 (②の主務省令を除く。) は, 計画段階配慮事項についての

検討を適切に行うために必要であると認められる計画段階配慮事項の選定並びに当該計画段階配慮事項に係る調査，予測及び評価の手法に関する指針につき主務大臣が環境大臣に協議して定めるものとする。

(2)　配慮書の作成等（3条の3）

第1種事業を実施しようとする者は，計画段階配慮事項についての検討を行った結果について，次に掲げる事項を記載した計画段階環境配慮書(以下「配慮書」という。) を作成しなければならない。

①第1種事業を実施しようとする者の氏名及び住所

②第1種事業の目的及び内容

③事業実施想定区域及びその周囲の概況

④計画段階配慮事項ごとに調査，予測及び評価の結果をとりまとめたもの

⑤その他【環境省令で定める】事項

(3)　配慮書の送付等（3条の4）

第1種事業を実施しようとする者は，配慮書を作成したときは，速やかに主務大臣に送付するとともに，当該配慮書及びこれを要約した書類を公表しなければならない。

主務大臣は，配慮書の送付を受けた後，速やかに，環境大臣に当該配慮書の写しを送付して意見を求めなければならない。

(4)　環境大臣の意見（3条の5）

環境大臣は，意見を求められたときは，必要に応じ，【政令で定める】期間内に，主務大臣に対し，配慮書について環境の保全の見地からの意見を書面により述べることができる。

(5)　主務大臣の意見（3条の6）

主務大臣は，配慮書の送付を受けたときは，必要に応じ，【政令で定める】期間内に，第1種事業を実施しようとする者に対し，配慮書について環境の

保全の見地からの意見を書面により述べることができる。この場合において，環境大臣の意見があるときは，これを勘案しなければならない。

⑹　配慮書についての意見の聴取（3条の7）

第1種事業を実施しようとする者は，事業の種類ごとに【主務省令で定める】ところにより，配慮書の案又は配慮書について関係する行政機関及び一般の環境の保全の見地からの意見を求めるように努めなければならない。

⑺　基本的事項の公表（3条の8）

環境大臣は，関係する行政機関の長に協議して，⑴③及び⑹の規定により主務大臣が定めるべき指針に関する基本的事項を定めて公表するものとする。

⑻　第2種事業に係る計画段階配慮事項についての検討（3条の10）

第2種事業を実施しようとする者は，第2種事業に係る計画の立案の段階において，事業が実施されるべき区域その他の【主務省令で定める】事項を決定するに当たっては，1又は2以上の当該事業の実施が想定される区域における当該事業に係る環境の保全のために配慮すべき事項についての検討その他の手続を行うことができる。この場合において，当該第2種事業を実施しようとする者は，当該事業の実施が想定される区域における環境の保全のために配慮すべき事項についての検討その他の手続を行うこととした旨を主務大臣に書面により通知するものとする。

戦略的アセスメントへの道

計画段階配慮書の手続は，環境影響評価法の2011年改正によって新たに導入された。戦略的環境アセスメントとしては未完成であるが，より早い段階から調査を開始することによってアセスメント制度の運用の充実を図ったものと評価されている（大塚BASIC125頁以下。環境省資料「今般導入される配慮書手続について──戦略的環境アセスメントを巡る動向」参照）。

Ⅱ 方法書の作成——スコーピングの導入 （5条~10条）

事業者は，配慮書を作成しているときはその配慮書の内容を踏まえるとともに，主務大臣の意見が述べられたときはこれを勘案して，事業が実施されるべき区域その他の【主務省令で定める】事項を決定し，対象事業に係る環境影響評価を行う方法について，次に掲げる事項を記載した環境影響評価方法書を作成しなければならない。

①~③（略）

④計画段階配慮事項ごとに調査，予測及び評価の結果をとりまとめたもの

⑤配慮書についての主務大臣の意見

⑥主務大臣の意見についての事業者の見解

⑦（略）

⑧その他【環境省令で定める】事項

評価項目は，実施要綱の典型7公害及び自然環境5要素（動物，植物，地形・地質，景観，野外レクリエーション地の限定列挙）から，それらを含む環境保全施策（環境基本法14条参照）に拡大された。地球環境問題の原因とされる温室効果ガスも評価項目である。

Ⅲ 環境影響評価の実施等 （11条, 12条）

環境影響評価の項目等の選定 （11条）

第1，事業者は，10条1項，4項又は5項の意見が述べられたときはこれを勘案するとともに，8条1項の意見に配意して5条1項7号に掲げる事項に検討を加え，2条2項1号イからワまでに掲げる事業の種類ごとに【主務省令で定める】ところにより，対象事業に係る環境影響評価の項目並びに調査，予測及び評価の手法を選定しなければならない。

第2，事業者は，1項の規定による選定を行うに当たり必要があると認めるときは，主務大臣に対し，技術的な助言を記載した書面の交付を受けたい旨の申出を書面によりすることができる。

第3，主務大臣は，2項の規定による事業者の申出に応じて技術的な助言を

記載した書面の交付をしようとするときは，あらかじめ，環境大臣の意見を聴かなければならない。

　第4，1項の【主務省令】は，環境基本法14条各号に掲げる事項の確保を旨として，既に得られている科学的知見に基づき，対象事業に係る環境影響評価を適切に行うために必要であると認められる環境影響評価の項目並びに当該項目に係る調査，予測及び評価を合理的に行うための手法を選定するための指針につき主務大臣（主務大臣が内閣府の外局の長であるときは，内閣総理大臣）が環境大臣に協議して定めるものとする。

環境影響評価の実施 (12条)

　第1，事業者は，11条1項の規定により選定した項目及び手法に基づいて，2条2項1号イからワまでに掲げる事業の種類ごとに【主務省令で定める】ところにより，対象事業に係る環境影響評価を行わなければならない。

　第2，11条4項の規定は，1項の【主務省令】について準用する。この場合において，同条4項中「環境影響評価の項目並びに当該項目に係る調査，予測及び評価を合理的に行うための手法を選定するための指針」とあるのは，「環境の保全のための措置に関する指針」と読み替えるものとする。

Ⅳ　準備書の作成 (14条～20条)

　事業者は，12条1項の規定により対象事業に係る環境影響評価を行った後，当該環境影響評価の結果について環境の保全の見地からの意見を聴くための準備として，2条2項1号イからワまでに掲げる事業の種類ごとに【主務省令で定める】ところにより，当該結果に係る次に掲げる事項（本書では略）を記載した環境影響評価準備書（以下「準備書」という）を作成しなければならない（14条）。

　事業者は，準備書を作成したときは，6条1項の【主務省令で定める】ところにより，対象事業に係る環境影響を受ける範囲であると認められる地域（以下「関係地域」という）を管轄する都道府県知事（以下「関係都道府県知事」という）及び関係地域を管轄する市町村長（以下「関係市町村長」という）に対し，準備書及びこれを要約した書類（次条及び17条において「要約書」という）を送付しなけ

ればならない（15 条）。

　事業者は，送付を行った後，準備書に係る環境影響評価の結果について環境の保全の見地からの意見を求めるため，【環境省令で定める】ところにより，準備書を作成した旨その他【環境省令で定める】事項を公告し，関係地域内において，準備書及び要約書を公告の日から起算して 1 月間縦覧に供しなければならない（16 条）。

　事業者は，【環境省令で定める】ところにより，縦覧期間内に，関係地域内において，準備書の記載事項を周知させるための説明会（以下「説明会」という）を開催しなければならない。この場合において，関係地域内に説明会を開催する適当な場所がないときは，関係地域以外の地域において開催することができる（17 条 1 項）。

　準備書について環境の保全の見地からの意見を有する者は，16 条の公告の日から，同条の縦覧期間満了の日の翌日から起算して 2 週間を経過する日までの間に，事業者に対し，意見書の提出により，これを述べることができる（18 条 1 項）。

　関係都道府県知事は，前条の書類の送付を受けたときは，【政令で定める】期間内に，事業者に対し，準備書について環境の保全の見地からの意見を書面により述べるものとする（20 条 1 項）。

Ｖ　評価書の作成 （21 条〜27 条）

　事業者は，20 条 1 項の意見が述べられたときはこれを勘案するとともに，18 条 1 項の意見に配意して準備書の記載事項について検討を加え，当該事項の修正を必要とすると認めるとき（当該修正後の事業が対象事業に該当するときに限る）は，本条各号に掲げる当該修正の区分に応じ当該各号に定める措置をとらなければならない（21 条 1 項）。

Ⅵ　その他の要点
①　公衆参加，意見等
　事業者に対する意見書の提出は，実施要綱では準備書のみに対して，関係地域内に住所を有する者のみが可能であったが，本法では方法書（8 条）と準

備書 (18条) について認められ, また, 意見の提出者の範囲について制限がなくなった。また, 実施要綱では, 環境庁長官 (現環境大臣) は主務大臣から意見を求められた場合のみ意見を述べることができたが, 本法では環境大臣は必要に応じて自らの意思で主務大臣に対して環境保全の見地から意見を述べることができる (23条)。

② 審査の主体, 横断条項

審査の主体は, 許認可等を行う者であり, 実施要綱と同じである。しかし, 本法に基づく評価結果を許認可等に反映させるために環境配慮審査権が与えられ (33条1項), 環境配慮の実効性の確保が図られている。もっとも, ここでは許認可権者の裁量が働くことから (空港設置における環境配慮が問われた新石垣空港設置許可処分取消請求事件東京高判平 24・10・26 訴月 59 巻 6 号 1607 頁参照), 環境影響評価の結果が事業の免許等に適切に反映されないことが考えられる。環境配慮審査権の実効性をどのようにして確保すべきかが課題である (南博方・大久保規子『要説 環境法 (4版)』80頁 (有斐閣, 2009年), 北村4版324頁)。

この問題は, 環境法をどのように捉えるかという問題を問うており, 33条1項について行政法の伝統的解釈論からアプローチする限りはどうしても限界がある。換言すれば, 環境法では環境問題に対するアプローチにおける行政法の壁をどのように克服するかが問われている。人間中心主義のもとで法律の技術性・論理性や政策的判断が優先すると, 環境影響評価制度の運用において人間の利益が優先し, 結果として地球の持続性は保障されない。ここでは法律の技術論や政策論ではなく, 現世で活動する各主体がどこまで自らの生活を律することができるが問われている。環境配慮義務が要請されることによって, この制度は本来の機能を発揮することができる。

③ 評価の仕方

評価の仕方について, 環境保全対策及びそれを講ずることに至った検討状況を準備書及び評価書に記載する (14条1項7号ロ, 21条)。必要に応じて, 環境影響緩和措置 (ミティゲーションという。14条1項7号ロ本文) ないし複数案 (代替案) (ロの括弧内) を提示することができる。

④ 事後評価

フォローアップが制度化された。評価書公告後に行われる。

事後調査の必要性（14条1項7号ハ，21条），環境影響評価手続の再実施（31条2項，32条）

【環境アセスメントと裁判例】
市ごみ焼却場建設工事の差止
大阪地判平3・6・6判自90号71頁（棄却・控訴）

　被告松原市が建設を計画しているごみ焼却場の建設予定地周辺に居住する原告ら106名が，民法206条，同709条に基づき，同焼却場の建設工事差止を請求した。

　本判決は，環境アセスメントの不十分性はそれ自体で同建設を違法とするものではなく，本件焼却場の稼働により原告らに受忍限度を超える環境被害が生じるとは認められないとして原告らの請求を棄却した。

　本判決は，差止請求権の根拠，本件焼却場建設に対する差止請求権の判断，本件焼却場の必要性などを検討したうえで，(1)本件焼却場からの排煙により予想される環境被害，及び(2)排煙以外によるその他の環境被害（排水，悪臭，騒音・振動・低周波，交通渋滞・交通事故，浸水時に生ずる被害，若林町の発展阻害・陸の孤島化）について検討し，結論として，「本件焼却場が稼働した場合に，本件焼却場の稼働により原告らに受忍限度を超える環境被害が生ずると認めることはできず，代替地の存在，住民参加手続の欠如，環境アセスメントの不十分性は，いずれもそれ自体で本件焼却場の建設を違法たらしめるものとは考えられない」などと述べ，原告らの請求を棄却した。

　環境アセスメントの手続的要素について補足すると，本判決は「被告は原告らと協議を尽くそうとしたが，原告らの本件焼却場建設反対の態度は強く，円滑な話し合いの手続が進まず，かつ被告の大気観測も妨害をされたこと」を認定している。しかし，この認定はやや抽象的である。通常，本件事案のような場合，原告側の反対の態度は強固となろう。円滑な話し合いの手続が進まなかったということであるが，市側が具体的にどのような対応を行い，どのように手続が進まなかったかが要点となる（小賀野晶一「市ごみ焼却場建設工事差止請求事件」判自105号101頁以下（1993年）参照）。

参考文献
　「環境アセスメント10年のあゆみ」編集委員会編『環境アセスメント10年のあゆみ──子や孫に引き継ぐ環境づくりのために』（1991年，神奈川県環境部環境政策課）
　浅野直人『環境影響評価の制度と法』（信山社，1998年）
　柳憲一郎『環境アセスメント法』（清文社，2000年）
　原科幸彦『環境アセスメントとは何か──対応から戦略へ』（岩波新書）（岩波書店，2011年）
　藤田八暉「環境アセスメント法制化事始め」JEAS NEWS144号12頁（2014年）

第3　典型7公害の規制等

　以下，典型7公害に関する法律・法制度について，1～7の各項目のもとに概観する。

【大気汚染】
1　大気汚染防止を目的とする法律・法制度

　Q　大気汚染規制の特徴はどのようなものか。

　A　大気汚染防止法は，規制の対象を固定発生源と移動発生源に分け，対象物質を指定して規制する。大気汚染に係る汚染物質の排出により，健康や生活環境に影響が生じ得ることから，これを防止するために特定施設について，事前規制（方法として立入検査，改善命令，措置命令，罰則）を行う。本法の前身は，ばい煙規制法である。

　大気汚染規制の問題の背景として，古くはセメント製造による降灰が問題となった1880年の浅野セメント事件などがある。

　本法は大気汚染の規制にあたり，ばい煙発生施設，一般粉じん発生施設等を対象に，排出基準，総量規制基準，施設の構造等に関する基準などを定めている。総量規制の方法は，本法だけでなく，水質汚濁防止法など，複数の個別環境立法で採用されている。これは排出基準（排水基準）の規制が濃度規制，すなわち汚染物質・有害物質の濃度を基準にして設定されているために，一定の広がりをもった地域の環境保全をより徹底して図るためには必要なものと考えられている。

　1970年公害国会において，本法による規制が広範囲で強化された。経済調和条項の削除のほか，指定地域制度の廃止，上乗せ条例・横出し条例の許容，直罰制の導入，未然防止アプローチの対応など，種々の改善が行われた。これらは環境立法の進歩の具体例といえるものである。また，1972年改正では無過失損害賠償責任が，1974年改正では総量規制の各制度が導入された。

◎大気汚染防止法 (1968年制定)

1 制度の概要

本法は，工場及び事業場における事業活動並びに建築物等の解体等に伴うばい煙，揮発性有機化合物及び粉じんの排出等を規制し，水銀に関する水俣条約 (以下「条約」という。) の的確かつ円滑な実施を確保するため工場及び事業場における事業活動に伴う水銀等の排出を規制し，有害大気汚染物質対策の実施を推進し，並びに自動車排出ガスに係る許容限度を定めること等により，大気の汚染に関し，国民の健康を保護するとともに生活環境を保全し，並びに大気の汚染に関して人の健康に係る被害が生じた場合における事業者の損害賠償の責任について定めることにより，被害者の保護を図ることを目的とする (1条)。

本法は，ばい煙の排出の規制等 (3条〜17条の2)，揮発性有機化合物の排出の規制等 (17条の3〜17条の15)，粉じんに関する規制 (18条〜18条の20)，水銀等の排出の規制等 (18条の21〜18条の35)，有害大気汚染物質対策の推進 (18条の36〜18条の40)，自動車排出ガスに係る許容限度等 (19条〜21条の2)，大気の汚染の状況の監視等 (22条〜24条)，損害賠償 (25条〜25条の6) などについて定めている。

罰則の規定がある (33条〜37条)。

2 定義 (2条)

第1,「ばい煙」とは，次の各号に掲げる物質をいう。

①燃料その他の物の燃焼に伴い発生するいおう酸化物

②燃料その他の物の燃焼又は熱源としての電気の使用に伴い発生するばいじん

③物の燃焼，合成，分解その他の処理 (機械的処理を除く。) に伴い発生する物質のうち，カドミウム，塩素，弗 (ふっ) 化水素，鉛その他の人の健康又は生活環境に係る被害を生ずるおそれがある物質 (1号に掲げるものを除く。) で【政令で定める】もの

第2,「ばい煙発生施設」とは,工場又は事業場に設置される施設でばい煙を発生し,及び排出するもののうち,その施設から排出されるばい煙が大気の汚染の原因となるもので【政令で定める】ものをいう。

第3,「ばい煙処理施設」とは,ばい煙発生施設において発生するばい煙を処理するための施設及びこれに附属する施設をいう。

第4,「揮発性有機化合物」とは,大気中に排出され,又は飛散した時に気体である有機化合物(浮遊粒子状物質及びオキシダントの生成の原因とならない物質として【政令で定める】物質を除く。)をいう。

第5,「揮発性有機化合物排出施設」とは,工場又は事業場に設置される施設で揮発性有機化合物を排出するもののうち,その施設から排出される揮発性有機化合物が大気の汚染の原因となるものであって,揮発性有機化合物の排出量が多いためにその規制を行うことが特に必要なものとして【政令で定める】ものをいう。

第6,前項の政令は,事業者が自主的に行う揮発性有機化合物の排出及び飛散の抑制のための取組が促進されるよう十分配慮して定めるものとする。

第7,「粉じん」とは,物の破砕,選別その他の機械的処理又は堆積に伴い発生し,又は飛散する物質をいう。

第8,「特定粉じん」とは,粉じんのうち,石綿その他の人の健康に係る被害を生ずるおそれがある物質で【政令で定める】ものをいい,「一般粉じん」とは,特定粉じん以外の粉じんをいう。

第9,「一般粉じん発生施設」とは,工場又は事業場に設置される施設で一般粉じんを発生し,及び排出し,又は飛散させるもののうち,その施設から排出され,又は飛散する一般粉じんが大気の汚染の原因となるもので【政令で定める】ものをいう。

第10,「特定粉じん発生施設」とは,工場又は事業場に設置される施設で特定粉じんを発生し,及び排出し,又は飛散させるもののうち,その施設から排出され,又は飛散する特定粉じんが大気の汚染の原因となるもので【政令で定める】ものをいう。

第11,「特定粉じん排出等作業」とは,吹付け石綿その他の特定粉じんを発生し,又は飛散させる原因となる建築材料で【政令で定める】もの(以下「特

定建築材料」という。）が使用されている建築物その他の工作物（以下「建築物等」という。）を解体し，改造し，又は補修する作業のうち，その作業の場所から排出され，又は飛散する特定粉じんが大気の汚染の原因となるもので【政令で定める】ものをいう。

第12，「水銀等」とは，水銀及びその化合物をいう。

第13，「水銀排出施設」とは，工場又は事業場に設置される施設で水銀等を大気中に排出するもののうち，条約の規定に基づきその規制を行うことが必要なものとして【政令で定める】ものをいう。

第14，「排出口」とは，ばい煙発生施設において発生するばい煙，揮発性有機化合物排出施設に係る揮発性有機化合物又は水銀排出施設に係る水銀等を大気中に排出するために設けられた煙突その他の施設の開口部をいう。

第15，「有害大気汚染物質」とは，継続的に摂取される場合には人の健康を損なうおそれがある物質で大気の汚染の原因となるもの（ばい煙，特定粉じん及び水銀等を除く。）をいう。

第16，「自動車排出ガス」とは，自動車（道路運送車両法2条2項に規定する自動車のうち【環境省令で定める】もの及び同条3項に規定する原動機付自転車のうち【環境省令で定める】ものをいう。）の運行に伴い発生する一酸化炭素，炭化水素，鉛その他の人の健康又は生活環境に係る被害を生ずるおそれがある物質で【政令で定める】ものをいう。

3 ばい煙の規制を中心に

(1) 排出基準 (3条)

第1，ばい煙に係る排出基準は，ばい煙発生施設において発生するばい煙について，【環境省令で定める】。

第2，前項の排出基準は，前条1項1号（①）のいおう酸化物（以下単に「いおう酸化物」という。）にあっては1号（①），同項2号（②）のばいじん（以下単に「ばいじん」という。）にあっては2号（②），同項3号（③）に規定する物質（以下「有害物質」という。）にあっては3号（③）又は4号（④）に掲げる許容限度とする。

　①いおう酸化物に係るばい煙発生施設において発生し，排出口から大気中に排出されるいおう酸化物の量について，【政令で定める】地域の区

分ごとに排出口の高さ（【環境省令で定める】方法により補正を加えたものをいう。以下同じ。）に応じて定める許容限度

②ばいじんに係るばい煙発生施設において発生し，排出口から大気中に排出される排出物に含まれるばいじんの量について，施設の種類及び規模ごとに定める許容限度

③有害物質（次号の特定有害物質を除く。）に係るばい煙発生施設において発生し，排出口から大気中に排出される排出物に含まれる有害物質の量について，有害物質の種類及び施設の種類ごとに定める許容限度

④燃料その他の物の燃焼に伴い発生する有害物質で環境大臣が定めるもの（以下「特定有害物質」という。）に係るばい煙発生施設において発生し，排出口から大気中に排出される特定有害物質の量について，特定有害物質の種類ごとに排出口の高さに応じて定める許容限度

（以下，略）　（揮発性有機化合物に係る排出基準については17条の4参照）

(2)　上乗せ基準（4条）

都道府県は，当該都道府県の区域のうちに，その自然的，社会的条件から判断して，ばいじん又は有害物質に係る前条1項（①）又は3項（③）の排出基準によっては，人の健康を保護し，又は生活環境を保全することが十分でないと認められる区域があるときは，その区域におけるばい煙発生施設において発生するこれらの物質について，【政令で定める】ところにより，条例で，同条1項の排出基準にかえて適用すべき同項の排出基準で定める許容限度よりきびしい許容限度を定める排出基準を定めることができる。

(3)　排出基準に関する勧告（5条）

環境大臣は，大気の汚染の防止のため特に必要があると認めるときは，都道府県に対し，前条1項の規定により排出基準を定め，又は同項の規定により定められた排出基準を変更すべきことを勧告することができる。

(4)　総量規制基準（5条の2）

都道府県知事は，工場又は事業場が集合している地域で，3条1項若しく

は3項又は4条1項の排出基準のみによっては環境基本法16条1項の規定による大気の汚染に係る環境上の条件についての基準（大気環境基準）の確保が困難であると認められる地域としていおう酸化物その他の【政令で定める】ばい煙（指定ばい煙）ごとに【政令で定める】地域（指定地域）にあっては，当該指定地域において当該指定ばい煙を排出する工場又は事業場で【環境省令で定める】基準に従い都道府県知事が定める規模以上のもの（特定工場等）において発生する当該指定ばい煙について，指定ばい煙総量削減計画を作成し，これに基づき，【環境省令で定める】ところにより，総量規制基準を定めなければならない。

（以下，略）

(5) 指定ばい煙総量削減計画（5条の3）

　前条1項の指定ばい煙総量削減計画は，当該指定地域について，1号（①）に掲げる総量を3号（③）に掲げる総量までに削減させることを途途として，1号（①）に掲げる総量に占める2号（②）に掲げる総量の割合，工場又は事業場の規模，工場又は事業場における使用原料又は燃料の見通し，特定工場等以外の指定ばい煙の発生源における指定ばい煙の排出状況の推移等を勘案し，【政令で定める】ところにより，4号（④）から6号（⑥）までに掲げる事項を定めるものとする。この場合において，当該指定地域における大気の汚染及び工場又は事業場の分布の状況により計画の達成上当該指定地域を2以上の区域に区分する必要があるときは，1号（①）から3号（③）までに掲げる総量は，区分される区域ごとのそれぞれの当該指定ばい煙の総量とする。

①当該指定地域における事業活動その他の人の活動に伴って発生し，大気中に排出される当該指定ばい煙の総量

②当該指定地域におけるすべての特定工場等に設置されているばい煙発生施設において発生し，排出口から大気中に排出される当該指定ばい煙の総量

③当該指定地域における事業活動その他の人の活動に伴って発生し，大気中に排出される当該指定ばい煙について，大気環境基準に照らし【環境省令で定める】ところにより算定される総量

④2号（②）の総量についての削減目標量（中間目標としての削減目標量を定める場合にあっては，その削減目標量を含む。）

⑤計画の達成の期間

⑥計画の達成の方途

（以下，略）

⑹　ばい煙発生施設の設置の届出（6条）

第1，ばい煙を大気中に排出する者は，ばい煙発生施設を設置しようとするときは，【環境省令で定める】ところにより，次の事項を都道府県知事に届け出なければならない。

①氏名又は名称及び住所並びに法人にあっては，その代表者の氏名

②工場又は事業場の名称及び所在地

③ばい煙発生施設の種類

④ばい煙発生施設の構造

⑤ばい煙発生施設の使用の方法

⑥ばい煙の処理の方法

第2，前項の規定による届出には，ばい煙発生施設において発生し，排出口から大気中に排出されるいおう酸化物若しくは特定有害物質の量（以下「ばい煙量」という。）又はばい煙発生施設において発生し，排出口から大気中に排出される排出物に含まれるばいじん若しくは有害物質（特定有害物質を除く。）の量（以下「ばい煙濃度」という。）及びばい煙の排出の方法その他の【環境省令で定める】事項を記載した書類を添附しなければならない。

⑺　ばい煙の排出の制限（13条）

ばい煙発生施設において発生するばい煙を大気中に排出する者（以下「ばい煙排出者」という。）は，そのばい煙量又はばい煙濃度が当該ばい煙発生施設の排出口において排出基準に適合しないばい煙を排出してはならない。

（以下，略）

⑻　指定ばい煙の排出の制限 (13 条の 2)

　特定工場等に設置されているばい煙発生施設において発生する指定ばい煙に係るばい煙排出者は，当該特定工場等に設置されているすべてのばい煙発生施設の排出口から大気中に排出される当該指定ばい煙の合計量が総量規制基準に適合しない指定ばい煙を排出してはならない。

(以下，略)

⑼　改善命令等 (14 条)

　都道府県知事は，ばい煙排出者が，そのばい煙量又はばい煙濃度が排出口において排出基準に適合しないばい煙を継続して排出するおそれがあると認めるときは，その者に対し，期限を定めて当該ばい煙発生施設の構造若しくは使用の方法若しくは当該ばい煙発生施設に係るばい煙の処理の方法の改善を命じ，又は当該ばい煙発生施設の使用の一時停止を命ずることができる。

(以下，略)

┌ 4 ┐ 損害賠償

⑴　無過失責任 (25 条)

　第 1，工場又は事業場における事業活動に伴う健康被害物質 (ばい煙，特定物質又は粉じんで，生活環境のみに係る被害を生ずるおそれがある物質として【政令で定める】もの以外のものをいう。以下この章において同じ。) の大気中への排出 (飛散を含む。以下この章において同じ。) により，人の生命又は身体を害したときは，当該排出に係る事業者は，これによって生じた損害を賠償する責めに任ずる。

　第 2，一の物質が新たに健康被害物質となった場合には，前項の規定は，その物質が健康被害物質となった日以後の当該物質の排出による損害について適用する。

⑵　損害賠償額のしんしゃく (25 条の 2)

　25 条 1 項に規定する損害が 2 以上の事業者の健康被害物質の大気中への排出により生じ，当該損害賠償の責任について民法 719 条 1 項の規定の適用がある場合において，当該損害の発生に関しその原因となった程度が著しく

小さいと認められる事業者があるときは，裁判所は，その者の損害賠償の額を定めるについて，その事情をしんしゃくすることができる。

(3) 賠償についてのしんしゃく (25条の3)

25条1項に規定する損害の発生に関して，天災その他の不可抗力が競合したときは，裁判所は，損害賠償の責任及び額を定めるについて，これをしんしゃくすることができる。

5 条例による項目の追加・横出し

条例との関係 (32条)

この法律の規定は，地方公共団体が，ばい煙発生施設について，そのばい煙発生施設において発生するばい煙以外の物質の大気中への排出に関し，ばい煙発生施設以外のばい煙を発生し，及び排出する施設について，その施設において発生するばい煙の大気中への排出に関し，揮発性有機化合物排出施設について，その揮発性有機化合物排出施設に係る揮発性有機化合物以外の物質の大気中への排出に関し，揮発性有機化合物排出施設以外の揮発性有機化合物を排出する施設について，その施設に係る揮発性有機化合物の大気中への排出に関し，一般粉じん発生施設以外の一般粉じんを発生し，及び排出し，又は飛散させる施設について，その施設において発生し，又は飛散する一般粉じんの大気中への排出又は飛散に関し，特定粉じん発生施設について，その特定粉じん発生施設において発生し，又は飛散する特定粉じん以外の物質の大気中への排出又は飛散に関し，特定粉じん発生施設以外の特定粉じんを発生し，及び排出し，又は飛散させる施設について，その施設において発生し，又は飛散する特定粉じんの大気中への排出又は飛散に関し，特定粉じん排出等作業について，その作業に伴い発生し，又は飛散する特定粉じん以外の物質の大気中への排出又は飛散に関し，特定粉じん排出等作業以外の建築物等を解体し，改造し，又は補修する作業について，その作業に伴い発生し，又は飛散する特定粉じんの大気中への排出又は飛散に関し，水銀排出施設について，その水銀排出施設に係る水銀等以外の物質の大気中への排出に関し，並びに水銀排出施設以外の水銀等を大気中に排出する施設について，

その施設に係る水銀等の大気中への排出に関し，条例で必要な規制を定めることを妨げるものではない。

◎自動車から排出される窒素酸化物及び粒子状物質の指定地域における総量の削減等に関する特別措置法（自動車NOx・PM法）（1992年制定）

1　制度の概要

本法は，自動車から排出される窒素酸化物及び粒子状物質による大気の汚染の状況にかんがみ，その汚染の防止に関して国，地方公共団体，事業者及び国民の果たすべき責務を明らかにするとともに，その汚染が著しい特定の地域について，自動車から排出される窒素酸化物及び粒子状物質の総量の削減に関する基本方針及び計画を策定し，当該地域内に使用の本拠の位置を有する一定の自動車につき窒素酸化物排出基準及び粒子状物質排出基準を定め，並びに事業活動に伴い自動車から排出される窒素酸化物及び粒子状物質の排出の抑制のための所要の措置を講ずること等により，大気汚染防止法による措置等と相まって，二酸化窒素及び浮遊粒子状物質による大気の汚染に係る環境基準の確保を図り，もって国民の健康を保護するとともに生活環境を保全することを目的とする（1条）。

本法は，自動車排出窒素酸化物等の総量の削減に関する基本方針及び計画（6条〜11条），自動車排出窒素酸化物等の総量の削減に関する特別の措置（窒素酸化物排出自動車等に関する措置（12条〜14条），窒素酸化物重点対策地区等に関する措置（15条〜30条），事業者に関する措置（31条〜43条））などについて定めている。本法に基づく車種規制とは，本法の対象地域，すなわち窒素酸化物対策地域及び粒子状物質対策地域に指定された地域において，トラック，バス等（ディーゼル車，ガソリン車，LPG車）及びディーゼル乗用車に関して特別の窒素酸化物排出基準及び粒子状物質排出基準（「排出基準」）を定め，これに適合する窒素酸化物及び粒子状物質の排出量がより少ない自動車を走行させるための規制をいう。

環境問題に対する産業界の動きは著しく，自動車業界は産業界を牽引して

きた。現在，地球環境問題を考慮した技術革新が進められ，電気自動車（EV），燃料電池自動車（FCV）を中心にゼロエミッション化が進められている。

罰則の規定がある（49条〜52条）。

2　定義（2条）

第1，「自動車」とは，道路運送車両法2条2項に規定する自動車（大型特殊自動車及び小型特殊自動車を除く。）をいう。

第2，「自動車排出窒素酸化物」とは，自動車の運行に伴って発生し，大気中に排出される窒素酸化物をいう。

第3，「自動車排出粒子状物質」とは，自動車の運行に伴って発生し，大気中に排出される粒子状物質をいう。

3　責　務

国及び地方公共団体の責務（3条），事業者の責務（4条），国民の責務（5条）の各規定がある。

4　内　容

国が地域を指定し，窒素酸化物（NOx）と粒子状物質（PM）について，都道府県知事が総量削減基本方針，総量削減基本計画を定める（6条〜9条）。

(1)　窒素酸化物総量削減基本方針（6条）

国は，自動車の交通が集中している地域で，大気汚染防止法3条1項若しくは3項若しくは4条1項の排出基準又は同法5条の2第1項若しくは3項の総量規制基準及び同法19条の規定による措置のみによっては環境基本法16条1項の規定による大気の汚染に係る環境上の条件についての基準（二酸化窒素に係るものに限る。次条2項3号において「二酸化窒素に係る大気環境基準」という。）の確保が困難であると認められる地域として【政令で定める】地域（以下「窒素酸化物対策地域」という。）について，自動車排出窒素酸化物の総量の削減に関する基本方針（以下「窒素酸化物総量削減基本方針」という。）を定めるものとする。

（2項以下，略）

(2)　窒素酸化物総量削減計画 （7条）

　都道府県知事は，窒素酸化物対策地域にあっては，窒素酸化物総量削減基本方針に基づき，当該窒素酸化物対策地域における自動車排出窒素酸化物の総量の削減に関し実施すべき施策に関する計画（以下「窒素酸化物総量削減計画」という。）を定めなければならない。

2　窒素酸化物総量削減計画は，当該窒素酸化物対策地域について，1号に掲げる総量を3号に掲げる総量までに削減させることを目途として，1号に掲げる総量に占める2号に掲げる総量の割合，自動車の交通量及びその見通し，自動車排出窒素酸化物及び自動車以外の窒素酸化物の発生源における窒素酸化物の排出状況の推移等を勘案し，【政令で定める】ところにより，4号及び5号に掲げる事項を定めるものとする。

　①当該窒素酸化物対策地域における事業活動その他の人の活動に伴って発生し，大気中に排出される窒素酸化物の総量

　②当該窒素酸化物対策地域における自動車排出窒素酸化物の総量

　③当該窒素酸化物対策地域における事業活動その他の人の活動に伴って発生し，大気中に排出される窒素酸化物について，二酸化窒素に係る大気環境基準に照らし【環境省令で定める】ところにより算定される総量

　④2号に掲げる総量についての削減目標量（中間目標としての削減目標量を定める場合にあっては，その削減目標量を含む。）

　⑤計画の達成の期間及び方途

（3項以下，略）

(3)　粒子状物質総量削減基本方針 （8条）

　国は，自動車の交通が集中している地域で，大気汚染防止法3条1項若しくは3項若しくは4条1項の排出基準又は同法5条の2第1項若しくは3項の総量規制基準，同法18条の3の基準，同法18条の5の敷地境界基準，同法18条の14の作業基準及び同法19条の規定による措置並びにスパイクタイヤ粉じんの発生の防止に関する法律5条1項の規定による指定のみによっ

ては環境基本法16条1項の規定による大気の汚染に係る環境上の条件についての基準の確保が困難であると認められる地域として【政令で定める】地域について，自動車排出粒子状物質の総量の削減に関する基本方針を定めるものとする。

（2項以下，略）

(4) 粒子状物質総量削減計画 (9条)

第1，都道府県知事は，粒子状物質対策地域にあっては，粒子状物質総量削減基本方針に基づき，当該粒子状物質対策地域における自動車排出粒子状物質の総量の削減に関し実施すべき施策に関する計画（以下「粒子状物質総量削減計画」という。）を定めなければならない。

第2，粒子状物質総量削減計画は，当該粒子状物質対策地域について，1号に掲げる総量を3号に掲げる総量までに削減させることを目途として，1号に掲げる総量に占める2号に掲げる総量の割合，自動車の交通量及びその見通し，自動車排出粒子状物質及び自動車以外の粒子状物質の発生源における粒子状物質の排出状況並びに原因物質（粒子状物質以外の物質で浮遊粒子状物質の生成の原因となるものをいう。1号及び3号において同じ。）の排出状況の推移等を勘案し，【政令で定める】ところにより，4号及び5号に掲げる事項を定めるものとする。

① 当該粒子状物質対策地域における事業活動その他の人の活動に伴って発生し，大気中に排出される粒子状物質及び原因物質の総量（原因物質については，【環境省令で定める】ところにより粒子状物質に換算した総量）

② 当該粒子状物質対策地域における自動車排出粒子状物質の総量

③ 当該粒子状物質対策地域における事業活動その他の人の活動に伴って発生し，大気中に排出される粒子状物質及び原因物質について，浮遊粒子状物質に係る大気環境基準に照らし【環境省令で定める】ところにより算定される総量（原因物質については，【環境省令で定める】ところにより粒子状物質に換算した総量）

④ 2号に掲げる総量についての削減目標量（中間目標としての削減目標量を定める場合にあっては，その削減目標量を含む。）

⑤計画の達成の期間及び方途

（3項，略）

【水質汚濁】
2　水質汚濁防止を目的とする法律・法制度

Q　水質汚濁防止法における規制の特徴は何か。
A　工場及び事業場から公共用水域に排出される水の排出及び地下に浸透する水の浸透を規制する。また，生活排水対策の実施を推進する。こうして国民の健康を保護，生活環境の保全を図る。
　水質汚濁に係る汚染物質の排出により，健康や生活環境に影響が生じ得ることから，これを防止するために特定施設について，事前規制（方法として，立入検査，改善命令，措置命令，罰則など）を行う。
　水質汚濁規制の問題の背景として，19世紀後半～20世紀前半の渡良瀬川流域の足尾銅山鉱毒問題（田中正造の活動が知られている），別子銅山，日立鉱山など，鉱山・鉱害問題がある（これは土壌汚染問題でもある）。立法では，本州製紙江戸川工場の水質汚濁事件（浦安事件）（1958年）を契機に，同年，水質汚濁対策として水質2法（1958年「公共用水域の水質の保全に関する法律」，1958年「工場排水等の規制に関する法律」）が制定され，現行法の水質汚濁防止法につながった。なお，水質2法には規制の仕方などに限界があった（もっとも，前述のように，水俣病関西訴訟最高裁判決において国の不作為の責任を認める根拠となった）。本法は水質2法と異なり，経済調和条項は置かず，1972年改正では無過失損害賠償責任，1978年改正では総量規制の各制度が導入された。

◎水質汚濁防止法（1970年制定）

1　制度の概要

　本法は，工場及び事業場から公共用水域に排出される水の排出及び地下に浸透する水の浸透を規制するとともに，生活排水対策の実施を推進すること等によつて，公共用水域及び地下水の水質の汚濁（水質以外の水の状態が悪化することを含む。）の防止を図り，もつて国民の健康を保護するとともに生活環境を保全し，並びに工場及び事業場から排出される汚水及び廃液に関して人の

健康に係る被害が生じた場合における事業者の損害賠償の責任について定めることにより，被害者の保護を図ることを目的とする（1条）。

　本法は，排出水の排出の規制等（排水基準，総量規制基準など3条～14条の4），生活排水対策の推進（14条の5～14条の11），水質の汚濁の状況の監視等（15条～18条），損害賠償（19条～20条の5）などについて定めている。

　排水規制の対象項目には健康項目と生活環境項目があり，それぞれに排水基準（許容限度）が定められている。いずれも濃度規制である。

　罰則の規定がある（30条～35条）。

② 定義（2条）

　第1，「公共用水域」とは，河川，湖沼，港湾，沿岸海域その他公共の用に供される水域及びこれに接続する公共溝渠，かんがい用水路その他公共の用に供される水路（下水道法2条3号及び4号に規定する公共下水道及び流域下水道であって，同条6号に規定する終末処理場を設置しているもの（その流域下水道に接続する公共下水道を含む。）を除く。）をいう。

　第2，「特定施設」とは，次のいずれかの要件を備える汚水又は廃液を排出する施設で【政令で定める】ものをいう。①カドミウムその他の人の健康に係る被害を生ずるおそれがある物質として【政令で定める】物質（以下「有害物質」という。）を含むこと。②化学的酸素要求量その他の水の汚染状態（熱によるものを含み，前号に規定する物質によるものを除く。）を示す項目として【政令で定める】項目に関し，生活環境に係る被害を生ずるおそれがある程度のものであること。

　第3，「指定地域特定施設」とは，4条の2第1項に規定する指定水域の水質にとって前項2号に規定する程度の汚水又は廃液を排出する施設として【政令で定める】施設で同条1項に規定する指定地域に設置されるものをいう。

　第4，「指定施設」とは，有害物質を貯蔵し，若しくは使用し，又は有害物質及び次項に規定する油以外の物質であって公共用水域に多量に排出されることにより人の健康若しくは生活環境に係る被害を生ずるおそれがある物質として【政令で定める】もの（第14条の22項において「指定物質」という。）を製造し，貯蔵し，使用し，若しくは処理する施設をいう。

第5,「貯油施設等」とは, 重油その他の【政令で定める】油 (以下単に「油」という。) を貯蔵し, 又は油を含む水を処理する施設で【政令で定める】ものをいう。

第6,「排出水」とは, 特定施設 (指定地域特定施設を含む。) を設置する工場又は事業場 (以下「特定事業場」という。) から公共用水域に排出される水をいう。

第7,「汚水等」とは, 特定施設から排出される汚水又は廃液をいう。

第8,「特定地下浸透水」とは, 有害物質を, その施設において製造し, 使用し, 又は処理する特定施設 (指定地域特定施設を除く。以下「有害物質使用特定施設」という。) を設置する特定事業場 (以下「有害物質使用特定事業場」という。) から地下に浸透する水で有害物質使用特定施設に係る汚水等 (これを処理したものを含む。) を含むものをいう。

第9,「生活排水」とは, 炊事, 洗濯, 入浴等人の生活に伴い公共用水域に排出される水 (排出水を除く。) をいう。

3　排水基準など

排水基準 (3条)

第1, 排水基準は, 排出水の汚染状態 (熱によるものを含む。以下同じ。) について, 【環境省令で定める】。

第2, 1項の排水基準は, 有害物質による汚染状態にあっては, 排出水に含まれる有害物質の量について, 有害物質の種類ごとに定める許容限度とし, その他の汚染状態にあっては, 2条2項2号に規定する項目について, 項目ごとに定める許容限度とする。

第3, 都道府県は, 当該都道府県の区域に属する公共用水域のうちに, その自然的, 社会的条件から判断して, 1項の排水基準によっては人の健康を保護し, 又は生活環境を保全することが十分でないと認められる区域があるときは, その区域に排出される排出水の汚染状態について, 【政令で定める】基準に従い, 条例で, 同項の排水基準にかえて適用すべき同項の排水基準で定める許容限度よりきびしい許容限度を定める排水基準を定めることができる。

第4に, 3項の条例においては, あわせて当該区域の範囲を明らかにしな

ければならない。

　第5，都道府県が3項の規定により排水基準を定める場合には，当該都道府県知事は，あらかじめ，環境大臣及び関係都道府県知事に通知しなければならない。

排水基準に関する勧告（4条）

　環境大臣は，公共用水域の水質の汚濁の防止のため特に必要があると認めるときは，都道府県に対し，3条3項の規定により排水基準を定め，又は同項の規定により定められた排水基準を変更すべきことを勧告することができる。

4　汚染負荷量の総量削減

総量削減基本方針（4条の2）

　環境大臣は，人口及び産業の集中等により，生活又は事業活動に伴い排出された水が大量に流入する広域の公共用水域（ほとんど陸岸で囲まれている海域に限る。）であり，かつ，3条1項又は3項の排水基準のみによっては環境基本法16条1項の規定による水質の汚濁に係る環境上の条件についての基準（以下「水質環境基準」という。）の確保が困難であると認められる水域であって，2条2項2号に規定する項目のうち化学的酸素要求量その他の【政令で定める】項目（以下「指定項目」という。）ごとに【政令で定める】もの（以下「指定水域」という。）における指定項目に係る水質の汚濁の防止を図るため，指定水域の水質の汚濁に関係のある地域として指定水域ごとに【政令で定める】地域（以下「指定地域」という。）について，指定項目で表示した汚濁負荷量（以下単に「汚濁負荷量」という。）の総量の削減に関する基本方針（以下「総量削減基本方針」という。）を定めるものとする。

総量削減計画（4条の3）

　都道府県知事は，指定地域にあっては，総量削減基本方針に基づき，前条2項3号の削減目標量を達成するための計画（以下「総量削減計画」という。）を定めなければならない。

総量削減計画の達成の推進 (4条の4)

国及び地方公共団体は，総量削減計画の達成に必要な措置を講ずるように努めるものとする。

総量規制基準 (4条の5)

都道府県知事は，指定地域にあっては，指定地域内の特定事業場で【環境省令で定める】規模以上のもの (以下「指定地域内事業場」という。) から排出される排出水の汚濁負荷量について，総量削減計画に基づき，【環境省令で定める】ところにより，総量規制基準を定めなければならない。

⑤　届出関係

特定施設等の設置の届出 (5条)

工場又は事業場から公共用水域に水を排出する者は，特定施設を設置しようとするときは，【環境省令で定める】ところにより，次の事項 (特定施設が有害物質使用特定施設に該当しない場合又は次項の規定に該当する場合にあっては，5号を除く。) を都道府県知事に届け出なければならない。

①氏名又は名称及び住所並びに法人にあつては，その代表者の氏名
②工場又は事業場の名称及び所在地
③特定施設の種類
④特定施設の構造
⑤特定施設の設備
⑥特定施設の使用の方法
⑦汚水等の処理の方法
⑧排出水の汚染状態及び量 (指定地域内の工場又は事業場に係る場合にあっては，排水系統別の汚染状態及び量を含む。)
⑨その他【環境省令で定める】事項

(以下，略)

6 義 務

(1) 排出水の排出の制限 (12条)

排出水を排出する者は，その汚染状態が当該特定事業場の排水口において排水基準に適合しない排出水を排出してはならない。

（以下，略）

(2) 総量規制基準の遵守義務 (12条の2)

指定地域内事業場の設置者は，当該指定地域内事業場に係る総量規制基準を遵守しなければならない。

(3) 特定地下浸透水の浸透の制限 (12条の3)

有害物質使用特定事業場から水を排出する者（特定地下浸透水を浸透させる者を含む。）は，8条の【環境省令で定める】要件に該当する特定地下浸透水を浸透させてはならない。

(4) 有害物質使用特定施設等に係る構造基準等の遵守義務 (12条の4)

有害物質使用特定施設を設置している者（当該有害物質使用特定施設に係る特定事業場から特定地下浸透水を浸透させる者を除く。）又は有害物質貯蔵指定施設を設置している者は，当該有害物質使用特定施設又は有害物質貯蔵指定施設について，有害物質を含む水の地下への浸透の防止のための構造，設備及び使用の方法に関する基準として【環境省令で定める】基準を遵守しなければならない。

7 改善命令等 (13条)

第1，都道府県知事は，排出水を排出する者が，その汚染状態が当該特定事業場の排水口において排水基準に適合しない排出水を排出するおそれがあると認めるときは，その者に対し，期限を定めて特定施設の構造若しくは使用の方法若しくは汚水等の処理の方法の改善を命じ，又は特定施設の使用若しくは排出水の排出の一時停止を命ずることができる。

（略）

　第2，都道府県知事は，その汚濁負荷量が総量規制基準に適合しない排出水が排出されるおそれがあると認めるときは，当該排出水に係る指定地域内事業場の設置者に対し，期限を定めて，当該指定地域内事業場における汚水又は廃液の処理の方法の改善その他必要な措置を採るべきことを命ずることができる。

（以下，略）

8　指導等（13条の4）

　都道府県知事は，指定地域内事業場から排出水を排出する者以外の者であつて指定地域において公共用水域に汚水，廃液その他の汚濁負荷量の増加の原因となる物を排出するものに対し，総量削減計画を達成するために必要な指導，助言及び勧告をすることができる。

9　損害賠償

(1)　無過失責任（19条）

　第1，工場又は事業場における事業活動に伴う有害物質の汚水又は廃液に含まれた状態での排出又は地下への浸透により，人の生命又は身体を害したときは，当該排出又は地下への浸透に係る事業者は，これによって生じた損害を賠償する責めに任ずる。

　第2，1の物質が新たに有害物質となつた場合には，前項の規定は，その物質が有害物質となつた日以後の当該物質の汚水又は廃液に含まれた状態での排出又は地下への浸透による損害について適用する。

(2)　損害賠償額のしんしゃく（20条）

　19条1項に規定する損害が2以上の事業者の有害物質の汚水又は廃液に含まれた状態での排出又は地下への浸透により生じ，当該損害賠償の責任について民法719条1項の規定の適用がある場合において，当該損害の発生に関しその原因となつた程度が著しく小さいと認められる事業者があるときは，裁判所は，その者の損害賠償の額を定めるについて，その事情をしんしゃくすることができる。

(3)　**賠償についてのしんしゃく**（20条の2）

　19条1項に規定する損害の発生に関して，天災その他の不可抗力が競合したときは，裁判所は，損害賠償の責任及び額を定めるについて，これをしんしゃくすることができる。

10　条例による項目の追加・横出し

条例との関係（29条）

　この法律の規定は，地方公共団体が，次に掲げる事項に関し条例で必要な規制を定めることを妨げるものではない。

　①排出水について，2条2項2号に規定する項目によって示される水の汚染状態以外の水の汚染状態（有害物質によるものを除く。）に関する事項

　②特定地下浸透水について，有害物質による汚染状態以外の水の汚染状態に関する事項

　③特定事業場以外の工場又は事業場から公共用水域に排出される水について，有害物質及び2条2項2号に規定する項目によって示される水の汚染状態に関する事項

　④特定事業場以外の工場又は事業場から地下に浸透する水について，有害物質による水の汚染状態に関する事項

下水道法

　関係する立法として，①下水道の整備を図り，もって都市の健全な発達及び公衆衛生の向上に寄与し，あわせて公共用水域の水質の保全に資することを目的とする下水道法〈1958年〉，②公共用水域等の水質の保全等の観点から浄化槽によるし尿及び雑排水の適正な処理を図り，もって生活環境の保全及び公衆衛生の向上に寄与することを目的とする浄化槽法〈1983年〉などがある。

【土壌汚染】

3　土壌汚染対策を目的とする法律・法制度

Q　土壌汚染防止・対策の法律の背景はどのようなものか。

A　土壌汚染については，1970年に農用地の土壌の汚染防止等に関する法律が制定され，農用地土壌汚染対策地域を指定し対策をしてきた。土壌汚染は公害対策基本法の1970年改正によって典型公害に加えられた。

　土壌汚染対策の問題の背景として，足尾銅山鉱毒事件，イタイイタイ病事件，六価クロム汚染問題（江戸川区，1975年）などを指摘することができる。土壌汚染対策として土壌環境基準（1991年）が設定された。また，2002年に土壌汚染対策法が制定された。

◎農用地の土壌の汚染防止等に関する法律（1970年制定）

　本法は，農用地の重金属類（カドミウム，銅，ひ素など）による汚染問題を解決するため，農用地土壌汚染対策地域を指定し，同地域において客土事業を行うことなどについて定める。これに要する費用は，公害防止事業費事業者負担法に基づき原因事業者にも負担させることができる。

◎土壌汚染対策法（2002年制定）

1　制度の概要

　本法は，市街地等の土壌汚染問題の出現に対応するため，土壌の特定有害物質による汚染の状況の把握に関する措置及びその汚染による人の健康に係る被害の防止に関する措置について定めている（1条参照）。汚染原因者，土地所有者等による過去の汚染の除去等の措置命令等について規定する。

　本法は，市街地の工場跡地等における汚染問題が出現したことを受けて制定された。

　土壌汚染の存在は健康に影響することから，土壌汚染の状況を調査，発見し（3条～5条），区域の指定等を行うことにより（6条～15条），汚染土壌の搬出等に関する規制を行う（16～28条）など，これ以上拡散させないよう事後規制を行う。

　法適用の分担をみると，農用地土壌汚染対策法，水質汚濁防止法，廃棄物処理法，ダイオキシン類対策法が適用されない分野を対象とする。水質汚濁

防止法との関係をみると，特定有害物質による土壌汚染の暴露のうち，①直接暴露と，②地下水経由の暴露のうち水質汚濁防止法の適用がない部分による，健康被害又はそのおそれがある土壌汚染の管理を行うものである。

［2　定義（2条）］

　第1，「特定有害物質」とは，鉛，砒素，トリクロロエチレンその他の物質（放射性物質を除く。）であって，それが土壌に含まれることに起因して人の健康に係る被害を生ずるおそれがあるものとして【政令で定める】ものをいう。

　第2，「土壌汚染状況調査」とは，3条1項，4条2項及び3項本文並びに5条の土壌の特定有害物質による汚染の状況の調査をいう。

［3　土壌汚染状況調査（3条〜5条）］

　土壌汚染状況調査には，3条（使用が廃止された有害物質使用特定施設に係る工場又は事業場の敷地であった土地の調査），4条（土壌汚染のおそれがある土地の形質の変更が行われる場合の調査），5条（土壌汚染による健康被害が生ずるおそれがある土地の調査）がある。

［4　要措置区域の指定等（6条1項）］

　都道府県知事は，土地が次の各号のいずれにも該当すると認める場合には，当該土地の区域を，その土地が特定有害物質によって汚染されており，当該汚染による人の健康に係る被害を防止するため当該汚染の除去，当該汚染の拡散の防止その他の措置（以下「汚染の除去等の措置」という。）を講ずることが必要な区域として指定するものとする。

　　①土壌汚染状況調査の結果，当該土地の土壌の特定有害物質による汚染状態が【環境省令で定める】基準に適合しないこと。

　　②土壌の特定有害物質による汚染により，人の健康に係る被害が生じ，又は生ずるおそれがあるものとして【政令で定める】基準に該当すること。

（以下，略）

5 汚染除去等計画の提出 (7条1項本文)

都道府県知事は，6条第1項の指定をしたときは，環境省令で定めるところにより，当該汚染による人の健康に係る被害を防止するため必要な限度において，要措置区域内の土地の所有者等に対し，当該要措置区域内において講ずべき汚染の除去等の措置及びその理由，当該措置を講ずべき期限その他環境省令で定める事項を示して，汚染除去等計画を作成し，これを都道府県知事に提出すべきことを指示するものとする。

6 汚染除去等計画の作成等に要した費用の請求 (8条)

7条1項本文の規定により都道府県知事から指示を受けた土地の所有者等は，当該土地において実施措置を講じた場合において，当該土地の土壌の特定有害物質による汚染が当該土地の所有者等以外の者の行為によるものであるときは，その行為をした者に対し，当該実施措置に係る汚染除去等計画の作成及び変更並びに当該実施措置に要した費用について，指示措置に係る汚染除去等計画の作成及び変更並びに指示措置に要する費用の額の限度において，請求することができる。ただし，その行為をした者が既に当該指示措置又は当該指示措置に係る7条1項1号に規定する環境省令で定める汚染の除去等の措置（指示措置等）に係る汚染除去等計画の作成及び変更並びに指示措置等に要する費用を負担し，又は負担したものとみなされるときは，この限りでない。

7 要措置区域内における土地の形質の変更の禁止 (9条)

要措置区域内においては，何人も，土地の形質の変更をしてはならない。ただし，次に掲げる行為については，この限りでない。

①7条1項の規定により都道府県知事から指示を受けた者が指示措置等として行う行為

②通常の管理行為，軽易な行為その他の行為であって，【環境省令で定める】もの

③非常災害のために必要な応急措置として行う行為

【調停から裁判に至った事例】
川崎市土壌汚染国家賠償請求事件（川崎市）
東京地判平 24・1・16 判自 357 号 70 頁
（債務不存在確認本訴請求事件，損害賠償反訴請求事件，本訴請求却下・反訴請求棄却・
控訴）

　鉄道事業等を含む被告会社（反訴原告。以下「被告」という。）は，A から購入した
各土地（別紙（本書では略）物件目録記載の土地。以下，これらの土地を併せて「本
件土地」という。）に土壌汚染があったことについて，これは，原告川崎市（反訴被告。
以下「原告」という。）が，昭和 43 年 10 月から昭和 45 年 9 月ころまでの間に焼却灰
や耐久消費財などの廃棄物を同土地に搬入して埋め立てたことが原因であり，原告は，
遅くとも平成 16 年 8 月 25 日までに公務員の職務上の法的義務として同土地の土壌汚
染を除去すべき義務を負ったのにこの義務の履行を怠っていたなどと主張して，平成
17 年 8 月 16 日，原告を相手に，本件土壌汚染にかかる不法行為に基づき，合計 52 億
1,639 万 8250 円の支払を求めて公害等調査委員会（以下「公調委」という。）に責任
裁定を申請したところ，同委員会は平成 20 年 5 月 7 日，原告に 48 億 843 万 8459 円の
損害賠償の支払を命ずる裁定をした。これに対して原告は，同裁定と同一の内容の合
意が成立したものとみなされるとの公害紛争処理法 42 条の 20 の効果の発生を妨げる
ために，被告に対し，同裁定に関し，本件土地にかかる国賠法上の損害賠償債務が存
在しないことの確認を求め（本訴事件），他方，被告は，原告による不作為の不法行為
などを理由として，原告に対し，国賠法 1 条 1 項に基づく損害賠償請求として，48 億
1297 万 7750 円及びその遅延損害金の支払を求めた（反訴事件）。
　本判決は，原告（反訴被告）の本訴請求を却下し，被告（反訴原告）の反訴請求を
いずれも棄却した。
　裁判所の結論を要約すると，第 1 に，電鉄会社が購入した土地に土壌汚染が存在し
た場合に，市によってなされた焼却灰及び耐久消費財の搬入等が原因であるとして求
めた国家賠償請求訴訟について，市の先行行為に基づく作為義務（結果回避義務）違
反を理由とする不法行為責任を否定した。第 2 に，市長が土壌汚染対策法（以下，「土
対法」という。）7 条 3 項に基づいて自ら指示措置を講ずる権限を有することを理由に，
市が法令上の作為義務（結果回避義務）を負ったとの主張が認められないとした。第
3 に，市の行為が土対法 7 条 1 項ただし書にいう土壌汚染の原因行為であるとは認め
られないとした。第 4 に，土対法 8 条 1 項に基づく求償権侵害の主張に対し，第 3 の
理由のほかに，同条項は，民法の不法行為の特則ではなく，土対法の定める手続を経
た場合において措置命令によって生ずる負担を汚染原因者に求償できることを定めた
特別規定であるとして，措置命令を経ずに土壌汚染対策に関する工事をした電鉄会社
に対する求償権侵害は認められないとした。
　本判決は反訴請求について，土対法 7 条 3 項に関して原告が被告に対し本件土壌汚
染対策工事をすべき作為義務を負ったことを基礎づけるに足る事由は認められないと

◎出典　環境省──土壌汚染対策法の概要

┌─ 目　的 ─────────────────────────────────────
　土壌汚染の状況の把握に関する措置及びその汚染による人の健康被害の防止に関する措置を定めること
等により、土壌汚染対策の実施を図り、もって国民の健康を保護する。

┌─ 制　度 ─────────────────────────────────────

　┌─ 調　査 ───────────────────────────

　①有害物質使用特定施設の使用を廃止し
　　たとき（第3条）
　●操業を続ける場合には、一時的に調査
　　の免除を受けることも可能（第3条第
　　1項ただし書）
　●一時的に調査の免除を受けた土地で、
　　900m²以上の土地の形質の変更を行う
　　際には届出を行い、都道府県知事の命
　　令を受けて土壌汚染状況調査を行うこ
　　と（第3条第7項・第8項）

　②一定規模以上の土地の形質の変更の届出の際に、
　　土壌汚染のおそれがあると都道府県知事が認める
　　とき（第4条）
　●3,000m²以上の土地の形質の変更又は現に有害物
　　質使用特定施設が設置されている土地では900m²
　　以上の土地の形質の変更を行う場合に届出を行う
　　こと
　●土地の所有者等の全員の同意を得て、上記の届出
　　の前に調査を行い、届出の際に併せて当該調査結
　　果を提出することも可能（第4条第2項）

　③土壌汚染により健康被害が生ずるおそ
　　れがあると都道府県知事が認めるとき
　　（第5条）

　④自主調査において土壌汚染が判明した場合に土地
　　の所有者等が都道府県知事に区域の指定を申請で
　　きる（第14条）

　①～③においては、土地の所有者等が指定調査機関に調査を行わせ、結果を都道府県知事に報告

　　　　　　　土壌の汚染状態が指定基準を超過した場合

　┌─ 区域の指定等 ───────────────────────

　○要措置区域（第6条）
　汚染の摂取経路があり、健康被害が生ずるおそれ
　があるため、汚染の除去等の措置が必要な区域
　●土地の所有者等は、都道府県知事の指示に係る
　　汚染除去等計画を作成し、確認を受けた汚染除
　　去等計画に従った汚染の除去等の措置を実施し、
　　報告を行うこと（第7条）
　●土地の形質の変更の原則禁止（第9条）

　○形質変更時要届出区域（第11条）
　汚染の摂取経路がなく、健康被害が生ずるお
　それがないため、汚染の除去等の措置が不要
　な区域（摂取経路の遮断が行われた区域を含
　む）
　●土地の形質の変更をしようとする者は、都
　　道府県知事に届出を行うこと（第12条）

　　　　汚染の除去が行われた場合には、区域の指定を解除

　┌─ 汚染土壌の搬出等に関する規制 ──────────────
　○要措置区域及び形質変更時要届出区域内の土壌の搬出の規制（第16条、第17条）
　　（事前届出、計画の変更命令、運搬基準の遵守）
　○汚染土壌に係る管理票の交付及び保存の義務（第20条）
　○汚染土壌の処理業の許可制度（第22条）

　┌─ その他 ─────────────────────────
　○指定調査機関の信頼性の向上（指定の更新、技術管理者※の設置等）（第32条、第33条）
　○土壌汚染対策基金による助成（汚染原因者が不明・不存在で、費用負担能力が低い場合の汚染の
　　除去等の措置への助成）（第45条）
　（※）指定調査機関は技術管理者を置く必要があり、この者の指導・監督の下、調査を実施する。技術管理者は
　　　国家試験に合格し一定の実務経験を有する必要があり、資格更新のため更新講習を修了することが必要

した。真相ということでは，本件は約40年も前の出来事を問題にしており，十分な証拠が得られなかった事情が窺える。また，予備的請求については，土対法8条1項に基づく求償権侵害の有無について，同規定は民法の不法行為の特則か，土対法における特別規定かが問われた。本判決は，土対法8条1項は民法の不法行為の特則ではなく，土対法の定める手続を経た場合に措置命令によって生ずる負担を汚染原因者に求償できることを定めた特別規定であるという。すなわち，土対法の措置命令に基づくことが求償権の要件となり，被告が自主的に行った対策は求償権の要件を充たさないとした。また，所有権に基づく妨害排除請求については，本件廃棄物が本件土地に埋め立てられることによって同土地の構成部分となったと解したが，物権法の解釈論として異論があり得る（深津功二「土壌汚染と不作為の不法行為，妨害排除請求権──東京地裁平成24年1月16日判決」NBL971号7頁（2012年），小賀野晶一「川崎市土壌汚染国家賠償請求事件」判自370号110頁以下（2013年）参照）。

◎水循環基本法

2014年制定。本法は，前文のほか，総則（1条～12条），水循環基本計画（13条），基本的施策（14条～21条），水循環政策本部（22条～31条），附則について定めている。

1 前 文

水は生命の源であり，絶えず地球上を循環し，大気，土壌等の他の環境の自然的構成要素と相互に作用しながら，人を含む多様な生態系に多大な恩恵を与え続けてきた。また，水は循環する過程において，人の生活に潤いを与え，産業や文化の発展に重要な役割を果たしてきた。

特に，我が国は，国土の多くが森林で覆われていること等により水循環の恩恵を大いに享受し，長い歴史を経て，豊かな社会と独自の文化を作り上げることができた。

しかるに，近年，都市部への人口の集中，産業構造の変化，地球温暖化に伴う気候変動等の様々な要因が水循環に変化を生じさせ，それに伴い，渇水，洪水，水質汚濁，生態系への影響等様々な問題が顕著となってきている。

このような現状に鑑み，水が人類共通の財産であることを再認識し，水が健全に循環し，そのもたらす恵沢を将来にわたり享受できるよう，健全な水

循環を維持し，又は回復するための施策を包括的に推進していくことが不可欠である。

　ここに，水循環に関する施策について，その基本理念を明らかにするとともに，これを総合的かつ一体的に推進するため，この法律を制定する。

［ 2 ］ 目的（1条）

　この法律は，水循環に関する施策について，基本理念を定め，国，地方公共団体，事業者及び国民の責務を明らかにし，並びに水循環に関する基本的な計画の策定その他水循環に関する施策の基本となる事項を定めるとともに，水循環政策本部を設置することにより，水循環に関する施策を総合的かつ一体的に推進し，もって健全な水循環を維持し，又は回復させ，我が国の経済社会の健全な発展及び国民生活の安定向上に寄与することを目的とする。

［ 3 ］ 定義（2条）

　この法律において「水循環」とは，水が，蒸発，降下，流下又は浸透により，海域等に至る過程で，地表水又は地下水として河川の流域を中心に循環することをいう。

　この法律において「健全な水循環」とは，人の活動及び環境保全に果たす水の機能が適切に保たれた状態での水循環をいう。

【騒音】
4　騒音規制を目的とする法律・法制度

　Q　騒音規制法における規制の特徴は何か。
　A　本法の規制の対象は，第1に，工場・事業場における事業活動や建設工事に伴って発生する相当範囲にわたる騒音であり，第2に，自動車騒音である。

◎騒音規制法（1968 年制定）

1　制度の概要

　本法は，工場及び事業場における事業活動並びに建設工事に伴って発生する相当範囲にわたる騒音について必要な規制を行なうとともに，自動車騒音に係る許容限度を定めること等により，生活環境を保全し，国民の健康の保護に資することを目的とする（1 条）。

　制度は，地域の指定（3 条），特定工場等に関する規制（規制基準の設定など 4条〜13 条），特定建設作業に関する規制（14 条・15 条），自動車騒音に係る許容限度等（16 条〜19 条の 2）について定めている。

　罰則の規定がある（29 条〜33 条）。

2　定義（2条）

　第 1，「特定施設」とは，工場又は事業場に設置される施設のうち，著しい騒音を発生する施設であって【政令で定める】ものをいう。

　第 2，「規制基準」とは，特定施設を設置する工場又は事業場（以下「特定工場等」という。）において発生する騒音の特定工場等の敷地の境界線における大きさの許容限度をいう。

　第 3，「特定建設作業」とは，建設工事として行なわれる作業のうち，著しい騒音を発生する作業であって【政令で定める】ものをいう。

　第 4，「自動車騒音」とは，自動車（道路運送車両法 2 条 2 項に規定する自動車であつて【環境省令で定める】もの及び同条 3 項に規定する原動機付自転車をいう。）の運行に伴い発生する騒音をいう。

関連する立法

　本法と関連する立法として，「公共用飛行場周辺における航空機騒音による障害の防止等に関する法律」（1967 年）が制定されており，公共用飛行場の周辺における航空機の騒音により生ずる障害の防止，航空機の離着陸のひん繁な実施により生ずる損失の補償その他必要な措置について定めることにより，関係住民の生活の安定及び福祉の向上に寄与することを目的としている。

【振動】

5　振動規制を目的とする法律・法制度

> Q　振動規制法における規制の特徴は何か。
> A　本法の規制の対象は，第 1 に，工場・事業場における事業活動や建設工事に伴って発生する相当範囲にわたる振動であり，第 2 に，道路交通振動である。

◎振動規制法（1976 年制定）

1　制度の概要

　本法は，工場及び事業場における事業活動並びに建設工事に伴って発生する相当範囲にわたる振動について必要な規制を行うとともに，道路交通振動に係る要請の措置を定めること等により，生活環境を保全し，国民の健康の保護に資することを目的とする（1 条）。

　制度は，地域の指定（3 条），特定工場等に関する規制（規制基準の設定など 4 条～13 条），特定建設作業に関する規制（14 条・15 条），道路交通振動に係る要請（16 条）について定めている。

　罰則の規定がある（24 条～28 条）。

2　定義（2 条）

　第 1，「特定施設」とは，工場又は事業場に設置される施設のうち，著しい振動を発生する施設であつて【政令で定める】ものをいう。

　第 2，「規制基準」とは，特定施設を設置する工場又は事業場（以下「特定工場等」という。）において発生する振動の特定工場等の敷地の境界線における大きさの許容限度をいう。

　第 3，「特定建設作業」とは，建設工事として行われる作業のうち，著しい振動を発生する作業であって【政令で定める】ものをいう。

　第 4，「道路交通振動」とは，自動車（道路運送車両法 2 条 2 項に規定する自動車及び同条 3 項に規定する原動機付自転車をいう。）が道路を通行することに伴い発生する振動をいう。

【地盤沈下】

6 地盤沈下防止を目的とする法律・法制度

Q 地盤沈下防止を目的とする法制度はどのようになっているか。
A 地盤沈下防止については，工業用水法と「建築物用地下水の採取の規制に関する法律」の２つの法律に基づいて，一定の規制が行われている。

◎工業用水法（1956 年制定）

1 制度の概要

本法は，特定の地域について，工業用水の合理的な供給を確保するとともに，地下水の水源の保全を図り，もってその地域における工業の健全な発達と地盤の沈下の防止に資することを目的とする（1条）。

本法は，井戸について定め（3条～14条），罰則の規定がある（28条～30条）。

2 定義（2条）

第1,「井戸」とは，動力を用いて地下水（温泉法による温泉を除く。）を採取するための施設であって，揚水機の吐出口の断面積（吐出口が2以上あるときは，その断面積の合計。）が6平方センチメートルをこえるもの（河川法が適用され，又は準用される河川の河川区域内のものを除く。）をいう。

第2,「工業」とは，製造業（物品の加工修理業を含む。），電気供給業，ガス供給業及び熱供給業をいう。

◎建築物用地下水の採取の規制に関する法律（1962 年制定）

1 制度の概要

本法は，特定の地域内において建築物用地下水の採取について地盤の沈下の防止のため必要な規制を行なうことにより，国民の生命及び財産の保護を図り，もって公共の福祉に寄与することを目的とする（1条）。

本法は，建築物用地下水の採取の規制について定め（3条～10条），罰則の規

定がある（17 条〜19 条）。

2　定義（2条）

第 1,「建築物用地下水」とは，冷房設備，水洗便所その他【政令で定める】設備の用に供する地下水（温泉法による温泉及び工業用水法 2 条 2 項に規定する工業の用に供するものを除く。）をいう。

第 2,「揚水設備」とは，動力を用いて地下水を採取するための設備で，揚水機の吐出口の断面積（吐出口が 2 以上あるときは，その断面積の合計。）が 6 平方センチメートルをこえるもの（河川法が適用され，又は準用される河川の河川区域内のものを除く。）をいう。

【悪臭】
7　悪臭防止を目的とする法律・法制度

◎悪臭防止法（1971 年制定）

Q　悪臭防止法の特色はどこにあるか。
A　本法は，工場・事業場における事業活動に伴って発生する悪臭に対する規制を行うにあたり，人間の嗅覚を参考にしている。

1　制度の概要

本法は，工場その他の事業場における事業活動に伴つて発生する悪臭について必要な規制を行い，その他悪臭防止対策を推進することにより，生活環境を保全し，国民の健康の保護に資することを目的とする（1 条）。

本法は，規制等（規制地域，規制基準など 3 条〜13 条），悪臭防止対策の推進（14 条〜19 条）などについて定めている。

罰則の規定がある（24 条〜30 条）。

2 定義 (2条)

第1,「特定悪臭物質」とは，アンモニア，メチルメルカプタンその他の不快なにおいの原因となり，生活環境を損なうおそれのある物質であって【政令で定める】ものをいう。

第2,「臭気指数」とは，気体又は水に係る悪臭の程度に関する値であつて，【環境省令で定める】ところにより，人間の嗅覚でその臭気を感知することができなくなるまで気体又は水の希釈をした場合におけるその希釈の倍数を基礎として算定されるものをいう。

3 悪臭防止対策の推進と責務

国民の責務 (14条)，国及び地方公共団体の責務 (17条) がある。

第4 典型7公害以外の規制等

以下，典型7公害以外の環境問題に関する法律・法制度について，8〜13の各項目のもとに概観する。

【化学物質】

8 化学物質審査を目的とする法律・法制度，化学物質管理を目的とする法律・法制度，ダイオキシン類対策を目的とする法律・法制度，水銀環境汚染防止を目的とする法律・法制度

Q 化管法とはどのような法律か。化審法とどこが違うか。
A 化管法は，事業者が，その工場・事業場における対象化学物質について，環境中（大気，水質，土壌）への排出量や，廃棄物としての場外への移動量，保有量を自ら把握し，その結果を行政に報告し，公表する制度である。他方，化審法は，化学物質による環境の汚染を防止するため，新規の化学物質の製造又は輸入に際し事前にその化学物質の性状に関して審査し，化学物質の製造，輸入，使用等について必要な規制を行うものである。
　化学物質規制・管理の問題の背景として，1950年代の化学工場からの工場排水と汚染，健康被害の発生（水俣病，イタイイタイ病等の発生の顕在化），1968

年カネミ油症事件（PCB 混入食用油汚染による健康被害が発生），1970 年代の有機化学物質（トリクロロエチレン等）による地下水汚染，1984 年インドボパール事件（化学工場の爆発），などがある。また，アスベスト（石綿）による被害は深刻であり（裁判では泉南アスベスト事件最判平 26・10・9 判時 2241 号 13 頁，判タ 1408 号 44 頁，最判平 26・10・9 民集 68 巻 8 号 799 頁，判時 2241 号 3 頁，判タ 1408 号 32 頁など），大気汚染防止法，2006 年「石綿による健康被害の救済に関する法律」のほか，労災補償制度などによって対応している。ダイオキシン等内分泌攪乱化学物質（環境ホルモン）等による環境汚染や，揮発性有機化合物（VOC）によるシックハウス症候群が問題になることがある。

　海外では，1996 年 OECD（経済協力開発機構）ガイドマニュアル作成，OECD の理事会勧告，EU 化学物質規制への対応（REACH 等）などの動きが注目されている。

　1962 年に出版されたレイチェル・カーソンの名著『沈黙の春』は化学物質の負の要素に対する警鐘を鳴らし続けている。

◎化学物質の審査及び製造等の規制に関する法律（化学物質審査法＜化審法＞）（1973 年制定）

1　制度の概要

　この法律は，人の健康を損なうおそれ又は動植物の生息若しくは生育に支障を及ぼすおそれがある化学物質による環境の汚染を防止するため，新規の化学物質の製造又は輸入に際し事前にその化学物質の性状に関して審査する制度を設けるとともに，その有する性状等に応じ，化学物質の製造，輸入，使用等について必要な規制を行うことを目的とする（1 条）。

　化学物質を類型化し，それぞれの規制，措置について定めている。すなわち，新規化学物質に関する審査及び規制（3 条〜7 条），一般化学物質等に関する措置（8 条・8 条の 2），優先評価化学物質に関する措置（9 条〜12 条），第 1 種特定化学物質に関する規制等（監視化学物質に関する措置（13 条〜16 条），第 1 種特定化学物質に関する規制（17 条〜34 条），第 2 種特定化学物質に関する規制（35 条〜37 条）などについて定めている。

　罰則の規定がある（57 条〜63 条）。

本法に関係する法律として，農薬について登録の制度を設け，販売及び使用の規制等を行なう農薬取締法（1948年），毒物及び劇物について保健衛生上の見地から必要な取締を行う「毒物及び劇物取締法」（1950年）などがある。

2 定義（2条）

第1，「化学物質」とは，元素又は化合物に化学反応を起こさせることにより得られる化合物（放射性物質及び次に掲げる物を除く。）をいう。

①毒物及び劇物取締法2条3項に規定する特定毒物

②覚せい剤取締法2条1項に規定する覚せい剤及び同条5項に規定する覚せい剤原料

③麻薬及び向精神薬取締法2条1号に規定する麻薬

第2，「第1種特定化学物質」とは，次の各号のいずれかに該当する化学物質で【政令で定める】ものをいう。

①イ及びロに該当するものであること。

　イ　自然的作用による化学的変化を生じにくいものであり，かつ，生物の体内に蓄積されやすいものであること。

　ロ　次のいずれかに該当するものであること。

　　⑴継続的に摂取される場合には，人の健康を損なうおそれがあるものであること。

　　⑵継続的に摂取される場合には，高次捕食動物（生活環境動植物（その生息又は生育に支障を生ずる場合には，人の生活環境の保全上支障を生ずるおそれがある動植物をいう。）に該当する動物のうち，食物連鎖を通じてイに該当する化学物質を最もその体内に蓄積しやすい状況にあるものをいう。）の生息又は生育に支障を及ぼすおそれがあるものであること。

②当該化学物質が自然的作用による化学的変化を生じやすいものである場合には，自然的作用による化学的変化により生成する化学物質（元素を含む。）が前号イ及びロに該当するものであること。

第3，「第2種特定化学物質」とは，次の各号のいずれかに該当し，かつ，その有する性状及びその製造，輸入，使用等の状況からみて相当広範な地域の環境において当該化学物質が相当程度残留しているか，又は近くその状況

に至ることが確実であると見込まれることにより，人の健康に係る被害又は
生活環境動植物の生息若しくは生育に係る被害を生ずるおそれがあると認め
られる化学物質で【政令で定める】ものをいう。

①イ又はロのいずれかに該当するものであること。

イ　継続的に摂取される場合には人の健康を損なうおそれがあるもの
（前項1号に該当するものを除く。）であること。

ロ　当該化学物質が自然的作用による化学的変化を生じやすいもので
ある場合には，自然的作用による化学的変化により生成する化学
物質（元素を含む。）がイに該当するもの（自然的作用による化学的変化
を生じにくいものに限る。）であること。

②イ又はロのいずれかに該当するものであること。

イ　継続的に摂取され，又はこれにさらされる場合には生活環境動植
物の生息又は生育に支障を及ぼすおそれがあるもの（前項1号に該
当するものを除く。）であること。

ロ　当該化学物質が自然的作用による化学的変化を生じやすいもので
ある場合には，自然的作用による化学的変化により生成する化学
物質（元素を含む。）がイに該当するもの（自然的作用による化学的変化
を生じにくいものに限る。）であること。

第4，「監視化学物質」とは，次の各号のいずれかに該当する化学物質（新規
化学物質を除く。）で厚生労働大臣，経済産業大臣及び環境大臣が指定するもの
をいう。

①2項1号イに該当するものであり，かつ，同号ロに該当するかどうか
明らかでないものであること。

②当該化学物質が自然的作用による化学的変化を生じやすいものである
場合には，自然的作用による化学的変化により生成する化学物質（元
素を含む。）が前号に該当するものであること。

第5，「優先評価化学物質」とは，その化学物質に関して得られている知見
からみて，当該化学物質が3項各号のいずれにも該当しないことが明らかで
あると認められず，かつ，その知見及びその製造，輸入等の状況からみて，
当該化学物質が環境において相当程度残留しているか，又はその状況に至る

見込みがあると認められる化学物質であって，当該化学物質による環境の汚染により人の健康に係る被害又は生活環境動植物の生息若しくは生育に係る被害を生ずるおそれがないと認められないものであるため，その性状に関する情報を収集し，及びその使用等の状況を把握することにより，そのおそれがあるものであるかどうかについての評価を優先的に行う必要があると認められる化学物質として厚生労働大臣，経済産業大臣及び環境大臣が指定するものをいう。

　第6，「新規化学物質」とは，次に掲げる化学物質以外の化学物質をいう。

　　①4条4項（5条9項において読み替えて準用する場合及び7条2項において準用する場合を含む。）の規定により厚生労働大臣，経済産業大臣及び環境大臣が公示した化学物質

　　②第1種特定化学物質

　　③第2種特定化学物質

　　④優先評価化学物質（11条（2号ニに係る部分に限る。）の規定により指定を取り消されたものを含む。）

　　⑤附則2条4項の規定により通商産業大臣が公示した同条1項に規定する既存化学物質名簿に記載されている化学物質（前各号に掲げるものを除く。）

　　⑥附則4条の規定により厚生労働大臣，経済産業大臣及び環境大臣が公示した同条に規定する表に記載されている化学物質（前各号に掲げるものを除く。）

　第7，「一般化学物質」とは，次に掲げる化学物質（優先評価化学物質，監視化学物質，第1種特定化学物質及び第2種特定化学物質を除く。）をいう。

　　①前項1号，5号又は6号に掲げる化学物質

　　②11条（2号ニに係る部分に限る。）の規定により優先評価化学物質の指定を取り消された化学物質

　第8，厚生労働大臣，経済産業大臣及び環境大臣は，4項又は5項の規定により一の化学物質を監視化学物質又は優先評価化学物質として指定したときは，遅滞なく，その名称を公示しなければならない。

◎特定化学物質の環境への排出量の把握等及び管理の改善の促進に関する法律（PRTR法，Pollutant Release and Transfer Register）（化学物質排出把握管理促進法＜化管法＞）（1999年制定）

1　制度の概要

本法は，特定の化学物資の環境への排出量等の把握に関する措置並びに事業者による特定の化学物質の性状及び取扱いに関する情報の提供に関する措置等を講ずることにより，事業者による化学物質の自主的な管理の改善を促進し，環境の保全上の支障を未然に防止することを目的とする（1条）。

本法は，第1種指定化学物質の排出量等の把握等（5条〜13条），指定化学物質等取扱事業者による情報の提供等（14条〜16条）について定めている。

罰則の規定がある（24条）。

2　定義（2条）

第1，「化学物質」とは，元素及び化合物（それぞれ放射性物質を除く。）をいう。

第2，「第1種指定化学物質」とは，次の各号のいずれかに該当し，かつ，その有する物理的化学的性状，その製造，輸入，使用又は生成の状況等からみて，相当広範な地域の環境において当該化学物質が継続して存すると認められる化学物質で【政令で定める】ものをいう。

①当該化学物質が人の健康を損なうおそれ又は動植物の生息若しくは生育に支障を及ぼすおそれがあるものであること。

②当該化学物質が前号に該当しない場合には，当該化学物質の自然的作用による化学的変化により容易に生成する化学物質が同号に該当するものであること。

③当該化学物質がオゾン層を破壊し，太陽紫外放射の地表に到達する量を増加させることにより人の健康を損なうおそれがあるものであること。

第3，「第2種指定化学物質」とは，前項各号のいずれかに該当し，かつ，その有する物理的化学的性状からみて，その製造量，輸入量又は使用量の増

加等により，相当広範な地域の環境において当該化学物質が継続して存することとなることが見込まれる化学物質（第1種指定化学物質を除く。）で【政令で定める】ものをいう。

第4，前2項の政令は，環境の保全に係る化学物質の管理についての国際的動向，化学物質に関する科学的知見，化学物質の製造，使用その他の取扱いに関する状況等を踏まえ，化学物質による環境の汚染により生ずる人の健康に係る被害並びに動植物の生息及び生育への支障が未然に防止されることとなるよう十分配慮して定めるものとする。

第5，「第1種指定化学物質等取扱事業者」とは，次の各号のいずれかに該当する事業者のうち，【政令で定める】業種に属する事業を営むものであって当該事業者による第1種指定化学物質の取扱量等を勘案して【政令で定める】要件に該当するものをいう。

①第1種指定化学物質の製造の事業を営む者，業として第1種指定化学物質又は第1種指定化学物質を含有する製品であって【政令で定める】要件に該当するもの（以下「第1種指定化学物質等」という。）を使用する者その他業として第1種指定化学物質等を取り扱う者

②前号に掲げる者以外の者であって，事業活動に伴って付随的に第1種指定化学物質を生成させ，又は排出することが見込まれる者

第6，「指定化学物質等取扱事業者」とは，前項各号のいずれかに該当する事業者及び第2種指定化学物質の製造の事業を営む者，業として第2種指定化学物質又は第2種指定化学物質を含有する製品であって【政令で定める】要件に該当するもの（以下「第2種指定化学物質等」という。）を使用する者その他業として第2種指定化学物質等を取り扱う者をいう。

［3　責　務］

事業者の責務（4条）の規定がある。

［4　PRTR制度（第1種指定化学物質の排出量の把握）（第2章）］

人の健康や生態系に有害なおそれがある化学物質について，①環境中への排出量及び廃棄物に含まれての移動量を，事業者自ら把握して行政庁に報告

し，②行政庁は事業者からの届出や統計資料等を用いた推計に基づいて排出量・移動量を集計・公表する仕組みをいう。

　化学物質に対する考え方は，化審法では有害化学物質に対する規制に重点が置かれたが，化管法では情報的方法が採用され（大塚 BASIC80 頁），未然防止・予防原則の考え方のもとに，企業の自主的取組み，情報提供の方法が導入された。これを規範としてみると，情報に対する国民のアクセス権が保障され，環境政策に対する参画（市民参加）を可能にしたと評価されている。

　国際的には，オーフス条約（「環境に関する，情報へのアクセス，意思決定における市民参画，司法へのアクセス条約（The UNECE Convention on Access to Information, Public Participation in Decision-making and Access to Justice in Environmental Matters）」）が，国連欧州経済委員会「第 4 回欧州のための汎欧州環境閣僚会議」（1998 年 6 月，デンマークのオーフス市で開催）において採択された（2001 年 10 月 30 日発効）。イギリス，フランス，EU，ベルギー，デンマークなどが批准している。

環境問題とリスク

　環境政策において未然防止・予防原則を進めるためには，環境影響に関するリスクを科学的に評価し（リスクアセスメント），リスクマネジメント（リスク管理）を行うことが必要である。ここでは，国，地方公共団体，事業者，消費者，国民などが環境情報を共有し，共通の目的のもとに行動することが必要であり，これを環境法におけるリスクコミュニケーションという。

5　指定化学物質等取扱事業者による情報の提供等（第 3 章）

　SDS（Safety Data Sheet。安全データシート）を利用し，有害性のおそれのある化学物質及びそれを含有する製品を他の事業者に譲渡，提供する際に，化学物質等の性状及び取扱いに関する情報の提供を義務づける制度をいう。主として契約における権利・義務として位置づけることができる。

◎出典　環境省・経済産業省
　「日本では，環境省が平成 9 年から一部の地域でパイロット事業を実施してきまし

た。また，産業界でも，経済産業省の支援を受けつつ，自主的な排出量の調査等の取り組みが進められてきました。

　こういった経験を踏まえ，経済産業省と環境省は PRTR 制度を盛り込んだ法律案を作りました。国会での審議の結果，

　「特定化学物質の環境への排出量の把握等及び管理の改善の促進に関する法律」（化学物質排出把握管理促進法，化管法）が，平成 11 年 7 月に公布，平成 12 年 3 月に施行されました。平成 13 年度以降，事業者による排出量等の把握・届出がなされており，平成 24 年 3 月にはその集計結果と届出外排出量の推計結果をあわせて公表しました（法施行後 10 回目）。

・法律の目的

　化学物質排出把握管理促進法は，有害性のおそれのある様々な化学物質の環境への排出量を把握することなどにより，化学物質を取り扱う事業者の自主的な化学物質の管理の改善を促進し，化学物質による環境の保全上の支障が生ずることを未然に防止することを目的として制定されました。

・制度の概要

①PRTR の対象となる化学物質

　この法律は，人の健康や生態系に有害なおそれがある等の性状を有する化学物質を対象としています。具体的には，有害性についての国際的な評価や物質の生産量などを踏まえ，環境中に広く存在すると認められる「第 1 種指定化学物質」として 462 物質，第 1 種ほどは存在していないと見込まれる「第 2 種指定化学物質」として 100 物質が政令で指定されています。

　＊PRTR の対象は，第 1 種指定化学物質とそれを含む製品です。

　＊平成 20 年 11 月の化管法施行令（政令）の改正により第 1 種指定化学物質は 354 から 462 物質，第 2 種指定化学物質は 81 から 100 物質となりました。

②PRTR の対象となる事業者

　PRTR の対象となる化学物質を製造したり，原材料として使用しているなど，対象化学物質を取り扱う事業者や，環境へ排出することが見込まれる事業者のうち，一定の業種や要件に該当するものが対象となり，対象化学物質の環境への排出量と廃棄物に含まれて事業所の外に移動する量との届出が義務付けられています。業種や要件（対象化学物質の取扱量や常用雇用者数など）は，対象化学物質と同様，政令で指定されています。

③事業者による化学物質の管理の改善の促進

　事業者は，国が定める技術的な指針（化学物質管理指針）に留意しつつ，化学物質の管理を改善・強化します。また，その環境への排出や管理の状況などについて関係者によく理解してもらえるよう努めます。

④PRTR による排出量などのデータの届出，集計，公表

　⑴対象事業者は，対象化学物質の環境への排出量と廃棄物に含まれての移動量とを

事業所ごとに把握（国が手法を示します）し，都道府県を経由して，国に届け出ます。（ただし，秘密情報にあたると考える物質についての情報は国に直接届け出ます。秘密情報であるか否かは審査基準に基づき国で判断されます。）

　⑵国は，届け出されたデータを，秘密情報を保護しながら，コンピュータ処理が可能なように電子ファイル化し，物質別，業種別，地域別などに集計し，公表します。

　⑶国は，家庭，農地，自動車などからの排出量を推計して集計し，⑵の結果と併せて公表します。

　⑷国は，請求があれば，電子ファイル化された個別事業所ごとの情報を開示します。また，経済産業省と環境省のホームページ上での公表も併せて行っています。(11ページ参照)

　⑸電子ファイル化された情報は，国から都道府県に提供されます。都道府県は地域のニーズに応じて，独自に集計，公表することができます。

⑤国による調査の実施

　国は，PRTRの集計結果などを踏まえて，環境モニタリング調査や，人の健康や生態系への影響についての調査を行います。」

安全データシート（SDS：Safety Data Sheet）

　「化学物質の管理をきちんとしていくためには，事業者が自分の取り扱っている化学物質やそれを含む製品に関して，その性状，取扱い方法を知っておく必要があります。安全データシート（SDS）とは，事業者が化学物質や製品を他の事業者に譲渡・提供する際に，その相手方に対して，その化学物質に関する情報を提供するためのものです。化学物質排出把握管理促進法では，【政令で定める】第1種指定化学物質，第2種指定化学物質及びこれらを含む製品について，このSDSを提供することが義務化されています。」

◎ダイオキシン類対策特別措置法（1999年制定）

1　制度の概要

　本法は，ダイオキシン類が人の生命及び健康に重大な影響を与えるおそれがある物質であることにかんがみ，ダイオキシン類による環境の汚染の防止及びその除去等をするため，ダイオキシン類に関する施策の基本とすべき基準を定めるとともに，必要な規制，汚染土壌に係る措置等を定めることにより，国民の健康の保護を図ることを目的とする（1条）。

　本法は，ダイオキシン類に関する施策の基本とすべき基準（環境基準など6

条・7条），ダイオキシン類の排出の規制等（ダイオキシン類に係る排出ガス及び排出水に関する規制（排出基準，総量規制基準など8条〜23条），廃棄物焼却炉に係るばいじん等の処理等（24条・25条）），ダイオキシン類による汚染の状況に関する調査等（26条〜28条），ダイオキシン類により汚染された土壌に係る措置（29条〜32条），ダイオキシン類の排出の削減のための国の計画（33条）などについて定めている。

罰則の規定がある（44条〜49条）。

［2］責　務

国及び地方公共団体の責務（3条），事業者の責務（4条），国民の責務（5条）の各規定がある。

◎水銀による環境の汚染の防止に関する法律（水銀環境汚染防止法）（2015年制定）

［1］制度の概要

本法は，水銀が，環境中を循環しつつ残留し，及び生物の体内に蓄積する特性を有し，かつ，人の健康及び生活環境に係る被害を生ずるおそれがある物質であることに鑑み，国際的に協力して水銀による環境の汚染を防止するため，水銀に関する水俣条約（以下「条約」という。）の的確かつ円滑な実施を確保するための水銀鉱の掘採，水銀使用製品の製造等，特定の製造工程における水銀等（水銀及びその化合物をいう）の使用，水銀等を使用する方法による金の採取，特定の水銀等の貯蔵及び水銀含有再生資源の管理の規制に関する措置その他必要な措置を講ずることにより，廃棄物の処理及び清掃に関する法律（以下「廃棄物処理法」という）その他の水銀等に関する規制について規定する法律と相まって，水銀等の環境への排出を抑制し，もって人の健康の保護及び生活環境の保全に資することを目的とする。

［2］定義（2条）

第1，「水銀使用製品」とは，水銀等が使用されている製品をいい，「特定水

銀使用製品」とは，水銀使用製品のうちその製造に係る規制を行うことが特に必要なものとして【政令で定める】ものをいう。

　第2，「水銀含有再生資源」とは，水銀等又はこれらを含有する物（環境の汚染を防止するための措置をとることが必要なものとして【主務省令で定める】要件に該当するものに限る。）であって，有害廃棄物の国境を越える移動及びその処分の規制に関するバーゼル条約附属書ⅣBに掲げる処分作業がされ，又はその処分作業が意図されているもの（廃棄物処理法2条1項に規定する廃棄物並びに放射性物質及びこれによって汚染された物を除く）のうち有用なものをいう。

［3　責　務］

　国の責務（16条），市町村の責務（17条），事業者の責務（18条）の各規定がある。

参考文献

　松村弓彦編著『環境ビジネスリスク──環境法からのアプローチ』（産業環境管理協会，2009年）

【廃棄物】
9　廃棄物処理を目的とする法律・法制度

　Q　私たちの日常生活のごみや企業（工場・事業場）のごみが，毎日大量に発生しており，「ごみ問題」が出現している。「ごみ問題」に対して，廃棄物に関する法規制はどのようになっているか。その特徴はどのようなものか。

　A　ごみは，法規制のうえでは広義に捉えられ，一般廃棄物と産業廃棄物に分かれる。一般廃棄物は市町村における処理，産業廃棄物については事業者の「自ら処理」を原則とする。事業系一般廃棄物も自らの責任で適正に処理する義務がある（廃棄物処理法3条1項）が，一般廃棄物として処理責任は市町村が負っており，原因者負担原則を貫徹していないとする批判が強い。

　廃棄物問題の背景として，高度経済成長期を契機に進んだ大量生産，大量消費，大量廃棄によって，ごみ問題が出現，深刻化したことがある。廃棄物処理法の前身，旧清掃法（1954年）による対応では限界があったため，これを全面的に改正した。その後，1980年代以降の産業廃棄物の不法投棄（豊島産廃問題等）

などに対応して数次にわたり法改正が行われ，規制が強化された。なお，環境省の統計によると，不法投棄（新規判明分）は，2000年度までは全国で年40万トン前後で推移してきたが，近年は年3万～6万トン程度で推移した（大規模不法投棄を除く）。

　本法と本章後掲10でとりあげるリサイクル諸法は，物の循環に関する法であり，「循環法」あるいは「循環管理法」として整理されている。そこで概観するように，廃棄物処理法に基づく廃棄物の適正処分は，循環システムの最後に位置づけられるものである。

◎廃棄物の処理及び清掃に関する法律（廃棄物処理法，廃掃法）
（1970年制定）

１　制度の概要

　本法は，廃棄物の排出を抑制し，及び廃棄物の適正な分別，保管，収集，運搬，再生，処分等の処理をし，並びに生活環境を清潔にすることにより，生活環境の保全及び公衆衛生の向上を図ることを目的とする（1条）。排出の抑制，再生は，1991年改正によって導入された。

　本法はまず，一般廃棄物について定め，次に，産業廃棄物について定めている。

　一般廃棄物については，一般廃棄物の処理（6条～6条の3），一般廃棄物処理業（7条～7条の5），一般廃棄物処理施設（8条～9条の7），一般廃棄物の処理に係る特例（9条の8～9条の10），一般廃棄物の輸出（10条）について定めている。

　産業廃棄物については，産業廃棄物の処理（11条～13条），産業廃棄物処理業（14条～14条の3の3），特別管理産業廃棄物処理業（14条の4～14条の7），産業廃棄物処理施設（15条～15条の4），産業廃棄物の処理に係る特例（15条の4の2～15条の4の4），産業廃棄物の輸入及び輸出（15条の4の5～15条の4の7），廃棄物処理センター（15条の5～15条の16），廃棄物が地下にある土地の形質の変更（15条の17～15条の19）などについて定めている。

　罰則の規定がある（25条～34条）。

2 定義 (2条)

第1,「廃棄物」とは, ごみ, 粗大ごみ, 燃え殻, 汚泥, ふん尿, 廃油, 廃酸, 廃アルカリ, 動物の死体その他の汚物又は不要物であって, 固形状又は液状のもの (放射性物質及びこれによって汚染された物を除く。) をいう。

第2,「一般廃棄物」とは, 産業廃棄物以外の廃棄物をいう。

第3,「特別管理一般廃棄物」とは, 一般廃棄物のうち, 爆発性, 毒性, 感染性その他の人の健康又は生活環境に係る被害を生ずるおそれがある性状を有するものとして【政令で定める】ものをいう。

第4,「産業廃棄物」とは, 次に掲げる廃棄物をいう。

①事業活動に伴って生じた廃棄物のうち, 燃え殻, 汚泥, 廃油, 廃酸, 廃アルカリ, 廃プラスチック類その他【政令で定める】廃棄物

②輸入された廃棄物 (前号に掲げる廃棄物, 船舶及び航空機の航行に伴い生ずる廃棄物【政令で定める】ものに限る。15条の4の5第1項において「航行廃棄物」という。) 並びに本邦に入国する者が携帯する廃棄物 (【政令で定める】ものに限る。同項において「携帯廃棄物」という。) を除く。)

第5,「特別管理産業廃棄物」とは, 産業廃棄物のうち, 爆発性, 毒性, 感染性その他の人の健康又は生活環境に係る被害を生ずるおそれがある性状を有するものとして【政令で定める】ものをいう。

第6,「電子情報処理組織」とは, 13条の21項に規定する情報処理センターの使用に係る電子計算機 (入出力装置を含む。) と, 12条の31項に規定する事業者, 同条3項に規定する運搬受託者及び同条4項に規定する処分受託者の使用に係る入出力装置とを電気通信回線で接続した電子情報処理組織をいう。

3 責 務

国民の責務 (2条の3), 事業者の責務 (3条), 国及び地方公共団体の責務 (4条) の各規定がある。

4 産業廃棄物管理票 (マニフェスト) (12条の3)

第1, その事業活動に伴い産業廃棄物を生ずる事業者 (中間処理業者を含む。) は, その産業廃棄物 (中間処理産業廃棄物を含む) の運搬又は処分を他人に委託

する場合には，【環境省令で定める】ところにより，当該委託に係る産業廃棄物の引渡しと同時に当該産業廃棄物の運搬を受託した者（当該委託が産業廃棄物の処分のみに係るものである場合にあっては，その処分を受託した者）に対し，当該委託に係る産業廃棄物の種類及び数量，運搬又は処分を受託した者の氏名又は名称その他【環境省令で定める】事項を記載した産業廃棄物管理票（以下単に「管理票」という。）を交付しなければならない。

第2，前項の規定により管理票を交付した者（以下「管理票交付者」という。）は，当該管理票の写しを当該交付をした日から【環境省令で定める】期間保存しなければならない。

第3，産業廃棄物の運搬を受託した者（以下「運搬受託者」という。）は，当該運搬を終了したときは，1項の規定により交付された管理票に【環境省令で定める】事項を記載し，【環境省令で定める】期間内に，管理票交付者に当該管理票の写しを送付しなければならない。この場合において，当該産業廃棄物について処分を委託された者があるときは，当該処分を委託された者に管理票を回付しなければならない。

第4，産業廃棄物の処分を受託した者（以下「処分受託者」という。）は，当該処分を終了したときは，1項の規定により交付された管理票又は前項後段の規定により回付された管理票に【環境省令で定める】事項（当該処分が最終処分である場合にあっては，当該【環境省令で定める】事項及び最終処分が終了した旨）を記載し，【環境省令で定める】期間内に，当該処分を委託した管理票交付者に当該管理票の写しを送付しなければならない。この場合において，当該管理票が同項後段の規定により回付されたものであるときは，当該回付をした者にも当該管理票の写しを送付しなければならない。

（以下，略）

◎**出典　公益財団法人　日本産業廃棄物処理振興センター（JWセンター）**
　──産廃知識　マニフェスト制度

「マニフェスト制度は，産業廃棄物の委託処理における排出事業者責任の明確化と，不法投棄の未然防止を目的として実施されています。産業廃棄物は，排出事業者が自らの責任で適正に処理することになっています。その処

理を他人に委託する場合には，産業廃棄物の名称，運搬業者名，処分業者名，取扱い上の注意事項などを記載したマニフェスト（産業廃棄物管理票）を交付して，産業廃棄物と一緒に流通させることにより，産業廃棄物に関する正確な情報を伝えるとともに，委託した産業廃棄物が適正に処理されていることを把握する必要があります。

(1) 法的位置付け

マニフェスト制度は，厚生省（現環境省）の行政指導で平成2年に始まりました。その後，平成5年4月には，産業廃棄物のうち，爆発性，毒性，感染性，その他の人の健康や生活環境に被害を生じるおそれのある特別管理産業廃棄物の処理を他人に委託する場合に，マニフェストの使用が義務付けられました。

平成10年12月からはマニフェストの適用範囲がすべての産業廃棄物に拡大されるとともに，従来の複写式伝票（以下，「紙マニフェスト」という）に加えて，電子情報を活用する電子マニフェスト制度（以下，「電子マニフェスト」という）が導入されました。これにより，排出事業者は紙マニフェストまたは電子マニフェストを使用することになりました。

さらに，平成13年4月には，産業廃棄物に関する排出事業者責任の強化が行われ，マニフェスト制度についても，中間処理を行った後の最終処分の確認が義務付けられました。

(2) 排出事業者の処理終了確認

排出事業者（中間処理業者が排出事業者となる場合も含む）は，マニフェストの交付後90日以内（特別管理産業廃棄物の場合は60日以内）に，委託した産業廃棄物の中間処理（中間処理を経由せず直接最終処分される場合も含む）が終了したことを，マニフェストで確認する必要があります。また，中間処理を経由して最終処分される場合は，マニフェスト交付後180日以内に，最終処分が終了したことを確認する必要があります。

排出事業者は，上記の期限を過ぎても処理業者からのマニフェストによる処理終了報告がない場合には，委託した産業廃棄物の処理状況を把握した上で適切な措置を講ずるとともに，その旨を都道府県等に報告する必要があります。

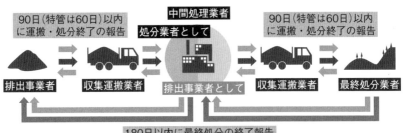

■➡ 廃棄物の流れ
➡ マニフェストの流れ
➡ 最終処分された事を確認するマニフェストの流れ

⑶　電子マニフェスト制度

　電子マニフェスト制度は，マニフェスト情報を電子化して，排出事業者，収集運搬業者，処分業者の３者が情報処理センターを介したネットワークでやり取りする仕組みです。

　法第13条の２の規定に基づき，公益財団法人日本産業廃棄物処理振興センターが全国で１つの「情報処理センター」として指定され，電子マニフェストの運営を行っています。

　電子マニフェストを利用する場合には，排出事業者と委託先の収集運搬業者，処分業者の３者の加入が必要ですが，関係者間における情報管理の合理化によって，「事務処理の効率化」，「データの透明性」の確保，「法令の遵守」の徹底等を図ることができます。」

⟮ 5 ⟯　生活環境影響調査（15条3項）

　本法15条は，産業廃棄物処理施設（廃プラスチック類処理施設，産業廃棄物の最終処分場その他の産業廃棄物の処理施設で【政令で定める】ものをいう。以下同じ。）を設置しようとする者は，当該産業廃棄物処理施設を設置しようとする地を管轄する都道府県知事の許可を受けなければならない（1項）とし，許可を受けようとする者は，【環境省令で定める】ところにより，次に掲げる事項を記載した申請書を提出しなければならないとする（2項）。

　　①氏名又は名称及び住所並びに法人にあっては，その代表者の氏名

②産業廃棄物処理施設の設置の場所

③産業廃棄物処理施設の種類

④産業廃棄物処理施設において処理する産業廃棄物の種類

⑤産業廃棄物処理施設の処理能力（産業廃棄物の最終処分場である場合にあつ
　ては，産業廃棄物の埋立処分の用に供される場所の面積及び埋立容量）

⑥産業廃棄物処理施設の位置，構造等の設置に関する計画

⑦産業廃棄物処理施設の維持管理に関する計画

⑧産業廃棄物の最終処分場である場合にあつては，災害防止のための計
　画

⑨その他【環境省令で定める】事項

　そして，3項では，「前項の申請書には，【環境省令で定める】ところにより，当該産業廃棄物処理施設を設置することが周辺地域の生活環境に及ぼす影響についての調査の結果を記載した書類を添付しなければならない。ただし，当該申請書に記載した同項2号から7号までに掲げる事項が，過去になされた1項の許可に係る当該事項と同一である場合その他の【環境省令で定める】場合は，この限りでない。」と定めている。

　本条によって導入された生活環境影響調査は，環境影響評価法に基づく環境アセスメントのミニ版ということで「ミニアセス」と呼ばれている。

6　不法投棄，不適正処理 （16条，25条1項14号，32条1号）

　本法は，投棄禁止を定め，何人もみだりに廃棄物を捨ててはならないとする（16条）。そして，16条の規定に違反して廃棄物を捨てた者は，5年以下の懲役若しくは千万円以下の罰金に処し，又はこれを併科する（25条14号）とし，法人の代表者又は法人若しくは人の代理人，使用人その他の従業者が，その法人又は人の業務に関し，違反行為をしたときは，行為者を罰するほか，その法人に対して罰金刑を，その人に対して罰金刑を科するとし，3億円以下の罰金刑を掲げる。

廃棄物処分場

　産業廃棄物最終処分場には，それぞれの能力に応じて安定型（施行令7条14号ロ），管理型（施行令7条14号ハ），遮断型（施行令7条14号イ）があり（安定型以外は投入できる廃棄物の種類と関連），それぞれそこに埋め立てることができる廃棄物が定められている。

　安定型最終処分場には，有害物質や有機物等が付着しておらず，雨水等にさらされてもほとんど変化しない安定型産業廃棄物（廃プラスチック類，ゴムくず，金属くず，ガラスくず・コンクリートくず・陶磁器くず，がれき類のいわゆる安定5品目およびこれらに準ずるものとして環境大臣が指定した品目（施行令6条1項3号イ(1)〜(6)）が埋立処分される（施行令第7条第14号ロ），その他の物を投入することはできない（公益財団法人「日本産業廃棄物処理振興センター」の資料を参照）。

条　約

　廃棄物の移動に関する条約としては，「有害廃棄物の国境を超える移動及びその処分の規制に関するバーゼル条約」（バーゼル条約）がある（同条約は，例えば，鉛蓄電池，廃油，医療廃棄物などのほか水銀については使用後の水銀・水銀を含む製品を規制するなどしている。現在，ペットボトルなど廃プラスチックによる海の汚染が問題になっているが，第14回締約国会議（2019年4月〜5月）では規制対象物質として「汚れたプラスチックごみ」を追加した）。本条約の国内法として「特定有害廃棄物等の輸出入等の規制に関する法律」（1992年）が制定され，有害廃棄物の国境を越える移動及びその処分の規制に関するバーゼル条約等の的確かつ円滑な実施を確保するため，特定有害廃棄物等の輸出，輸入，運搬及び処分の規制に関する措置を講じ，もって人の健康の保護及び生活環境の保全に資することを目的としている。

廃棄物とは──「不要物」の判断，おから事件

刑事事件　最判平11・3・10決定刑集53巻3号339頁
（廃棄物の処理及び清掃に関する法律違反被告事件，上告棄却）

　無許可でおからを処分した業者の行為が廃棄物処理法違反に当たるとして有罪とした事案。

「所論にかんがみ，おからが廃棄物の処理及び清掃に関する法律（平成四年法律第105号による改正前のもの）2条4項にいう「産業廃棄物」に該当するか否か

につき，職権により判断する。

　右の産業廃棄物について定めた廃棄物の処理及び清掃に関する法律施行令（平成 5 年政令第 385 号による改正前のもの）2 条 4 号にいう「不要物」とは，自ら利用し又は他人に有償で譲渡することができないために事業者にとって不要になった物をいい，これに該当するか否かは，その物の性状，排出の状況，通常の取扱い形態，取引価値の有無及び事業者の意思等を総合的に勘案して決するのが相当である。そして，原判決によれば，おからは，豆腐製造業者によって大量に排出されているが，非常に腐敗しやすく，本件当時，食用などとして有償で取り引きされて利用されるわずかな量を除き，大部分は，無償で牧畜業者等に引き渡され，あるいは，有料で廃棄物処理業者にその処理が委託されており，被告人は，豆腐製造業者から収集，運搬して処分していた本件おからについて処理料金を徴していたというのであるから，本件おからが同号にいう「不要物」に当たり，前記法律 2 条 4 項にいう「産業廃棄物」に該当するとした原判断は，正当である。」

　なお，別事件（木くず事件）で，無許可で木くずを引き取って処分した業者の行為につき，廃棄物処理法違反が問題となった刑事事件において水戸地判平 16・1・26（判例集未搭載）は，「木くず」を分別，選別した後は有用物になるとして無罪とした。おから事件とは逆の結論になった。

廃棄物の不法投棄と不法行為責任

東京高判平 15・5・29 判自 266 号 58 頁
（損害賠償請求控訴事件，原判決取消・認容・上告・上告受理申立て，原審水戸地判平 14・8・6 判自 266 号 61 頁）

　本判決は，被控訴人 K 社は実質上，被控訴人 A のワンマン会社であり，本件廃棄物の投棄・埋設に関する被控訴人 K 社の作業については，A が会社の当時の代表者として行ったことが認められるとして民法 709 条の責任を認め，また，被控訴人 K 社に商法 261 条 3 項，78 条 2 項，民法 44 条 1 項（「法人の不法行為能力」旧規定――小賀野）の不法行為責任を認めた。さらに，被控訴人 B 及び同 C に被控訴人 K 社の取締役として，被控訴人 K 社及び被控訴人 A の上記の違法な行為を未然に防止し，あるいは違法な行為を継続しないように監視すべき注意義務があるとして，商法 266 条の 3 第 1 項により不法行為責任を認めた（小賀野晶一「廃棄物の不法投棄に関する損害賠償請求控訴事件（茨城県）」判自 274 号 43 頁以下（2006 年）参照）。

参考文献

　田中勝『新・廃棄物学入門』（中央法規，2005 年）

　佐藤泉『廃棄物処理法重点整理　弁護士の視点からみる定義・区分と排出事業者』
（オフィス TM，2012 年）

【資源の循環】

10　広義のリサイクルに関する法律・法制度

Q　物の循環，あるいは広義のリサイクルにおいて主張される 3R の考え方とは，どのようなものか。

A　3R とは，循環型社会形成推進基本法などが規律する物の循環の優先順位をいい，①発生抑制（reduce リデュース），②再使用（reuse リユース），③再生使用（recicle リサイクル）をいう。これに④熱回収，⑤適正処分が続く（5条〜7条）。本法における循環資源は物の有用性に注目し，物のうち有用なものを循環させることを目的とする。以上のように，リサイクルは広義には①〜④又は⑤を指し，狭義には 3R の第 3 順位のリサイクルをいう。なお，循環資源か廃棄物かの判別は実務上は難しい場合がある（前掲「おから事件」「木くず事件」参照）。

◎循環型社会形成推進基本法（2000 年制定）

1　制度の概要

　本法は，環境基本法の基本理念にのっとり，循環型社会の形成について，基本原則を定め，並びに国，地方公共団体，事業者及び国民の責務を明らかにするとともに，循環型社会形成推進基本計画の策定その他循環型社会の形成に関する施策の基本となる事項を定めることにより，循環型社会の形成に関する施策を総合的かつ計画的に推進し，もって現在及び将来の国民の健康で文化的な生活の確保に寄与することを目的とする（1条）。

　本法は，循環型社会形成推進基本計画（15条・16条），循環型社会の形成に関する基本的施策（国の施策（17条〜31条），地方公共団体の施策（32条））について定めている。

　罰則の規定はない。

2　定義（2条）

第1，「循環型社会」とは，製品等が廃棄物等となることが抑制され，並びに製品等が循環資源となった場合においてはこれについて適正に循環的な利用が行われることが促進され，及び循環的な利用が行われない循環資源については適正な処分（廃棄物（ごみ，粗大ごみ，燃え殻，汚泥，ふん尿，廃油，廃酸，廃アルカリ，動物の死体その他の汚物又は不要物であって，固形状又は液状のものをいう。）としての処分をいう。）が確保され，もって天然資源の消費を抑制し，環境への負荷ができる限り低減される社会をいう。

第2，「廃棄物等」とは，次に掲げる物をいう。

①廃棄物

②一度使用され，若しくは使用されずに収集され，若しくは廃棄された物品（現に使用されているものを除く。）又は製品の製造，加工，修理若しくは販売，エネルギーの供給，土木建築に関する工事，農畜産物の生産その他の人の活動に伴い副次的に得られた物品（前号に掲げる物を除く。）

第3，「循環資源」とは，廃棄物等のうち有用なものをいう。

第4，「循環的な利用」とは，再使用，再生利用及び熱回収をいう。

第5，「再使用」とは，次に掲げる行為をいう。

①循環資源を製品としてそのまま使用すること（修理を行ってこれを使用することを含む。）。

②循環資源の全部又は一部を部品その他製品の一部として使用すること。

第6，「再生利用」とは，循環資源の全部又は一部を原材料として利用することをいう。

第7，「熱回収」とは，循環資源の全部又は一部であって，燃焼の用に供することができるもの又はその可能性のあるものを熱を得ることに利用することをいう。

第8，「環境への負荷」とは，環境基本法2条1項に規定する環境への負荷をいう。

［3　責　務］

　国の責務（9条），地方公共団体の責務（10条），事業者の責務（11条），国民
の責務（12条）の各規定がある。

［4　拡大生産者責任］

　生産者はその生産活動について責任を負っているが，本法はかかる責任の
範囲を拡大し，生産者は自ら生産する製品等について使用され廃棄物となっ
た後まで一定の責任を負うという「拡大生産者責任」の基本原則を確立した
（11条2項～4項，18条3項）。3Rに関する拡大生産者責任は環境基本法8条の
規定を背景にし（大塚BASIC58頁），事業者の責務に位置づけられる。本法の
拡大生産者責任の考え方は容器包装リサイクル法など個別立法において具体
化している（後掲ライフコーポレーション事件参照）。

　◎出典　環境省──循環型社会形成推進基本法の概要
「1．形成すべき「循環型社会」の姿を明確に提示
　「循環型社会」とは，①廃棄物等の発生抑制，②循環資源の循環的な利用及び③適正
な処分が確保されることによって，天然資源の消費を抑制し，環境への負荷ができる
限り低減される社会
　2．法の対象となる廃棄物等のうち有用なものを「循環資源」と定義
　　法の対象となる物を有価・無価を問わず「廃棄物等」とし，廃棄物等のうち有用な
ものを「循環資源」と位置づけ，その循環的な利用を促進
　3．処理の「優先順位」を初めて法定化
　　①発生抑制，②再使用，③再生利用，④熱回収，⑤適正処分との優先順位
　4．国，地方公共団体，事業者及び国民の役割分担を明確化
　　循環型社会の形成に向け，国，地方公共団体，事業者及び国民が全体で取り組んで
いくため，これらの主体の責務を明確にする。特に，
　　①事業者・国民の「排出者責任」を明確化
　　②生産者が，自ら生産する製品等について使用され廃棄物となった後まで一定の責
　　　任を負う「拡大生産者責任」の一般原則を確立
　5．政府が「循環型社会形成推進基本計画」を策定
　　循環型社会の形成を総合的・計画的に進めるため，政府は「循環型社会形成推進基
本計画」を次のような仕組みで策定
　　①原案は，中央環境審議会が意見を述べる指針に即して，環境大臣が策定
　　②計画の策定に当たっては，中央環境審議会の意見を聴取

③計画は，政府一丸となった取組を確保するため，関係大臣と協議し，閣議決定により策定
④計画の閣議決定があったときは，これを国会に報告
⑤計画の策定期限，5年ごとの見直しを明記
⑥国の他の計画は，循環型社会形成推進基本計画を基本とする。
6．循環型社会の形成のための国の施策を明示
①廃棄物等の発生抑制のための措置
②「排出者責任」の徹底のための規制等の措置
③「拡大生産者責任」を踏まえた措置（製品等の引取り・循環的な利用の実施，製品等に関する事前評価）
④再生品の使用の促進
⑤環境の保全上の支障が生じる場合，原因事業者にその原状回復等の費用を負担させる措置」

◎資源の有効な利用の促進に関する法律（資源有効利用促進法）──リサイクル法の一般法（1991年制定）

1 制度の概要

本法は，主要な資源の大部分を輸入に依存している我が国において，近年の国民経済の発展に伴い，資源が大量に使用されていることにより，使用済物品等及び副産物が大量に発生し，その相当部分が廃棄されており，かつ，再生資源及び再生部品の相当部分が利用されずに廃棄されている状況にかんがみ，資源の有効な利用の確保を図るとともに，廃棄物の発生の抑制及び環境の保全に資するため，使用済物品等及び副産物の発生の抑制並びに再生資源及び再生部品の利用の促進に関する所要の措置を講ずることとし，もって国民経済の健全な発展に寄与することを目的とする（1条）。

本法は，基本方針等（3条～9条），特定省資源業種（10条～14条），特定再利用業種（15条～17条），指定省資源化製品（18条～20条），指定再利用促進製品（21条～23条），指定表示製品（24条・25条），指定再資源化製品（26条～33条），指定副産物（34条～36条）などについて定めている。

罰則の規定（42条～44条）がある。

2　定義（2条）

第1，「使用済物品等」とは，一度使用され，又は使用されずに収集され，若しくは廃棄された物品（放射性物質及びこれによって汚染された物を除く。）をいう。

第2，「副産物」とは，製品の製造，加工，修理若しくは販売，エネルギーの供給又は土木建築に関する工事（以下「建設工事」という。）に伴い副次的に得られた物品（放射性物質及びこれによって汚染された物を除く。）をいう。

第3，「副産物の発生抑制等」とは，製品の製造又は加工に使用する原材料，部品その他の物品（エネルギーの使用の合理化等に関する法律2条2項に規定する燃料を除く。以下「原材料等」という。）の使用の合理化により当該原材料等の使用に係る副産物の発生の抑制を行うこと及び当該原材料等の使用に係る副産物の全部又は一部を再生資源として利用することを促進することをいう。

第4，「再生資源」とは，使用済物品等又は副産物のうち有用なものであって，原材料として利用することができるもの又はその可能性のあるものをいう。

第5，「再生部品」とは，使用済物品等のうち有用なものであって，部品その他製品の一部として利用することができるもの又はその可能性のあるものをいう。

第6，「再資源化」とは，使用済物品等のうち有用なものの全部又は一部を再生資源又は再生部品として利用することができる状態にすることをいう。

第7，「特定省資源業種」とは，副産物の発生抑制等が技術的及び経済的に可能であり，かつ，副産物の発生抑制等を行うことが当該原材料等に係る資源及び当該副産物に係る再生資源の有効な利用を図る上で特に必要なものとして【政令で定める】原材料等の種類及びその使用に係る副産物の種類ごとに【政令で定める】業種をいう。

第8，「特定再利用業種」とは，再生資源又は再生部品を利用することが技術的及び経済的に可能であり，かつ，これらを利用することが当該再生資源又は再生部品の有効な利用を図る上で特に必要なものとして【政令で定める】再生資源又は再生部品の種類ごとに【政令で定める】業種をいう。

第9，「指定省資源化製品」とは，製品であって，それに係る原材料等の使

用の合理化，その長期間の使用の促進その他の当該製品に係る使用済物品等の発生の抑制を促進することが当該製品に係る原材料等に係る資源の有効な利用を図る上で特に必要なものとして【政令で定める】ものをいう。

　第10，「指定再利用促進製品」とは，それが一度使用され，又は使用されずに収集され，若しくは廃棄された後その全部又は一部を再生資源又は再生部品として利用することを促進することが当該再生資源又は再生部品の有効な利用を図る上で特に必要なものとして【政令で定める】製品をいう。

　第11，「指定表示製品」とは，それが一度使用され，又は使用されずに収集され，若しくは廃棄された後その全部又は一部を再生資源として利用することを目的として分別回収（類似の物品と分別して回収することをいう）をするための表示をすることが当該再生資源の有効な利用を図る上で特に必要なものとして【政令で定める】製品をいう。

　第12，「指定再資源化製品」とは，製品（他の製品の部品として使用される製品を含む。）であって，それが一度使用され，又は使用されずに収集され，若しくは廃棄された後それを当該製品（他の製品の部品として使用される製品にあっては，当該製品又は当該他の製品）の製造，加工，修理若しくは販売の事業を行う者が自主回収（自ら回収し，又は他の者に委託して回収することをいう）をすることが経済的に可能であって，その自主回収がされたものの全部又は一部の再資源化をすることが技術的及び経済的に可能であり，かつ，その再資源化をすることが当該再生資源又は再生部品の有効な利用を図る上で特に必要なものとして【政令で定める】ものをいう。

　第13，この法律において「指定副産物」とは，エネルギーの供給又は建設工事に係る副産物であって，その全部又は一部を再生資源として利用することを促進することが当該再生資源の有効な利用を図る上で特に必要なものとして【政令で定める】業種ごとに【政令で定める】ものをいう。

３　特定省資源業種 (10条以下)

　特定省資源事業者の判断の基準となるべき事項として，主務大臣は，特定省資源業種に係る原材料等の使用の合理化による副産物の発生の抑制及び当該副産物に係る再生資源の利用を促進するため，主務省令で，副産物の発生

抑制等のために必要な計画的に取り組むべき措置その他の措置に関し，工場又は事業場において特定省資源業種に属する事業を行う者（「特定省資源事業者」）の判断の基準となるべき事項を定めるものとし，判断の基準となるべき事項は，当該特定省資源業種に係る原材料等の使用の合理化による副産物の発生の抑制の状況，原材料等の使用の合理化による副産物の発生の抑制に関する技術水準その他の事情及び当該副産物に係る再生資源の利用の状況，再生資源の利用の促進に関する技術水準その他の事情を勘案して定めるものとし，これらの事情の変動に応じて必要な改定をするものとするとしている（10条1項，2項）。

［3 責 務］
事業者等の責務（4条），消費者の責務（5条）の各規定がある。

◎個別リサイクル法

個別リサイクル法として，以下の法律が制定されている。
①容器包装リサイクル法（容器包装に係る分別収集及び再商品化の促進等に関する法律）（1995年）
②食品リサイクル法（食品循環資源の再生利用等の促進に関する法律）（2000年）
③家電リサイクル法（特定家庭用機器再商品化法）（1998年→2001年施行）
④自動車リサイクル法（使用済自動車の再資源化等に関する法律）（2002年）（3品目：フロン類，エアーバッグ類，シュレッダーダスト）
⑤建設資材リサイクル法（建設工事に係る資材の再資源化等に関する法律）（2000年）（産業廃棄物）
⑥グリーン購入法（国等による環境物品等の調達の推進等に関する法律）（2000年）
⑦小型家電リサイクル法（使用済小型電子機器等の再資源化の促進に関する法律）（2013年施行）

◎容器包装に係る分別収集及び再商品化の促進等に関する法律（容器包装リサイクル法，容リ法）（1995年制定）

1　制度の概要

本法は，容器包装廃棄物の排出の抑制並びにその分別収集及びこれにより得られた分別基準適合物の再商品化を促進するための措置を講ずること等により，一般廃棄物の減量及び再生資源の十分な利用等を通じて，廃棄物の適正な処理及び資源の有効な利用の確保を図り，もって生活環境の保全及び国民経済の健全な発展に寄与することを目的とする（1条）。

本法は，基本方針等（3条～6条），再商品化計画（7条），排出の抑制（7条の2～7条の7），分別収集（8条～10条の2），再商品化の実施（11条～20条），指定法人（21条～32条）などについて定めている。

罰則の規定がある（46条～49条）。

2　定義（2条）

第1,「容器包装」とは，商品の容器及び包装（商品の容器及び包装自体が有償である場合を含む。）であって，当該商品が費消され，又は当該商品と分離された場合に不要になるものをいう。

第2,「特定容器」とは，容器包装のうち，商品の容器（商品の容器自体が有償である場合を含む。）であるものとして【主務省令で定める】ものをいう。

第3,「特定包装」とは，容器包装のうち，特定容器以外のものをいう。

第4,「容器包装廃棄物」とは，容器包装が一般廃棄物（廃棄物の処理及び清掃に関する法律。以下「廃棄物処理法」という。）2条2項に規定する一般廃棄物をいう。）となったものをいう。

第5,「分別収集」とは，廃棄物を分別して収集し，及びその収集した廃棄物について，必要に応じ，分別，圧縮その他【環境省令で定める】行為を行うことをいう。

第6,「分別基準適合物」とは，市町村が8条に規定する市町村分別収集計画に基づき容器包装廃棄物について分別収集をして得られた物のうち，【環

境省令で定める】基準に適合するものであって，【主務省令で定める】設置の
基準に適合する施設として主務大臣が市町村の意見を聴いて指定する施設に
おいて保管されているもの（有償又は無償で譲渡できることが明らかで再商品化をす
る必要がない物として【主務省令で定める】物を除く。）をいう。

　第7，「特定分別基準適合物」とは，【主務省令で定める】容器包装の区分
（以下「容器包装区分」という。）ごとに【主務省令で定める】分別基準適合物をい
う。

　第8，分別基準適合物について「再商品化」とは，次に掲げる行為をいう。

　　①自ら分別基準適合物を製品（燃料として利用される製品にあっては，【政令で
　　　定める】ものに限る。）の原材料として利用すること。

　　②自ら燃料以外の用途で分別基準適合物を製品としてそのまま使用する
　　　こと。

　　③分別基準適合物について，1号に規定する製品の原材料として利用す
　　　る者に有償又は無償で譲渡し得る状態にすること。

　　④分別基準適合物について，1号に規定する製品としてそのまま使用す
　　　る者に有償又は無償で譲渡し得る状態にすること。

　第9，容器包装について「用いる」とは，次に掲げる行為をいう。

　　①その販売する商品を容器包装に入れ，又は容器包装で包む行為（他の者
　　　（外国為替及び外国貿易法6条に規定する非居住者を除く。以下この項及び次項に
　　　おいて同じ。）の委託（【主務省令で定める】ものに限る。以下この項において同じ。）
　　　を受けて行うものを除く。）

　　②その販売する商品で容器包装に入れられ，又は容器包装で包まれたも
　　　のを輸入する行為（他の者の委託を受けて行うものを除く。）

　　③前2号に掲げる行為を他の者に対し委託をする行為

　第10，特定容器について「製造等」とは，次に掲げる行為をいう。

　　①特定容器を製造する行為（他の者の委託（【主務省令で定める】ものに限る。以
　　　下この項において同じ。）を受けて行うものを除く。）

　　②特定容器を輸入する行為（他の者の委託を受けて行うものを除く。）

　　③前2号に掲げる行為を他の者に対し委託をする行為

　第11，「特定容器利用事業者」とは，その事業（収益事業であって【主務省令で

定める】ものに限る。）において，その販売する商品について，特定容器を用いる事業者であって，次に掲げる者以外の者をいう。

①国

②地方公共団体

③特別の法律により特別の設立行為をもって設立された法人又は特別の法律により設立され，かつ，その設立に関し行政庁の認可を要する法人のうち，【政令で定める】もの

④中小企業基本法2条5項に規定する小規模企業者その他の【政令で定める】者であって，その事業年度（その期間が1年を超える場合は，当該期間をその開始の日以後1年ごとに区分した各期間）における【政令で定める】売上高が【政令で定める】金額以下である者

　第12，「特定容器製造等事業者」とは，特定容器の製造等の事業を行う者であって，前項各号に掲げる者以外の者をいう。

　第13，「特定包装利用事業者」とは，その事業において，その販売する商品について，特定包装を用いる事業者であって，11項各号に掲げる者以外の者をいう。

3　責　務

　事業者及び消費者の責務（4条），国の責務（5条），地方公共団体の責務（6条）の各規定がある。

【判例】

ライフコーポレーション事件東京地判平成20年5月21日判タ1279号122頁（損害賠償請求事件）

　特定容器利用事業者であるライフコーポレーションが，容器包装リサイクル法の規定（11条2項2号ロ）は，リサイクル委託料金の負担について特定容器利用事業者を特定容器製造等事業者に比べて不合理に差別するものであり憲法に違反するなどとして，国家賠償法に基づいて国に対して損害賠償を請求した。本判決は原告の請求を棄却した。

　「容リ法が採用する拡大生産者責任の考え方とは，生産者に対する生産者の物理的・金銭的責任が当該製品の廃棄後まで拡大される環境政策の手法であり，再商品化（リサイクル）の責任を最終消費者（地方公共団体）から事業者にシフトさせて，リサイ

クルに要する費用を商品の価格に内部化させる役割を負わせることにより，その費用を削減しようとするインセンティブを事業者に与え，もって容器包装廃棄物の減量化，再資源化を促進しようとするものである。これを政策として導入する場合には，材料選択や製品設計等の決定権を有する者を「生産者」ととらえて，これに経済的インセンティブを与えることが最も効果的であることから，ここでいう「生産者」とは，その目的達成に最も適した主体を指すものと解されている。拡大生産者責任の下では，特定容器については，どのような容器を用いるかについての主な選択権を有するのは，これを利用する事業者であるが，これを製造等する事業者も利用事業者の選択の枠内で技術的側面からの従たる選択権（容器の諸特性を決める選択権）を有すると考えられる。」とし，本件規定が定める業種別特定容器利用事業者比率について，「拡大生産者責任では，特定事業者が再商品化すべき量とは，販売額に内部化すべき再商品化に要する費用に当たると考えられることから，利用事業者及び製造等事業者各自の再商品化すべき量を，費用が内部化されるべき販売額を基礎とし，これに応じて案分することとしたものである。本件規定は，容器包装の最終的な選択権を有する事業者に対し，その選択権に応じて再商品化に要する費用を各特定事業者にとっての商品の販売額に内部化する役割（すなわち再商品化義務）を負わせることによって，経済的インセンティブを与え，もって容器包装廃棄物の減量化，再資源化を促進しようとするものであり，拡大生産者責任の考え方に依拠した一つの合理的な業種別特定容器利用事業者比率の定め方というべきであって，立法目的と合理的な関連性がある。」

　本件訴訟は，法律の規定の不合理性を主張するものであり，その主張をみると問題提起に重点がある訴訟とも受け止めることができる。要点は，拡大生産者責任の規範をどのように考えるかという問題であり，政策判断に委ねるところが大きい。規範の捉え方によっては本判決とは逆に，より川上に位置する特定容器製造等事業者の負担を高めることも可能である。規範のあり方をより明確にすることによって法律論の説得力が増すであろう。

◎出典　環境省——容器包装リサイクル法の仕組み〜消費者が分別排出，市町村が分別収集，事業者がリサイクル

　「容器包装リサイクル法の特徴は，従来は市町村だけが全面的に責任を担っていた容器包装廃棄物の処理を，消費者は分別して排出し，市町村が分別収集し，事業者（容器の製造事業者・容器包装を用いて中身の商品を販売する事業者）は再商品化（リサイクル）するという，3者の役割分担を決め，3者が一体となって容器包装廃棄物の削減に取り組むことを義務づけたことです。

　これにより，廃棄物を減らせば経済的なメリットが，逆に廃棄物を増やせば経済的なデメリットが生じることになります。

　⑴消費者の役割「分別排出」

　消費者には，市町村が定める分別ルールに従ってごみを排出することが求められて

います。そうすることで，リサイクルしやすく，資源として再利用できる質の良い廃棄物が得られます。

　また，市町村の定める容器包装廃棄物の分別収集基準にしたがって徹底した分別排出に努めるだけでなく，マイバッグを持参してレジ袋をもらわない，簡易包装の商品を選択する，リターナブル容器を積極的に使うなどして，ごみを出さないように努めることも求められています。

(2)市町村の役割「分別収集」

　家庭から排出される容器包装廃棄物を分別収集し，リサイクルを行う事業者に引き渡します。また，容器包装廃棄物の分別収集に関する5か年計画に基づき，地域における容器包装廃棄物の分別収集・分別排出の徹底を進めるほか，事業者・市民との連携により，地域における容器包装廃棄物の排出抑制の促進を担う役割を担います。

(3)事業者の役割「リサイクル」

　事業者はその事業において用いた，又は製造・輸入した量の容器包装について，リサイクルを行う義務を負います。実際には，容器包装リサイクル法に基づく指定法人にリサイクルを委託し，その費用を負担することによって義務を果たしています。

　また，リサイクルを行うだけでなく，容器包装の薄肉化・軽量化，量り売り，レジ袋の有料化等により，容器包装廃棄物の排出抑制に努める必要があります。」

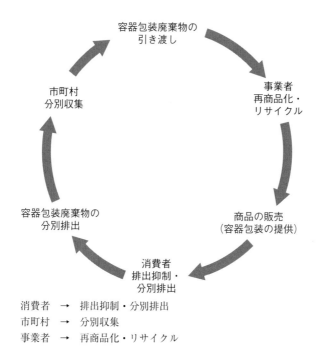

【自然】

11　自然公園に関する法律・法制度，自然環境保全を目的とする法律・法制度

Q　奈良県葛城市に居住する原告らが，被告知事の行政処分庁に対し，金剛生
駒紀泉国定公園の第2種特別地域内にある土地における一般廃棄物処理施設の
建設に係る自然公園法20条3項に基づく許可をすることについて，差止を求
めた。本件ではどのような問題が生じるか。

A　日本の自然公園制度は，その対象として公有地，民有地を問わず，一定の
行為規制をかけるものであり，行為規制は保護地域を指定するゾーニングとい
う方法をとる。ここに自然の保護と民有地の利用の自由との衝突が起きる。Q
については，後掲大阪高判平26・4・25判自387号を参照されたい。

　　行為規制の内容は，特別保護地区，第1種特別地域，第2種特別地域，第3種
特別地域，普通地域によって違っている。

　　日本人は古来，自然との関わりが濃密な生活をしてきたといえそうである。
例えば，民法の利用権についてみると，古くは入会権という制度が各地に存在
し，入会地の利用と自然保護を両立させて村人の生活を支えてきた。マタギな
ど狩猟生活も常に，自然保護を考慮している。自然を大切にするという日本人
の生活態様は，雑木林（クヌギの森，コナラ，ホタル，日本ミツバチなど生態
系保全など）が各地に残されていることにも現れている。また，社寺林が全国
的に保全されていることは，社寺に対する税制上の優遇に対する国民の支持が
窺われるほか，生命，生活の安寧などに対する私たちの祈りの結果ともいえる。
自然に関するこのような事例は日本の各地に存在する。

◎自然公園法（1957年制定）

1　制度の概要

　本法は，優れた自然の風景地を保護するとともに，その利用の増進を図る
ことにより，国民の保健，休養及び教化に資するとともに，生物の多様性の
確保に寄与することを目的とする（1条）。前身は，1931年国立公園法である。
生物の多様性の確保は2002年改正によって追加された。

　本法は，国立公園及び国定公園と，都道府県立自然公園について定めてい
る。

　第1に，国立公園及び国定公園については，指定（5条・6条），公園計画（7条・8条），公園事業（9条～第19条），保護及び利用（20条～37条），生態系維持回復事業（38条～42条），風景地保護協定（43条～48条），公園管理団体（49条～54条），費用（55条～61条）などについて定めている。

　第2に，都道府県立自然公園（72条～81条）について定めている。

　罰則の規定がある（82条～90条）。

2　定義（2条）

　第1，「自然公園」とは，国立公園，国定公園及び都道府県立自然公園をいう。

　第2，「国立公園」とは，我が国の風景を代表するに足りる傑出した自然の風景地（海域の景観地を含む。）であって，環境大臣が5条1項の規定により指定するものをいう。

　第3，「国定公園」とは，国立公園に準ずる優れた自然の風景地であつて，環境大臣が5条2項の規定により指定するものをいう。

　第4，「都道府県立自然公園」とは，優れた自然の風景地であつて，都道府県が第72条の規定により指定するものをいう。

　第5，「公園計画」とは，国立公園又は国定公園の保護又は利用のための規制又は事業に関する計画をいう。

　第6，「公園事業」とは，公園計画に基づいて執行する事業であつて，国立公園又は国定公園の保護又は利用のための施設で【政令で定める】ものに関するものをいう。

　第7，「生態系維持回復事業」とは，公園計画に基づいて行う事業であって，国立公園又は国定公園における生態系の維持又は回復を図るものをいう。

3　責務

　国等の責務（3条）の規定があり，国，地方公共団体，事業者及び自然公園の利用者の責務が定められている。

［4　財産権の尊重及び他の公益との調整 （4条）］

　この法律の適用に当たっては，自然環境保全法3条で定めるところによるほか，関係者の所有権，鉱業権その他の財産権を尊重するとともに，国土の開発その他の公益との調整に留意しなければならない。

［5　保護及び利用 （特別地域──20条3項）］

　第1，特別地域（特別保護地区を除く）内においては，次の各号に掲げる行為は，国立公園にあっては環境大臣の，国定公園にあっては都道府県知事の許可を受けなければ，してはならない。ただし，非常災害のために必要な応急措置として行う行為又は3号に掲げる行為で森林の整備及び保全を図るために行うものは，この限りでない。

　　①工作物を新築し，改築し，又は増築すること。

　　②木竹を伐採すること。

　　③環境大臣が指定する区域内において木竹を損傷すること。

　　④鉱物を掘採し，又は土石を採取すること。

　　⑤河川，湖沼等の水位又は水量に増減を及ぼさせること。

　　⑥環境大臣が指定する湖沼又は湿原及びこれらの周辺一キロメートルの区域内において当該湖沼若しくは湿原又はこれらに流水が流入する水域若しくは水路に汚水又は廃水を排水設備を設けて排出すること。

　　⑦広告物その他これに類する物を掲出し，若しくは設置し，又は広告その他これに類するものを工作物等に表示すること。

　　⑧屋外において土石その他の環境大臣が指定する物を集積し，又は貯蔵すること。

　　⑨水面を埋め立て，又は干拓すること。

　　⑩土地を開墾しその他土地の形状を変更すること。

　　⑪高山植物その他の植物で環境大臣が指定するものを採取し，又は損傷すること。

　　⑫環境大臣が指定する区域内において当該区域が本来の生育地でない植物で，当該区域における風致の維持に影響を及ぼすおそれがあるものとして環境大臣が指定するものを植栽し，又は当該植物の種子をまく

こと。

⑬山岳に生息する動物その他の動物で環境大臣が指定するものを捕獲
し，若しくは殺傷し，又は当該動物の卵を採取し，若しくは損傷する
こと。

⑭環境大臣が指定する区域内において当該区域が本来の生息地でない動
物で，当該区域における風致の維持に影響を及ぼすおそれがあるもの
として環境大臣が指定するものを放つこと（当該指定する動物が家畜であ
る場合における当該家畜である動物の放牧を含む。）。

⑮屋根，壁面，塀，橋，鉄塔，送水管その他これらに類するものの色彩
を変更すること。

⑯湿原その他これに類する地域のうち環境大臣が指定する区域内へ当該
区域ごとに指定する期間内に立ち入ること。

⑰道路，広場，田，畑，牧場及び宅地以外の地域のうち環境大臣が指定
する区域内において車馬若しくは動力船を使用し，又は航空機を着陸
させること。

⑱前各号に掲げるもののほか，特別地域における風致の維持に影響を及
ぼすおそれがある行為で【政令で定める】もの

　第2，環境大臣又は都道府県知事は，前項各号に掲げる行為で【環境省令で
定める】基準に適合しないものについては，同項の許可をしてはならない。
（以下，略）

［6］ 特別保護地区（21条）

　第1，特別保護地区内においては，次の各号に掲げる行為は，国立公園に
あっては環境大臣の，国定公園にあっては都道府県知事の許可を受けなけれ
ば，してはならない。ただし，非常災害のために必要な応急措置として行う
行為は，この限りでない。

①20条3項1号，2号，4号から7号まで，9号，10号，15号及び16号
に掲げる行為

②木竹を損傷すること。

③木竹を植栽すること。

④動物を放つこと（家畜の放牧を含む。）。

⑤屋外において物を集積し，又は貯蔵すること。

⑥火入れ又はたき火をすること。

⑦木竹以外の植物を採取し，若しくは損傷し，又は落葉若しくは落枝を採取すること。

⑧木竹以外の植物を植栽し，又は植物の種子をまくこと。

⑨動物を捕獲し，若しくは殺傷し，又は動物の卵を採取し，若しくは損傷すること。

⑩道路及び広場以外の地域内において車馬若しくは動力船を使用し，又は航空機を着陸させること。

⑪前各号に掲げるもののほか，特別保護地区における景観の維持に影響を及ぼすおそれがある行為で【政令で定める】もの

　第2，環境大臣又は都道府県知事は，前項各号に掲げる行為で【環境省令で定める】基準に適合しないものについては，同項の許可をしてはならない。

（以下，略）

7 損失の補償（64条）

　第1，国は国立公園について，都道府県は国定公園について，20条3項，21条3項若しくは22条3項の許可を得ることができないため，32条の規定により許可に条件を付されたため，又は33条2項の規定による処分を受けたため損失を受けた者に対して，通常生ずべき損失を補償する。

　第2，前項の規定による補償を受けようとする者は，国に係る当該補償については環境大臣に，都道府県に係る当該補償については都道府県知事にこれを請求しなければならない。

（以下，略）

8 通損補償の解釈論

　64条の「通常生ずべき損失の補償」（通損補償）の範囲については，考え方が分かれている（算定の基準・方法について実損，地価低下，相当因果関係など）。日本の自然公園制度のもとでは，私権（土地の所有権，賃借権等）との調整が必要に

なるため（64 条参照），自然保護の要請が後退するとの評価がある（アメリカ等の営造物公園制度との比較を含め，大塚直・北村喜宣編『環境法ケースブック（2 版）』250 頁（有斐閣，2009 年）参照）。

　参考となる裁判例として，自然公園法不許可補償事件東京高判昭 63・4・20 判時 1279 号 12 頁などがある。

◎自然環境保全法（1972 年制定）

1　制度の概要

　この法律は，自然公園法その他の自然環境の保全を目的とする法律と相まって，自然環境を保全することが特に必要な区域等の生物の多様性の確保その他の自然環境の適正な保全を総合的に推進することにより，広く国民が自然環境の恵沢を享受するとともに，将来の国民にこれを継承できるようにし，もって現在及び将来の国民の健康で文化的な生活の確保に寄与することを目的とする（1 条）。

　本法は，自然環境保全基本方針（12 条・13 条），原生自然環境保全地域（指定等（14 条～16 条），保全（17 条～21 条）），自然環境保全地域（指定等（22 条～24 条），保全（25 条～30 条）等），沖合海底自然環境保全地域（指定等（35 条の 2・35 条の 3），保全（35 条の 4～35 条の 7）等）などについて定めている。

　行為規制の内容は，原生自然環境保全地域，自然環境保全地域（特別地区，海域特別地区，普通地区に分かれる），都道府県自然環境保全地域（特別地区，普通地区に分かれる）によって違っている。

　罰則の規定がある（53 条～59 条）。

2　責　務

　国等の責務（2 条）の規定があり，国，地方公共団体，事業者及び国民は，環境基本法 3 条から 5 条までに定める環境の保全についての基本理念にのっとり，自然環境の適正な保全が図られるように，それぞれの立場において努めなければならないとしている。ここに国民は，自然公園では「自然公園の利用者」になっている。

3　財産権の尊重及び他の公益との調整規定

　自然環境の保全に当たっては，関係者の所有権その他の財産権を尊重するとともに，国土の保全その他の公益との調整に留意しなければならない（3条）。

【判例】

自然公園内における一般廃棄物処理場建設許可差止請求事件

大阪高判平 26・4・25 判自 387 号 47 頁（控訴棄却・確定。原審奈良地判平 25・8・20 判自 387 号 57 頁）

　奈良県葛城市に居住する控訴人らが，被控訴人の知事である行政処分庁において，市に対し，金剛生駒紀泉国定公園の第 2 種特別地域内にある土地（以下「本件予定地」という。）における一般廃棄物処理施設（葛城クリーンセンター。以下「本件施設」という。）の建設に係る自然公園法 20 条 3 項に基づく許可（以下，この許可を一般的に「20 条許可」といい，本件で差止が求められている 20 条許可を「本件許可」という。）をすることの差止を求めた。本件許可によって「重大な損害を生ずるおそれがある」という差止の要件が問題になった（行政事件訴訟法 3 条 7 項，37 条の 4 第 1 項）。

1　原告適格（本案前の争点 1）について

　「(1)行訴法の差止請求の原告適格は，これを求めるにつき法律上の利益を有する者に認められるところ（同法 37 条の 4 第 3 項），「法律上の利益を有する」とは，当該処分により自己の権利若しくは法律上保護された利益を侵害され，又は必然的に侵害されるおそれのあることをいい，当該処分を定めた行政法規が，不特定多数者の具体的利益を専ら一般的公益の中に吸収解消させるにとどめず，それが帰属する個々人の個別的利益としてもこれを保護すべきものとする趣旨を含むと解される場合には，このような利益もここにいう法律上保護された利益に当たるというべきである（平成 17 年判例参照）。

　そして，処分の相手方以外の者が上記「法律上の利益を有する」か否かを判断するに当たっては，当該処分の根拠となる法令の規定の文言のみによることなく，当該法令の趣旨及び目的並びに当該処分において考慮されるべき利益の内容及び性質を考慮し，この場合において，当該法令と目的を共通する関係法令があるときはその趣旨及び目的をも参酌し，当該利益の内容及び性質を考慮するに当たっては，当該処分がその根拠となる法令に違反してされた場合に害される態様及び程度をも勘案すべきである（行訴法 37 条の 44 項が準用する同法 9 条 2 項）。」〔中略〕

　「以上のような本件許可において考慮されるべき利益の内容及び性質，本件許可が違法にされることによって利益が害される態様及び程度のほか，自然公園法やこれと目的を共通にする景観法及び同法施行令の規定等に鑑みると，自然公園法は，少なくとも，本件許可が違法にされ，本件施設が建設されて稼働することによって害される

自然風致景観利益，換言すれば，本件施設の建設及び稼働によって本件予定地周辺の優れた自然の風致景観が害されることがないという利益を，そこに居住するなど本件予定地の周辺の土地を生活の重要な部分において利用しており，本件施設の稼働によって騒音，悪臭，ふんじん等の被害を受けるおそれのある者に対し，個々人の個別的利益としても保護すべきものとする趣旨を含むと解するのが相当である。」「控訴人らは本件予定地の近隣又はそれほど遠くない場所に居住しており，その居住地に近接する道路を利用して運搬車が本件施設に廃棄物等の搬出入をする予定であることが認められ，いずれも本件施設の稼働によって，騒音，悪臭，ふんじん等の被害を受けるおそれもあるということができるから，本件許可の差止を求める法律上の利益を有し，その差止訴訟の原告適格を有するものと解するのが相当である。」

2　「重大な損害を生ずるおそれ」，「補充性」の各要件（本案前の争点 2）について
　「(1)行訴法の差止の訴えが提起することができるのは，一定の処分又は裁決がされることにより重大な損害を生ずるおそれがある場合に限られ，その場合であっても，その損害を避けるため他に適当な方法があるときは提起することができない（同法 37 条の 4 第 1 項）。
　そして，重大な損害を生ずるか否かを判断するに当たっては，損害の回復の困難の程度を考慮するものとし，損害の性質及び程度並びに処分又は裁決の内容及び性質をも勘案すべきである（同条 2 項）が，「重大な損害を生ずるおそれ」があると認められるためには，処分がされることにより生ずるおそれのある損害が，処分がされた後に取消訴訟等を提起して執行停止の決定を受けることなどにより容易に救済を受けることができるものではなく，処分がされる前に差止を命ずる方法によるのでなければ救済を受けることが困難なものであることを要すると解される（最高裁平成 23 年（行ツ）第 177 号，同第 178 号，同 23 年（行ヒ）第 182 号，同 24 年 2 月 9 日第 1 小法廷判決，民集 66 巻 2 号 183 頁）。」〔中略〕
　「本件許可によって生ずるおそれのある自然風致景観利益の侵害は，本件許可がされた後に取消訴訟等を提起して執行停止の決定を受けることが可能であり，事前に差止を命ずる方法によらなければ救済を受けることが困難なものであるとはいえず，控訴人らに本件許可がされることにより重大な損害を生ずるおそれがあるとはいえないことに帰する。」

3　小賀野コメント——本案前の訴訟要件に関する本判決の考え方
　第 1，原告適格について，本判決は「自然公園法が，自然の景観のみならず，その風致も含めた控訴人らの自然風致景観利益を個別的利益として保護すべきものとする趣旨を含むと解するのが相当である」と述べ，被控訴人らの主張する反射的利益論を退けた。原審判決は原告適格を否定したが，判例の動向及び平成 16 年行訴法改正の趣旨を考慮すると，やや厳格に過ぎる。本判決は自然公園法の目的，平成 16 年行訴法改正

の趣旨，関係規定を実質的に考慮し，原告適格を基礎づける利益がどのようなものか
を的確に考慮しており，論旨は説得力がある（解釈論については判自 387 号 49 頁―50
頁のコメントが明快である）。

　　第 2，本判決は，行訴法の「重大な損害を生ずるおそれ」，「補充性」の各要件につい
ては，本件はこれを充たさないと判断した。ここでの実質的判断は，本判決が述べる
ように差止が却下されても，後の救済方法（取消訴訟等，執行停止）によって請求人
の目的が達せられるとするものである。確かに平成 16 年改正行訴法により執行停止
の要件が「回復の困難な損害」から「重大な損害」に改められ（行訴法 25 条 2 項），
要件が緩和されており（ただし，藤田宙靖『行政法総論』464 頁（青林書院，2013 年）
は同条 3 項における「損害回復の困難さ」の復活に言及する。），当該行為の環境影響
の性質・内容を考慮すると，後の手続による損害の回避可能性がある。本判決はこの
ような行訴法の構造を踏まえ，行政法の理論に基づく判断をしたものである。

　　以上，本判決は控訴人らの原告適格を認めるにあたり，「控訴人らは本件予定地の近
隣又はそれほど遠くない場所に居住しており，その居住地に近接する道路を利用して
運搬車が本件施設に廃棄物等の搬出入をする予定であることが認められ，いずれも本
件施設の稼働によって，騒音，悪臭，ふんじん等の被害を受けるおそれもあるという
ことができる」といい，また，「自然公園法施行規則 11 条 36 項 2 号の 20 条許可基準
によれば，一般廃棄物処理施設は，その性質上，騒音，悪臭，ふんじん等の発生によ
り周辺の風致景観に著しい支障を与えることが明らかであるため，その規模を問わず
建設を許可することができないと解する余地がある」という。本判決における以上の
判断，すなわち環境問題の出現の可能性は，原告適格だけでなく「重大な損害を生ず
るおそれ」，「補充性」の各要件の判断においても考慮すべきであろう。

【地球温暖化】
12　地球温暖化対策を目的とする法律・法制度，省エネを目的とする法律・法制度

Q　最近，地球温暖化が加速し，例えば，北極圏の永久凍土が溶解とこれによ
る温室効果ガスのメタンガスの放出，巨大積乱雲（スーパーセル）による局地
的豪雨・雷の頻発などが指摘されている。地球温暖化に対して，世界各国・地
域はどのような対応をしているか。
A　産業活動等のグローバル化の進展により，CO2 などの温室効果ガスが大量
に排出され，地球温暖化をもたらした。地球温暖化に関する科学的根拠等に基
づき危機意識が高まり，国際レベルにおいて気候変動枠組条約が 1992 年に採
択され，発効した。2015 年 12 月の 21 回国連気候変動枠組み条約締約国会議
（COP21）において，京都議定書に代わる 2020 年以降の新たな枠組みとしてパ

リ協定が採択された。この会議が有する意義を明らかにすることが必要である。

　温室効果ガス排出量の報告，公表の制度（26 条以下）は，情報的方法の 1 つとして位置づけられている。

◎地球温暖化対策の推進に関する法律（地球温暖化対策推進法，地球温暖化対策法，温対法）（1998 年制定）

［ 1 　制度の概要 ］

　本法は，地球温暖化が地球全体の環境に深刻な影響を及ぼすものであり，気候系に対して危険な人為的干渉を及ぼすこととならない水準において大気中の温室効果ガスの濃度を安定化させ地球温暖化を防止することが人類共通の課題であり，すべての者が自主的かつ積極的にこの課題に取り組むことが重要であることに鑑み，地球温暖化対策に関し，地球温暖化対策計画を策定するとともに，社会経済活動その他の活動による温室効果ガスの排出の抑制等を促進するための措置を講ずること等により，地球温暖化対策の推進を図り，もって現在及び将来の国民の健康で文化的な生活の確保に寄与するとともに人類の福祉に貢献することを目的とする（1 条）。

　本法は，地球温暖化対策計画（8 条・9 条），地球温暖化対策推進本部（10 条～18 条），温室効果ガスの排出の抑制等のための施策（19 条～41 条），森林等による吸収作用の保全等（42 条），割当量口座簿等（43 条～57 条）などについて定めている。

　罰則の規定がある（66 条～68 条）。

［ 2 　定義（2 条）］

　第 1，「地球温暖化」とは，人の活動に伴って発生する温室効果ガスが大気中の温室効果ガスの濃度を増加させることにより，地球全体として，地表，大気及び海水の温度が追加的に上昇する現象をいう。

　第 2，「地球温暖化対策」とは，温室効果ガスの排出の抑制並びに吸収作用の保全及び強化（以下「温室効果ガスの排出の抑制等」という。）その他の国際的に協力して地球温暖化の防止を図るための施策をいう。

　第3，「温室効果ガス」とは，次に掲げる物質をいう。

　　①二酸化炭素

　　②メタン

　　③一酸化二窒素

　　④ハイドロフルオロカーボンのうち【政令で定める】もの

　　⑤パーフルオロカーボンのうち【政令で定める】もの

　　⑥六ふっ化硫黄

　　⑦三ふっ化窒素

　第4，「温室効果ガスの排出」とは，人の活動に伴って発生する温室効果ガスを大気中に排出し，放出し若しくは漏出させ，又は他人から供給された電気若しくは熱（燃料又は電気を熱源とするものに限る。）を使用することをいう。

　第5，「温室効果ガス総排出量」とは，温室効果ガスである物質ごとに【政令で定める】方法により算定される当該物質の排出量に当該物質の地球温暖化係数（温室効果ガスである物質ごとに地球の温暖化をもたらす程度の二酸化炭素に係る当該程度に対する比を示す数値として国際的に認められた知見に基づき【政令で定める】係数をいう。）を乗じて得た量の合計量をいう。

　第6，「算定割当量」とは，次に掲げる数量で，二酸化炭素1トンを表す単位により表記されるものをいう。

　　①気候変動に関する国際連合枠組条約の京都議定書（以下「京都議定書」という。）3条7に規定する割当量

　　②京都議定書6条1に規定する排出削減単位

　　③京都議定書第12条3(b)に規定する認証された排出削減量

（以下，略）

3 温室効果ガス算定排出量の報告 （26条）

　事業活動（国又は地方公共団体の事務及び事業を含む）に伴い相当程度多い温室効果ガスの排出をする者として【政令で定める】もの（以下「特定排出者」という。）は，毎年度，【主務省令で定める】ところにより，【主務省令で定める】期間に排出した温室効果ガス算定排出量に関し，【主務省令で定める】事項（当該特定排出者が【政令で定める】規模以上の事業所を設置している場合にあっては，当該

事項及び当該規模以上の事業所ごとに【主務省令で定める】期間に排出した温室効果ガス算定排出量に関し，【主務省令で定める】事項）を当該特定排出者に係る事業を所管する大臣）に報告しなければならない。

(以下，略)

◎エネルギーの使用の合理化等に関する法律（省エネ法）(1979年制定)

1　制度の概要

　本法は，内外におけるエネルギーをめぐる経済的社会的環境に応じた燃料資源の有効な利用の確保に資するため，工場等，輸送，建築物及び機械器具等についてのエネルギーの使用の合理化に関する所要の措置，電気の需要の平準化に関する所要の措置その他エネルギーの使用の合理化等を総合的に進めるために必要な措置等を講ずることとし，もって国民経済の健全な発展に寄与することを目的とする（1条）。

2　定義（2条）

　第1，「エネルギー」とは，燃料並びに熱（燃料を熱源とする熱に代えて使用される熱であつて【政令で定める】ものを除く）及び電気（燃料を熱源とする熱を変換して得られる動力を変換して得られる電気に代えて使用される電気であって【政令で定める】ものを除く）をいう。

　第2，「燃料」とは，原油及び揮発油，重油その他経済産業省令で定める石油製品，可燃性天然ガス並びに石炭及びコークスその他経済産業省令で定める石炭製品であって，燃焼その他の経済産業省令で定める用途に供するものをいう。

　第3，「電気の需要の平準化」とは，電気の需要量の季節又は時間帯による変動を縮小させることをいう。

関連する立法

　本法と関連する環境立法としては，フロン類の使用の合理化及び管理の適正化に関する法律〈2001年〉が制定されており，本法は，人類共通の課題であるオゾン層の保護及び地球温暖化（地球温暖化対策の推進に関する法律2条1項に規定する地球温暖化をいう）の防止に積極的に取り組むことが重要であることに鑑み，オゾン層を破壊し又は地球温暖化に深刻な影響をもたらすフロン類の大気中への排出を抑制するため，フロン類の使用の合理化及び特定製品に使用されるフロン類の管理の適正化に関する指針並びにフロン類及びフロン類使用製品の製造業者等並びに特定製品の管理者の責務等を定めるとともに，フロン類の使用の合理化及び特定製品に使用されるフロン類の管理の適正化のための措置等を講じ，もって現在及び将来の国民の健康で文化的な生活の確保に寄与するとともに人類の福祉に貢献することを目的とする（1条）。

　また，海洋汚染等及び海上災害の防止に関する法律（1970年）は，船舶，海洋施設及び航空機から海洋に油，有害液体物質等及び廃棄物を排出すること，船舶から海洋に有害水バラストを排出すること，海底の下に油，有害液体物質等及び廃棄物を廃棄すること，船舶から大気中に排出ガスを放出すること並びに船舶及び海洋施設において油，有害液体物質等及び廃棄物を焼却することを規制し，廃油の適正な処理を確保するとともに，排出された油，有害液体物質等，廃棄物その他の物の防除並びに海上火災の発生及び拡大の防止並びに海上火災等に伴う船舶交通の危険の防止のための措置を講ずることにより，海洋汚染等及び海上災害を防止し，あわせて海洋汚染等及び海上災害の防止に関する国際約束の適確な実施を確保し，もって海洋環境の保全等並びに人の生命及び身体並びに財産の保護に資することを目的とする（1条）。

【生物多様性】

13　生物多様性の保全に関する法律・法制度

Q　生物や生態系の保護等に関する環境立法は，どのように評価することができるか。

A　生物多様性基本法は生物多様性条約の国内法として制定され，現行環境立法の到達点を示すものと評価することができる。地球環境主義の理念のもとに環境問題を追求することによって，環境法の望ましい姿を提示することができるであろう。本法は環境法の基本法の1つとして検討のたたき台となるもので

ある。

　生物多様性国家戦略は，生物多様性条約6条及び生物多様性基本法11条の規定に基づき，生物多様性の保全と持続可能な利用に関する政府の基本的な計画である。政府は1995年に生物多様性国家戦略を策定し，2010年に見直しをした（閣議決定）。生物多様性国家戦略における基本戦略は，①生物多様性を社会に浸透させる，②地域における人と自然の関係を見直し・再構築する，③森・里・川・海のつながりを確保する，④地球規模の視野をもって行動する，⑤科学的基盤を強化し，政策に結びつける（新たに追加），に要約できる。

　本法25条は，戦略的環境アセスメント（SEA）の推進について定めている。

◎生物多様性基本法（2008制定）

1　前文

「生命の誕生以来，生物は数十億年の歴史を経て様々な環境に適応して進化し，今日，地球上には，多様な生物が存在するとともに，これを取り巻く大気，水，土壌等の環境の自然的構成要素との相互作用によって多様な生態系が形成されている。

　人類は，生物の多様性のもたらす恵沢を享受することにより生存しており，生物の多様性は人類の存続の基盤となっている。また，生物の多様性は，地域における固有の財産として地域独自の文化の多様性をも支えている。

　一方，生物の多様性は，人間が行う開発等による生物種の絶滅や生態系の破壊，社会経済情勢の変化に伴う人間の活動の縮小による里山等の劣化，外来種等による生態系のかく乱等の深刻な危機に直面している。また，近年急速に進みつつある地球温暖化等の気候変動は，生物種や生態系が適応できる速度を超え，多くの生物種の絶滅を含む重大な影響を与えるおそれがあることから，地球温暖化の防止に取り組むことが生物の多様性の保全の観点からも大きな課題となっている。

　国際的な視点で見ても，森林の減少や劣化，乱獲による海洋生物資源の減少など生物の多様性は大きく損なわれている。我が国の経済社会が，国際的に密接な相互依存関係の中で営まれていることにかんがみれば，生物の多様

性を確保するために，我が国が国際社会において先導的な役割を担うことが重要である。

　我らは，人類共通の財産である生物の多様性を確保し，そのもたらす恵沢を将来にわたり享受できるよう，次の世代に引き継いでいく責務を有する。今こそ，生物の多様性を確保するための施策を包括的に推進し，生物の多様性への影響を回避し又は最小としつつ，その恵沢を将来にわたり享受できる持続可能な社会の実現に向けた新たな一歩を踏み出さなければならない。

　ここに，生物の多様性の保全及び持続可能な利用についての基本原則を明らかにしてその方向性を示し，関連する施策を総合的かつ計画的に推進するため，この法律を制定する。」

［2　制度の概要］

　本法は，環境基本法の基本理念にのっとり，生物の多様性の保全及び持続可能な利用について，基本原則を定め，並びに国，地方公共団体，事業者，国民及び民間の団体の責務を明らかにするとともに，生物多様性国家戦略の策定その他の生物の多様性の保全及び持続可能な利用に関する施策の基本となる事項を定めることにより，生物の多様性の保全及び持続可能な利用に関する施策を総合的かつ計画的に推進し，もって豊かな生物の多様性を保全し，その恵沢を将来にわたって享受できる自然と共生する社会の実現を図り，あわせて地球環境の保全に寄与することを目的とする（1条）。

　本法は，生物多様性戦略（11条～13条），基本的施策（国の施策（14～26条），地方公共団体の施策（27条））などについて定めている。

［3　定義（2条）］

　第1，「生物の多様性」とは，様々な生態系が存在すること並びに生物の種間及び種内に様々な差異が存在することをいう。

　第2，「持続可能な利用」とは，現在及び将来の世代の人間が生物の多様性の恵沢を享受するとともに人類の存続の基盤である生物の多様性が将来にわたって維持されるよう，生物その他の生物の多様性の構成要素及び生物の多様性の恵沢の長期的な減少をもたらさない方法（以下「持続可能な方法」という。）

により生物の多様性の構成要素を利用することをいう。

4　基本原則（3条）

第1，生物の多様性の保全は，健全で恵み豊かな自然の維持が生物の多様性の保全に欠くことのできないものであることにかんがみ，野生生物の種の保存等が図られるとともに，多様な自然環境が地域の自然的社会的条件に応じて保全されることを旨として行われなければならない。

第2，生物の多様性の利用は，社会経済活動の変化に伴い生物の多様性が損なわれてきたこと及び自然資源の利用により国内外の生物の多様性に影響を及ぼすおそれがあることを踏まえ，生物の多様性に及ぼす影響が回避され又は最小となるよう，国土及び自然資源を持続可能な方法で利用することを旨として行われなければならない。

第3，生物の多様性の保全及び持続可能な利用は，生物の多様性が微妙な均衡を保つことによって成り立っており，科学的に解明されていない事象が多いこと及び一度損なわれた生物の多様性を再生することが困難であることにかんがみ，科学的知見の充実に努めつつ生物の多様性を保全する予防的な取組方法及び事業等の着手後においても生物の多様性の状況を監視し，その監視の結果に科学的な評価を加え，これを当該事業等に反映させる順応的な取組方法により対応することを旨として行われなければならない。

第4，生物の多様性の保全及び持続可能な利用は，生物の多様性から長期的かつ継続的に多くの利益がもたらされることにかんがみ，長期的な観点から生態系等の保全及び再生に努めることを旨として行われなければならない。

第5，生物の多様性の保全及び持続可能な利用は，地球温暖化が生物の多様性に深刻な影響を及ぼすおそれがあるとともに，生物の多様性の保全及び持続可能な利用は地球温暖化の防止等に資するとの認識の下に行われなければならない。

5　生物多様性国家戦略の策定等（11条）

第1，政府は，生物の多様性の保全及び持続可能な利用に関する施策の総

合的かつ計画的な推進を図るため，生物の多様性の保全及び持続可能な利用
に関する基本的な計画（生物多様性国家戦略）を定めなければならない。

　第2，生物多様性国家戦略は，次に掲げる事項について定めるものとする。

　　①生物の多様性の保全及び持続可能な利用に関する施策についての基本
　　　的な方針

　　②生物の多様性の保全及び持続可能な利用に関する目標

　　③生物の多様性の保全及び持続可能な利用に関し，政府が総合的かつ計
　　　画的に講ずべき施策

　　④③に掲げるもののほか，生物の多様性の保全及び持続可能な利用に関
　　　する施策を総合的かつ計画的に推進するために必要な事項

　第3，環境大臣は，生物多様性国家戦略の案を作成し，閣議の決定を求めな
ければならない。

(以下，略)

6　事業計画の立案の段階等での生物の多様性に係る環境影響評価の推進 (25条)

　国は，生物の多様性が微妙な均衡を保つことによって成り立っており，一
度損なわれた生物の多様性を再生することが困難であることから，生物の多
様性に影響を及ぼす事業の実施に先立つ早い段階での配慮が重要であること
にかんがみ，生物の多様性に影響を及ぼすおそれのある事業を行う事業者等
が，その事業に関する計画の立案の段階からその事業の実施までの段階にお
いて，その事業に係る生物の多様性に及ぼす影響の調査，予測又は評価を行
い，その結果に基づき，その事業に係る生物の多様性の保全について適正に
配慮することを推進するため，事業の特性を踏まえつつ，必要な措置を講ず
るものとする。

◎絶滅のおそれのある野生動植物の種の保存に関する法律
(種の保存法，希少種保存法) (1992 年制定)

1　制度の概要

　本法は，野生動植物が，生態系の重要な構成要素であるだけでなく，自然

環境の重要な一部として人類の豊かな生活に欠かすことのできないものであることにかんがみ，絶滅のおそれのある野生動植物の種の保存を図ることにより良好な自然環境を保全し，もって現在及び将来の国民の健康で文化的な生活の確保に寄与することを目的とする（1条）。

本法は，個体等の取扱いに関する規制（個体等の所有者の義務等（7条・8条），個体の捕獲及び個体等の譲渡し等の禁止（9条〜19条），国際希少野生動植物種の個体等の登録等（20条〜29条），特定国内種事業及び特定国際種事業等の規制（特定国内種事業の規制（30条〜33条），特定国際種事業等の規制（33条の2〜33条の22）），適正に入手された原材料に係る製品である旨の認定等（33条の23〜33条の33）），生息地等の保護に関する規制（土地の所有者の義務等（34条・35条），生息地等保護区（36条〜44条）），保護増殖事業（45条〜48条の3），認定希少種保全動植物園等（48条の4〜48条の11）などについて定めている。

罰則の規定がある（57条の2〜66条）。

2　責務 (2条)

第1，国は，野生動植物の種（亜種又は変種がある種にあっては，その亜種又は変種とする。）が置かれている状況を常に把握するとともに，絶滅のおそれのある野生動植物の種の保存のための総合的な施策を策定し，及び実施するものとする。

第2，地方公共団体は，その区域内の自然的社会的諸条件に応じて，絶滅のおそれのある野生動植物の種の保存のための施策を策定し，及び実施するよう努めるものとする。

第3，国民は，前2項の国及び地方公共団体が行う施策に協力する等絶滅のおそれのある野生動植物の種の保存に寄与するように努めなければならない。

3　財産権の尊重等 (3条)

本法の適用に当たっては，関係者の所有権その他の財産権を尊重し，住民の生活の安定及び福祉の維持向上に配慮し，並びに国土の保全その他の公益との調整に留意しなければならない。

4　定義等（4条）

第1，「絶滅のおそれ」とは，野生動植物の種について，種の存続に支障を来す程度にその種の個体の数が著しく少ないこと，その種の個体の数が著しく減少しつつあること，その種の個体の主要な生息地又は生育地が消滅しつつあること，その種の個体の生息又は生育の環境が著しく悪化しつつあることその他のその種の存続に支障を来す事情があることをいう。

第2，「希少野生動植物種」とは，次項の国内希少野生動植物種，4項の国際希少野生動植物種及び次条1項の緊急指定種をいう。

第3，「国内希少野生動植物種」とは，その個体が本邦に生息し又は生育する絶滅のおそれのある野生動植物の種であって，【政令で定める】ものをいう。

第4，「国際希少野生動植物種」とは，国際的に協力して種の保存を図ることとされている絶滅のおそれのある野生動植物の種（国内希少野生動植物種を除く。）であって，【政令で定める】ものをいう。

第5，「特定国内希少野生動植物種」とは，次に掲げる要件のいずれにも該当する国内希少野生動植物種であって，【政令で定める】ものをいう。

　①商業的に個体の繁殖をさせることができるものであること。

　②国際的に協力して種の保存を図ることとされているものでないこと。

第6，環境大臣は，前3項の政令の制定又は改廃に当たってその立案をするときは，中央環境審議会の意見を聴かなければならない。

環境倫理（加藤尚武『現代倫理学入門』218頁（講談社，1997年）

　環境倫理は，人間中心主義の考え方は生態系，人間以外の種，環境の利益を犠牲にしてきたと捉える。そして，環境倫理学の3つの基本として，①自然の生存権（生物種，生態系，景観などにも生存の権利がある），②世代間倫理（将来世代に対する責任・義務），③地球全体主義（地球の生態系は有限であること，世界の有限性）の観点から人間中心主義の限界を説き，人間と環境のあり方を追求している（加藤尚武『環境倫理学のすすめ』（丸善，1991年），同『新・環境倫理学のすすめ』（丸善，2005年），加藤尚武編『環境と倫理』第7章（有斐閣，1998年）参照）。加藤はいう，「地球を守ることは，未来の世代に与える恩恵ではない。現在の世代が背負うべき責務である。」，と。本書Ⅲでとりあげた環境配慮義務論の基礎となる視点である。

◎鳥獣の保護及び管理並びに狩猟の適正化に関する法律（鳥獣保護管理法）（2002年制定）

（鳥獣保護及狩猟ニ関スル法律（大正7年法律第32号）の全部を改正する。）

1　制度の概要

本法は，鳥獣の保護及び管理を図るための事業を実施するとともに，猟具の使用に係る危険を予防することにより，鳥獣の保護及び管理並びに狩猟の適正化を図り，もって生物の多様性の確保（生態系の保護を含む），生活環境の保全及び農林水産業の健全な発展に寄与することを通じて，自然環境の恵沢を享受できる国民生活の確保及び地域社会の健全な発展に資することを目的とする（1条）。

本法は，基本指針等（3条～7条の4），鳥獣保護管理事業の実施（鳥獣の捕獲等又は鳥類の卵の採取等の規制（8条～18条），鳥獣捕獲等事業の認定（18条の2～18条の10），鳥獣の飼養，販売等の規制（19条～27条），鳥獣保護区（28条～33条），休猟区（34条）），狩猟の適正化（危険の予防（35条～38条の2），狩猟免許（39条—54条），狩猟者登録（55条～67条），猟区（68条～74条）），などについて定めている。

罰則の規定（83条～89条）がある。

2　定義等（2条）

第1，「鳥獣」とは，鳥類又は哺ほ乳類に属する野生動物をいう。

第2，鳥獣について「保護」とは，生物の多様性の確保，生活環境の保全又は農林水産業の健全な発展を図る観点から，その生息数を適正な水準に増加させ，若しくはその生息地を適正な範囲に拡大させること又はその生息数の水準及びその生息地の範囲を維持することをいう。

第3，鳥獣について「管理」とは，生物の多様性の確保，生活環境の保全又は農林水産業の健全な発展を図る観点から，その生息数を適正な水準に減少させ，又はその生息地を適正な範囲に縮小させることをいう。

第4，「希少鳥獣」とは，国際的又は全国的に保護を図る必要があるものと

して【環境省令で定める】鳥獣をいう。

第5,「指定管理鳥獣」とは，希少鳥獣以外の鳥獣であって，集中的かつ広域的に管理を図る必要があるものとして【環境省令で定める】ものをいう。

第6,「法定猟法」とは，銃器（装薬銃及び空気銃（圧縮ガスを使用するものを含む）をいう），網又はわなであって【環境省令で定める】ものを使用する猟法その他【環境省令で定める】猟法をいう。

第7,「狩猟鳥獣」とは，希少鳥獣以外の鳥獣であって，その肉又は毛皮を利用する目的，管理をする目的その他の目的で捕獲等（捕獲又は殺傷をいう）の対象となる鳥獣（鳥類のひなを除く。）であって，その捕獲等がその生息の状況に著しく影響を及ぼすおそれのないものとして【環境省令で定める】ものをいう。

第8,「狩猟」とは，法定猟法により，狩猟鳥獣の捕獲等をすることをいう。

第9,「狩猟期間」とは，毎年 10 月 15 日（北海道にあっては，毎年 9 月 15 日）から翌年 4 月 15 日までの期間で狩猟鳥獣の捕獲等をすることができる期間をいう。

その他の立法

2004 年「特定外来生物による生態系等に係る被害の防止に関する法律」（外来生物被害防止法）のほか，1950 年文化財保護法も天然記念物の制度を有する。

◎ワシントン条約

出典，外務省「ワシントン条約（絶滅のおそれのある野生動植物の種の国際取引に関する条約」

「1972 年の国連人間環境会議において「特定の種の野生動植物の輸出，輸入及び輸送に関する条約案を作成し，採択するために，適当な政府又は政府組織の主催による会議を出来るだけ速やかに召集する」ことが勧告された。これを受けて，米国政府及び国際自然保護連合（IUCN）が中心となって野生動植物の国際取引の規制のための条約作成作業を進めた結果，本条約は 1973 年にで採択，1975 年に発効した。

絶滅のおそれのある野生動植物を保護するため，野生動植物（アフリカゾウ）や野生動植物から作った製品（象牙など）の国際取引を規制することを目的とする。

　規制は 3 段階に分かれる。日本は現在，附属書 I 掲載種中クジラ 10 種（ナガスクジラ，イワシクジラ（北太平洋の個体群並びに東経 0 度から東経 70 度及び赤道から南極大陸に囲まれる範囲の個体群を除く），マッコウクジラ，ミンククジラ，ミナミミンククジラ，ニタリクジラ，ツノシマクジラ，ツチクジラ及びカワゴンドウ，オーストラリアカワゴンドウ），附属書 II 掲載種中 9 種（ジンベイザメ，ウバザメ，タツノオトシゴ，ホホジロザメ，ヨゴレ，シュモクザメ 3 種及びニシネズミザメ）につき留保を付している。このうち，附属書 I に掲載されている上記クジラ 10 種については，持続的利用が可能なだけの資源量があるとの客観的理由に基づき従来から附属書 I に掲載されていること自体科学的根拠がないと判断しており，今後かかる状況が変化しない限り留保撤回の考えはない。また，これら以外の附属書掲載種についても，絶滅のおそれがあるとの科学的情報が不足していること，地域漁業管理機関が適切に管理すべきこと等から留保を付した。

　2016 年 9 月，国際自然保護連合（IUCN）は世界自然保護会議において象牙の国内取引禁止の勧告を採択した。」

◎ラムサール条約

　「特に水鳥の生息地として国際的に重要な湿地に関する条約」，1971 年採択（イランのラムサールで開催された国際会議）（1980 年）

　締約国は，人間とその環境とが相互に依存していることを認識し，水の循環を調整するものとしての湿地の及び湿地特有の動植物特に水鳥の生息地としての湿地の基本的な生態学的機能を考慮し，湿地が経済上，文化上，科学上及びレクリエーショシ上大きな価値を有する資源であること及び湿地を喪失することが取返しのつかないことであることを確信し，湿地の進行性の侵食及び湿地の喪失を現在及び将来とも阻止することを希望し，水鳥が，季節的移動に当つて国境を越えることがあることから，国際的な資源として考慮されるべきものであることを認識し，湿地及びその動植物の保全が将来に対する見通しを有する国内政策と，調整の図られた国際的行動とを結び付けることにより確保されるものであることを確信して，次のとおり協定した。

1 条

　この条約の適用上，湿地とは，天然のものであるか人工のものであるか，永続的なものであるか一時的なものであるかを問わず，更には水が滞っているか流れているか，淡水であるか汽水であるか鹹水であるかを問わず，沼沢地，湿

原，泥炭地又は水域をいい，低潮時における水深が6メートルを超えない海域を含む。

　この条約の適用上，水鳥とは，生態学上湿地に依存している鳥類をいう。

（以下，略）

参考文献

　野村好弘編『社寺林と法——社寺林の保存に関する法学的研究』（ぎょうせい，1989年）

　沼田真『自然保護という思想』（岩波新書）（岩波書店，1994年）

　小林紀之『森林環境マネジメント——司法・行政・企業の視点から』（海青社，2015年）

第5　補償，費用負担，紛争処理

　以下，補償，公害防止，紛争処理に関する法律・法制度について，1〜3の各項目のもとに概観する。

【公害健康被害の補償】

1　公害健康被害の補償を目的とする法律・法制度

Q　公害健康被害補償制度とはどのようなものか（例，水俣病など）。

A　公害による健康被害について一定の要件のもとに補償することを目的とする。民事責任を踏まえた補償給付を行う。原因者負担制度の一つである（52条，62条）。

　被害補償の問題の背景として，1967年公害対策基本法は公害健康被害救済制度について規定し（21条2項），1969年公害に係る健康被害の救済に関する特別措置法（旧救済法）が制定された。四日市訴訟判決をはじめ四大公害訴訟判決は，公害健康被害者の救済制度の必要性を明らかにした。

　公害健康被害補償法によって導入された公害健康被害補償制度は，当事者間で民事上の解決が図られるべき公害健康被害について補償を行い，被害者の迅速・公正な保護を図るものである。制度を運用し，補償給付をするためには財源が必要であり，汚染負荷量賦課金は第1種事業の，特定賦課金は第2種事業

の財源になる。前者はいおう酸化物の排出量，後者は原因物質の原因の程度が考慮される。補償給付及び公害保健福祉事業に必要な費用の相当分（汚染負荷量賦課金，特定賦課金）は，ばい煙発生施設設置者又は特定施設設置者から徴収し，それを公害に係る健康被害発生地域の都道府県等（46県市区）に納付するものである。

◎公害健康被害の補償等に関する法律（公害健康被害補償法）（1973年制定）

1　制度の概要

本法は，事業活動その他の人の活動に伴って生ずる相当範囲にわたる著しい大気の汚染又は水質の汚濁（水底の底質が悪化することを含む。）の影響による健康被害に係る損害を填補するための補償並びに被害者の福祉に必要な事業及び大気の汚染の影響による健康被害を予防するために必要な事業を行うことにより，健康被害に係る被害者等の迅速かつ公正な保護及び健康の確保を図ることを目的とする（1条）。

本法は，補償給付（療養の給付及び療養費（19条〜24条），障害補償費（25条〜28条），遺族補償費及び遺族補償一時金（29条〜38条），児童補償手当，療養手当及び葬祭料（39条〜41条），補償給付の制限等（42条・43条），公害健康被害認定審査会（44条・45条）など），公害保健福祉事業（46条），費用の支弁及び財源（47条〜51条），費用（汚染負荷量賦課金（52条〜61条），特定賦課金（62条〜67条）など），公害健康被害予防事業（68条〜105条），不服申立て（公害健康被害補償不服審査会（設置及び組織（111条〜125条），審査請求の手続（126条〜135条）など），などについて定めている。

罰則の規定がある（145条〜150条）。

2　地域及び疾病の指定（2条）

「第1種地域」とは，事業活動その他の人の活動に伴って相当範囲にわたる著しい大気の汚染が生じ，その影響による疾病（次項に規定する疾病を除く。）が多発している地域として【政令で定める】地域をいう。

「第2種地域」とは，事業活動その他の人の活動に伴って相当範囲にわたる

著しい大気の汚染又は水質の汚濁が生じ，その影響により，当該大気の汚染
又は水質の汚濁の原因である物質との関係が一般的に明らかであり，かつ，
当該物質によらなければかかることがない疾病が多発している地域として
【政令で定める】地域をいう。

＊第1種地域　→　非特異性疾患を対象

　慢性気管支炎，肺気腫及び気管支ぜん息とぜん息性気管支炎並びにこれら
の続発症を第1種地域の指定疾病として規定している。

　相当範囲の著しい大気汚染による気管支ぜん息等の疾病が多発している地
域（当初，四日市，東京19区等41地域が指定されたが，1988年（昭和63年）法改正に
よりすべて解除され，以後今日まで新たな患者の認定は行われていない。

＊第2種地域　→　特異性疾患を対象

　指定疾病である水俣病，イタイイタイ病，あるいは慢性砒素中毒症である。
それぞれの原因物質との因果関係が明らかな疾病が多発している地域が指定
される。

3　補償給付の種類等（3条）

　1条に規定する健康被害に対する補償のため支給されるこの法律による給
付（以下「補償給付」という。）は，次のとおりとする。

　①療養の給付及び療養費，②障害補償費，③遺族補償費，④遺族補償一時
金，⑤児童補償手当，⑥療養手当，⑦葬祭料。

4　認定等（4条）

　第1，第1種地域の全部又は一部を管轄する都道府県知事は，当該第1種
地域につき2条3項の規定により定められた疾病にかかっていると認められ
る者で次の各号の1に該当するものの申請に基づき，当該疾病が当該第一種
地域における大気の汚染の影響によるものである旨の認定を行なう。この場
合においては，当該疾病にかかっていると認められるかどうかについては，
公害健康被害認定審査会の意見をきかなければならない。

①申請の当時当該第1種地域の区域内に住所を有しており，かつ，申請の時まで引き続き当該第1種地域の区域内に住所を有した期間（当該第1種地域につき2条3項の規定により定められた疾病と同一の疾病が同項の規定により定められた他の第1種地域の区域内に住所を有した期間を含む。以下この項において同じ。）が疾病の種類に応じて【政令で定める】期間以上であり，又は申請の時まで引き続く疾病の種類に応じて【政令で定める】期間内において当該第1種地域の区域内に住所を有した期間が疾病の種類に応じて【政令で定める】期間以上である者

（以下，略）

　第2，第2種地域の全部又は一部を管轄する都道府県知事は，当該第2種地域につき2条3項の規定により定められた疾病にかかっていると認められる者の申請に基づき，当該疾病が当該第2種地域に係る大気の汚染又は水質の汚濁の影響によるものである旨の認定を行なう。前項後段の規定は，この場合について準用する。

　第3，第1種地域又は第2種地域の全部又は一部が【政令で定める】市（特別区を含む）の区域内にある場合には，その区域については，1項又は前項の規定による都道府県知事の権限は，当該市の長が行なう。

◎出典 独立行政法人 環境再生保全機構

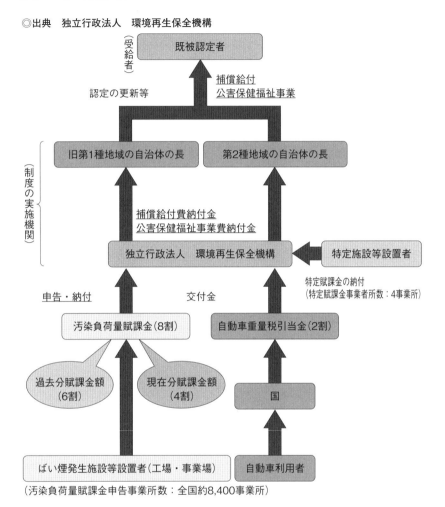

（汚染負荷量賦課金申告事業所数：全国約8,400事業所）

【公害防止事業費の事業者負担】

2 公害防止事業費事業者負担に関する法律・法制度

Q 公害防止事業に要する費用負担に法律上のルールがあると聞いたが，それはどのようなものか。

A 公害防止事業に要する費用の事業者負担について，公害防止事業の範囲，

事業者の負担の対象となる費用の範囲，各事業者に負担させる額の算定など基本的なルールを定めている。

　費用負担の問題の背景として，深刻な公害の実態を踏まえ公害の防止，原状回復の必要性が高いことから，汚染者等の事業者に費用負担させるべきであるとする考え方が主張された。

◎公害防止事業費事業者負担法（1970 年制定）

1　制度の概要

　本法は，公害防止事業に要する費用の事業者負担に関し，公害防止事業の範囲，事業者の負担の対象となる費用の範囲，各事業者に負担させる額の算定その他必要な事項を定めるものとする（1条）。

　本法は，事業者の負担総額及び事業者負担金（3条~5条），事業者負担金の決定及び納付（6条~14条）などについて定めている。

2　定義（2条）

　第 1，「公害」とは，環境基本法 2 条 3 項に規定する公害をいう。

　第 2，「公害防止事業」とは，次に掲げる事業であって，事業者の事業活動による公害を防止するために事業者にその費用の全部又は一部を負担させるものとして国又は地方公共団体が実施するものをいう。

　　①工場又は事業場が設置されており，又は設置されることが確実である地域の周辺の地域において実施される緑地その他の【政令で定める】施設の設置及び管理の事業

　　②汚でいその他公害の原因となる物質がたい積し，又は水質が汚濁している河川，湖沼，港湾その他の公共の用に供される水域において実施されるしゅんせつ事業，導水事業その他の【政令で定める】事業

　　③公害の原因となる物質により被害が生じている農用地若しくは農業用施設又はダイオキシン類（ダイオキシン類対策特別措置法 2 条 1 項に規定するダイオキシン類をいう。）により土壌が汚染されている土地について実施される客土事業，施設改築事業その他の【政令で定める】事業

　　④下水道その他の施設で特定の事業者の事業活動に主として利用される
　　　【政令で定める】ものの設置の事業
　　⑤工場又は事業場の周辺にある住宅の移転の事業その他の事業であって
　　　1号から3号までに掲げる事業に類するものとして【政令で定める】
　　　もの
　第3,「施行者」とは，国が公害防止事業を実施する場合にあっては国の行
政機関又は地方公共団体の長，地方公共団体が公害防止事業を実施する場合
にあつては当該地方公共団体の長をいう。

汚染農地の復元事業

　イタイイタイ病については，例えば，1971年～76年神通川流域でカドミウム
汚染の細密調査が行われるなどし，2012年3月汚染農地の復元事業が完了した。

【裁判外の公害紛争処理】
3　公害紛争処理を目的とする法律・法制度

　Q　公害等調整委員会や都道府県公害審査会は，どのような役割をしているか
（例，スパイクタイヤ問題，豊島産廃問題）。
　A　本制度は総務省の外局として設置され，裁判外紛争処理制度（ADR）とし
て，迅速，適正な紛争解決を目的としている。すなわち，公害に係る紛争につ
いて，あっせん，調停，仲裁及び裁定の制度を設けている。公害等調整委員会は
国レベル，都道府県公害審査会は地方自治体レベルにおいて，裁判外紛争処理
機関として公害に関する紛争処理において重要な役割を果たしてきた。
　後掲引用にあるように本制度は裁判にない優れた特徴を有するが，紛争処理
の範囲が「公害」とされていることは環境問題の広がりを考慮すると狭いとい
わざるを得ない。裁判外紛争処理制度が果たすべき機能を発揮することが望ま
れる。
　本制度における調停は民法上の和解と同様の効果を有するが，確定判決のよ
うな執行力は有しない。

◎公害紛争処理法（1970年制定）

1 制度の概要

本法は，公害に係る紛争について，あっせん，調停，仲裁及び裁定の制度を設けること等により，その迅速かつ適正な解決を図ることを目的とする（1条）。

本法は，公害に係る紛争の処理機構（公害等調整委員会（3条〜12条），都道府県公害審査会等（13条〜23条）），公害に係る紛争の処理手続（あっせん（28条〜30条），調停（31条〜38条），仲裁（39条〜42条），裁定（責任裁定（42条の12〜42条の26の2），原因裁定（42条の27〜42条の33））などについて定めている。

罰則の規定がある（51条〜55条）。

2 定義（2条）

「公害」とは，環境基本法2条3項に規定する公害をいう。

3 公害等調整委員会

公害等調整委員会は，この法律の定めるところにより公害に係る紛争についてあっせん，調停，仲裁及び裁定を行うとともに，地方公共団体が行う公害に関する苦情の処理について指導等を行う（3条）。

公害等調整委員会は独立して準司法的な権限を行使する行政委員会で，①調停や裁定（原因裁定，責任裁定）などによって公害紛争の迅速・適正な解決を図ること（公害紛争処理制度），②鉱業，採石業又は砂利採取業と一般公益等との調整を図ること（土地利用調整制度）を主な任務としている。

4 都道府県公害審査会の設置

都道府県は，条例で定めるところにより，都道府県公害審査会を置くことができる（13条）。

5 責任裁定の効果

　公害等調整委員会による責任裁定がされた場合には，裁定書の正本が当事者に送達された日から30日以内に当該責任裁定に係る損害賠償に関する訴えが提起されないとき，又はその訴えが取り下げられたときは，当該責任裁定にかかる損害賠償に関し，当事者間に裁定と同一の内容の合意が成立したものとみなされる（42条の20）。

◎出典　公害等調整委員会

　「公害紛争の迅速・適正な解決を図るため，司法的解決とは別に，「公害紛争処理法」に基づき公害紛争処理制度が設けられ，公害紛争を処理する機関として，各都道府県に公害審査会等が，国に公害等調整委員会が置かれています。

　このような公害紛争処理機関とは別に，公害苦情を迅速・適正に解決するために，都道府県及び市区町村には公害苦情の相談窓口が設けられています。

　公害等調整委員会と，都道府県の公害審査会等は，それぞれの管轄に応じ，独立して紛争の解決に当たっていますが，制度の円滑な運営を図るため，情報交換などを通じ相互の連携を図っています。」

公害紛争処理の流れ

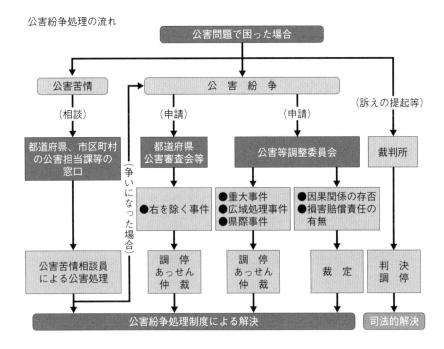

◎**出典　総務省**（①～⑥）

①公害等調整委員会

公害等調整委員会は，昭和 47 年 7 月 1 日，土地調整委員会（昭和 26 年 1 月 31 設置）と中央公害審査委員会（昭和 45 年 11 月 1 日設置）とを統合して設置された国家行政組織法 3 条に基づく行政委員会である。

当委員会は，

1．公害紛争について，あっせん，調停，仲裁及び裁定を行い，その迅速かつ適正な解決を図ること（公害紛争処理制度）

2．鉱業，採石業又は砂利採取業と一般公益等との調整を図ること（土地利用調整制度）を主たる任務としている。

②公害紛争処理制度の仕組み

公害紛争の迅速・適正な解決を図るため，司法的解決とは別に「公害紛争処理法」（1970 年制定）に基づき公害紛争処理制度が設けられている。公害紛争を処理する機関としては，国に公害等調整委員会が，都道府県に都道府県公害審査会等が置かれている。公害等調整委員会と都道府県公害審査会等は，それぞれの管轄に応じ，独立して紛争の解決に当たっているが，制度の円滑な運営を図るため，相互に密接な情報交換や連絡協議を行っている。

また，公害苦情を迅速・適正に解決するために，公害紛争処理制度の一環として，都道府県及び市区町村に公害苦情の相談窓口が設けられている。

③公害紛争処理制度の特長

公害紛争処理制度は，公害紛争を民事訴訟で争った場合，その解決までに多くの時間と費用がかかるなど，被害者の救済の面では必ずしも十分でなかったことから生まれた制度である。このため，この制度には民事訴訟に比べ，(1)専門的知見を活用できる，(2)機動的な資料収集・調査を行うことができる，(3)迅速な解決が図られる，(4)費用が安い，など様々な特長がある。

④公害紛争処理手続の種類

公害紛争処理制度には，「あっせん」，「調停」，「仲裁」及び「裁定」の手続がある。

このうち，調停は，公害紛争処理機関が当事者の間に入って両者の話合いを積極的にリードし，双方の互譲に基づく合意によって紛争の解決を図る手続で，これまで一番多く利用されている。

裁定は，損害賠償責任の有無（責任裁定），加害行為と被害との間の因果関係の存否（原因裁定）に関し，法律的判断を行うことにより，紛争の解決を図る手続である。

調停は都道府県公害審査会等でも行われますが，裁定は公害等調整委員会のみが行いる。

⑤公害等調整委員会が扱った主な事件

渡良瀬川鉱毒事件，水俣病に関する事件，大阪国際空港騒音等に関する事件，スパイクタイヤ粉じん被害に関する事件，小田急線の騒音被害に関する事件，豊島の産業廃棄物に関する事件，杉並病原因裁定事件（杉並区の不燃ごみ中継施設周辺の健康被害に関する事件），尼崎市の大気汚染被害に関する事件，有明海の漁業被害に関する事件，黒部川河口海域の漁業被害に関する事件，川崎市の土壌汚染被害に関する事件などがある。

⑥豊島産業廃棄物水質汚濁被害等調停申請事件

豊島（香川県土庄町）の住民約 450 人が，産業廃棄物処理業者，産業廃棄物排出事業者，香川県等と被申請人として，産業廃棄物の撤去と損害賠償を求めた。

本事件では，約 2.4 億円もの国費を投じて実態調査が実施され，その結果が大きく調停に影響している。2000 年 6 月に成立した調停（公害等調整委員会平 12・6・6 調停）において，香川県は，2016 年度末までに廃棄物を島外搬出することを約した。排出事業者との間にも，対策費用を一部負担する旨の調停が成立している。」

公害紛争処理制度の機能についてみると，本件は公害紛争処理制度の機能が十分に発揮された事例として評価することができる。

【年表】

1975 年 12 月，事業者が香川県に産廃処理業の許可を申請，1977 年 6 月，住民が産廃処理場建設差止を求めて提訴，1978 年 2 月，県が産廃処理業を許可，同年 10 月，同訴訟和解，1983 年頃，事業者が許可外の産廃を投棄（自動車の破砕，廃油など），野焼きを開始（1990 年 11 月，兵庫県警が業者を強制捜査するまで投棄が続く），1993 年，住民と香川県が国に公害調停を申立て，2000 年 6 月，住民と香川県の調停成立，2003 年 4 月，豊島からの産廃搬出が開始，同年 9 月直島（香川県直島町）での無害化処理が開始，2017 年 3 月，産廃の島外搬出が完了（91 万 2373 トン），同年 6 月，無害化処理が完了。

不法投棄の現場は，瀬戸内海国立公園の中。産廃撤去にかかった県の費用は国からの補助金を含め 727 億円。原状回復や地下水浄化は今後の課題として残っている（以上，朝日新聞 2017 年 8 月 21 日付朝刊「豊島「再生」埋まらぬ溝，住民の思い「元の里山に戻して」，香川県，穴を埋め戻せば「終わり」（田中志乃）」参照）。」

参考文献

公害等調整委員会事務局編『公害紛争処理制度 10 年の歩み』（1980 年）
黒川哲志「警察・環境行政における費用負担」法律時報 88 巻 2 号 31 頁（2016 年）

V　環境政策

　環境法は環境問題に対する法的アプローチをいうが，環境政策は環境問題に対する国や地方公共団体による政策的アプローチをいう。法を広く捉えると環境政策も法的アプローチということができる。環境法は環境政策とともに，環境問題解決のために重要な役割を担っている。環境政策は環境立法（法律や条例）に基づいて立案され実施されることが多いが，直接には環境立法に基づかない場合もある。環境政策と環境法は密接に関連していることから，環境法教科書では「環境法政策」として扱うものが多い。環境政策論では，規範論を踏まえて政策を進めることが肝要であり，政策は法規範に裏打ちされたものでなければならない。政策論のなかには法規範との関係に言及しないものもあるが，環境法の研究では政策論における規範論の位置づけを明確にすることが必要である。環境政策は，これ自体が環境問題である。本章では「環境問題へのアプローチ」の1つとして，環境政策をとりあげ，国の環境基本計画を基軸に概観する。

図V—1　環境問題に対する環境政策からのアプローチ

環境問題　←　環境政策

第1　環境政策と環境基本計画

1　概　観

　環境問題に対する対策は，法律・条例や政策に基づき執行機関としての行政機関によって進められる。日本の公害対策は前述のように一応の成功を収めたものの，その後の環境問題の出現及び問題解決に対応するために新たな対応が必要とされ，関係各分野の検討が進められた。

　環境政策については国とともに地域の政策が進められた。地方公共団体（都

道府県，市町村）が策定した環境基本計画は，国の環境基本計画と比べてどのような特色があるかを明らかにすることが必要である。

環境行政は環境政策に基づいて実施される。

なお，環境省「21世紀環境立国戦略」が2007年，第1次安倍晋三内閣のもとで策定され，低炭素，循環，自然共生などについて整理している。

2 国の環境基本計画

日本における環境政策の柱となる考え方は，国及び地方公共団体が策定する環境基本計画に定められている。

国の環境基本計画は環境基本法第15条に基づき政府が定める環境の保全に関する基本的な計画であり，環境保全に関する総合的かつ長期的な施策の大綱となるものである。

環境基本法に基づく国の環境基本計画は，第1次〜第5次にわたる。

第1次環境基本計画　（平成6年12月16日閣議決定）

第2次環境基本計画　（平成12年12月22日閣議決定）

第3次環境基本計画　（平成18年4月7日閣議決定）

第4次環境基本計画　（平成24年4月27日に閣議決定）

第5次環境基本計画　（平成30年4月17日閣議決定）

⑴　環境基本計画と予防原則

第3次環境基本計画は，「予防的な取組方法の考え方に基づく対策を必要に応じて講ずる」と述べ，予防原則を明示した。これは第2次環境基本計画の「予防的な方策」を発展させたとの見方もある。予防原則は，1992年国連環境開発会議のリオ宣言（第15原則）に由来する考え方をいう。

⑵　SDGsの活用

第5次環境基本計画は，2015年9月に採択された「持続可能な開発目標（SDGs）」の考え方も活用し，経済，国土，地域，暮らし，技術，国際の分野横断的な6つの重点戦略を設定し，重点戦略を支える環境政策の一つに気候変動対策を掲げている。そして，2015年12月に採択されたパリ協定を踏まえ，

地球温暖化対策計画に掲げられた各種施策等を実施すること，長期大幅削減に向けた火力発電（石炭火力等）を含む電力部門の低炭素化を推進すること，気候変動の影響への適応計画に掲げられた各種施策を実施することを定めている。

◎出典　環境省──第4次環境基本計画

「環境政策の方向性など

　⑴環境行政の究極目標である持続可能な社会を，「低炭素」・「循環」・「自然共生」の各分野を統合的に達成することに加え，「安全」がその基盤として確保される社会であると位置づけた。

　⑵持続可能な社会を実現する上で重視すべき方向として，以下の4点を設定した。

　①政策領域の統合による持続可能な社会の構築

　②国際情勢に的確に対応した戦略をもった取組の強化

　③持続可能な社会の基盤となる国土・自然の維持・形成

　④地域をはじめ様々な場における多様な主体による行動と参画・協働の推進

　⑶「社会・経済のグリーン化とグリーン・イノベーションの推進」，「国際情勢に的確に対応した戦略的取組の推進」，「持続可能な社会を実現するための地域づくり・人づくり，基盤整備の推進」の他6つの事象面で分けた重点分野からなる9つの優先的に取り組む重点分野を定めたほか，東日本大震災からの復旧・復興に係る施策及び放射性物質による環境汚染対策について，それぞれ「章」として取り上げた。」

◎出典　環境省──第5次環境基本計画の閣議決定について

　「環境基本計画は，環境基本法に基づき，政府の環境の保全に関する総合的かつ長期的な施策の大綱等を定めるものです。中央環境審議会の答申を受け，第5次環境基本計画を平成30年4月17日（火）に閣議決定しました。

　1．経緯

　環境基本計画は，環境基本法に基づき，政府全体の環境保全施策の総合的かつ計画的な推進を図るため，総合的かつ長期的な施策の大綱などを定めるものです。第4次環境基本計画は，平成24年4月に策定されており，その中で内外の社会経済の変化等に柔軟かつ適切に対応して，5年後程度が経過した時点を目途に見直す旨が記載されています。

　この環境基本計画の見直しについて，平成29年2月に環境大臣から中央環境審議会に対し諮問が行われ，これを受けて中央環境審議会総合政策部会において約1年間にわたり審議が行われてきました。

　平成30年4月9日（月）に中央環境審議会から環境大臣に対して答申が行われ，これを踏まえ，第5次環境基本計画を閣議決定しました。

2．第5次環境基本計画のポイント

⑴本計画は，SDGs，パリ協定採択後に初めて策定される環境基本計画です。SDGsの考え方も活用しながら，分野横断的な6つの「重点戦略」を設定し，環境政策による経済社会システム，ライフスタイル，技術などあらゆる観点からのイノベーションの創出や，経済・社会的課題の「同時解決」を実現し，将来に渡って質の高い生活をもたらす「新たな成長」につなげていくこととしています。

⑵その中で，地域の活力を最大限に発揮する「地域循環共生圏」の考え方を新たに提唱し，各地域が自立・分散型の社会を形成しつつ，地域の特性に応じて資源を補完し支え合う取組を推進していくこととしています。」

3　環境政策の方法

環境政策の方法（手法）として，総合的方法，規制的方法，誘導的方法，経済的方法，情報的方法などが指摘されている（倉阪秀史『環境政策論（3版）』229頁以下（信山社，2014年），大塚BASIC60頁以下）。それぞれの方法は，それぞれの環境問題に対する政策的アプローチの特徴を示すものである。各方法は，環境政策の態様の違いを整理するものとして意義がある。ただし，誘導的方法では経済的方法，情報的方法などが活用されるように，上記の各方法は並列的に捉えるものではない。

また，今日の複雑な環境問題に対応するためには，単一の環境政策だけでは十分に対応することができないことがあり，複数の環境政策の方法を必要とする場合がある。基本的には，従来，公害対策として採用されてきた規制方法の限界が認識され，複数の方法を多元的に展開することが有益であるとされている。このような考え方は環境政策におけるポリシーミックスとして位置づけられている（倉阪・前掲書260頁以下，大塚BASIC61頁）。ポリシーミックスは，複雑化した今日の環境問題への政策アプローチとして必要である。もっとも，ここでも「規制から多元的方法へ」で確認したように，複数のポリシーを並列的に捉えず優先順位を考慮することが必要であろう。優先順位の判断の要点は裸の政策ではなく，法規範に裏打ちされた政策かどうかに求められるべきである。

環境政策の方法は，環境法における環境保全の方法（手法）でもある。

環境政策における以上のような考え方は，環境基本法における考え方に基

礎を置いている（本書Ⅳで概観）。

4　環境政策の目的

　開発と環境とは従来，対立するものと受け止められてきた。かつての公害立法に存在した経済調和条項は，環境と開発の調和をめざしていたが，調和とは何かは必ずしも明確でなく，実際にはしばしば議論は対立した。しかし，その後，持続的発展という新しい視点のもとに「環境と開発の統合」という考え方が主張されるようになった。ここでは従来と異なり，統合 (integration)，すなわち環境を追求しながら開発を追求すること，あるいはその逆，開発を追求しながら環境を追求することをめざしている。

　しかしながら，「環境と開発の統合」は理念としては支持が得られたが，統合の考え方のもとでも具体的問題になると難しい。例えば，地球温暖化対策の考え方の対立に現れる。従来，各国・地域は地球温暖化対策の方針を打ち出そうとしてきたが，先進国・途上国の問題をはじめ各国・地域の事情が絡みあっていて単純ではない。こうした状況を克服する考え方として，環境政策の目的（目標）の中枢に持続的発展の概念を位置づけることができる（持続的発展については本書Ⅶで概観する）。

5　環境政策と法規範

①原子力発電所の稼働について

　2011 年 3 月 11 日の東日本大震災，原子力発電所事故は，環境政策，環境法のあり方について貴重な教訓を提示している。

　原子力発電所は，現代科学・技術の到達点を実用化したものということができ，私たちの生活に必要不可欠な電力を安定的に供給することができる。しかし，事故により，人身被害，物的被害とともに深刻な環境問題を出現させている（さらに，地域コミュニティの破壊，地域崩壊という言葉も聞かれる。風評被害も軽視することはできない。なお，原発風評被害損害賠償請求事件名古屋高金沢支判平元・5・17 判時 1322 号 99 頁，判タ 705 号 108 頁参照）。このことをどのように捉えるべきか，私たちは重い選択をしなければならない。

　日本では従来，原子力発電を基軸とする政策は国家課題として推進されて

きた。社会経済の発展，国民生活の維持・向上は安定的な電力供給を基礎にしなければならないとされ，かかる政策は高度の公益性に担保されてきた。そして，これは人間の利益を増大させることを主眼にする人間中心主義によって補強することができる。日本の原子力発電所は安全で事故は起きないと信じられてきたが，事故は発生した。この事故は大地震とその後の大津波による電源消失という事態に起因しており，事故原因に関する受け止め方は同一でない。事故を冷静にみるべきだとする意見も強い。安全性に絶対(100%)の保証はできないことを認識しつつ，安全といわれてきた原子力発電所が事故を起こしたという事実を受け止めると，原子力発電所はエネルギー政策としては必要不可欠との結論が出ても，事故によって生命，身体，財産，文化に回復のできないような被害が発生し，事故処理に100年単位の期間を必要とする事実を規範論として深めることが必要であった。要点は，事故発生の確率だけではなく，事故が発生した場合の影響の深刻性と事故処理のコントロールの可能性にも求められるべきである。放射性廃棄物の処理問題も指摘されている。ここでは政策と規範が対立することがある。地球環境主義の考え方は規範に基づく選択をとることになろう。

　以上を環境問題として整理すると，環境法と環境政策のそれぞれの卓越性が問われている。規範論と政策論をみると，規範を扱う法学の議論が劣勢に立っていた。法政策として一括すると問題の所在が隠れてしまい，議論が曖昧になる。環境法と環境政策との関係を自覚的に問いかけることが必要ではないだろうか。

　以上の問題と関連して，平時と異常時という視点について補足する。大規模災害が発生した場合に，平時の規範をそのまま用いることができるか，それとも異常時として別に対応すべきかという視点が重要であり，両者の目安を明確にすることは必要であろう（小賀野晶一「原子力発電所事故と損害賠償責任」101頁以下『民事法学の歴史と未来（田山輝明先生古稀記念論文集）』（成文堂，2014年））。例えば，2011年3月11日の東日本大震災及びこれに起因する東京電力福島原子力発電所事故の被害補償については，全体として平時の法理論を基礎にする対応が採られたが適切な対応であったかどうかを問うことは許されるであろう（例えば原発避難者の損害が問題となった前橋地判平29・3・17判時2339号4頁

など，多数に及ぶ裁判例と紛争の深刻化を参照）。

②受働喫煙問題について

受働喫煙問題は主に私たちの健康面から論じられているが，環境面における問題もある。政策論において法規範さらに科学はどのような役割を果たすことができるかについて受働喫煙問題で考えると，受働喫煙をめぐる屋内原則禁煙を主張する厚生労働省（塩崎恭久大臣）と，これに慎重な自民党案の対立に学ぶことができる（2017 年 6 月現在までに公表された意見参照）。

塩崎厚生労働大臣（当時）の考え方は政策・対策の基本に医学，科学的知見を据えるものであり，受働喫煙で年間約 1 万 5 千人が亡くなっているという事実を重視し，ここから政策提案をした。これは規範論に基づく政策提案である。自民党案は受働喫煙の危険性については認識しつつも，客離れを懸念する飲食業界の利益に配慮し，一定面積以下の飲食店には分煙可能を認めようとするものであった。分煙により健康被害の恐れを回避できるのであればともかく，そのような医学情報が明確でない現状では，飲食店の利益，さらにはそれを利用する一部の喫煙者の利益をはかることは，現在の利益を重視するものといえよう（かかる考え方は環境法における人間中心主義につながる）。

なお，以上のように考えると，公園等の屋外喫煙場所を設置することについても，周辺の住民，公園を利用する者，道路を通行する歩行者等の健康上の利益を考慮していない面がある（同種の問題を含む自転車競技に係る場外車券発売施設（サテライト大阪）設置許可取消請求事件最判平 21・10・15 民集 63 巻 8 号 1711 頁参照）。

◎**出典　外務省**——持続可能な開発目標（SDGs）とは

「持続可能な開発目標（SDGs）とは，2001 年に策定されたミレニアム開発目標（MDGs）の後継として，2015 年 9 月の国連サミットで採択された「持続可能な開発のための 2030 アジェンダ」にて記載された 2016 年から 2030 年までの国際目標です。持続可能な世界を実現するための 17 のゴール・169 のターゲットから構成され，地球上の誰一人として取り残さない（leave no one behind）ことを誓っています。SDGs は発展途上国のみならず，先進国自身が取り組むユニバーサル（普遍的）なものであり，日本としても積極的に取り組んでいます。」

◎出典　内閣府地方創生事務局——環境モデル都市・環境未来都市・SDGs 未来都市

「世界的に進む都市化を見据え，持続可能な経済社会システムを実現する都市・地域づくりを目指す「環境未来都市」構想を進めています。

環境モデル都市は，持続可能な低炭素社会の実現に向け高い目標を掲げて先駆的な取組にチャレンジする都市で，目指すべき低炭素社会の姿を具体的に示し，「環境未来都市」構想の基盤を支えています。

環境未来都市は，環境や高齢化など人類共通の課題に対応し，環境，社会，経済の三つの価値を創造することで「誰もが暮らしたいまち」「誰もが活力あるまち」の実現を目指す，先導的プロジェクトに取り組んでいる都市・地域です。

これらの環境モデル都市と環境未来都市を一体的に推進することで，「環境未来都市」構想の理想とする都市・地域の早期実現を目指しています。

また，持続可能な開発目標（SDGs）は，経済・社会・環境の三側面における持続可能な開発を統合的取組として推進するものです。一方，これまで取り組んできた「環境未来都市」構想では，早くから環境・社会・経済の三側面における新たな価値創出によるまちの活性化を目指してきました。この考え方は，SDGs の理念と軌を一にするものであり，SDGs の達成に向けた取組の先行例といえます。

このため，地方創生を一層促進するために，「環境未来都市」構想を更に発展させ，新たに SDGs の手法を取り入れて戦略的に進めていくことにより，我が国全体における持続可能な経済社会づくりの推進を図り，その優れた取組を世界に発信していきます。」

参考文献

淡路剛久・吉村良一・除本理史編『福島原発事故賠償の研究』（日本評論社，2015 年）

淡路剛久監修吉村良一・下山憲治・大坂恵里・除本理史編『原発事故被害回復の法と政策』（日本評論社，2018 年）

第2　環境行政機関の組織と役割

環境行政を総合的に司るのは，国は環境省，地方公共団体は環境部局である。もっとも，このことは，他の省庁・他の部局が環境問題に関知しないということではない。むしろ，他の省庁・他の部局には，それぞれの政策，行政課題の取り組みのなかで環境配慮が求められており，環境行政を担っている（PRTR 法，個別リサイクル法等は経済産業省，森林など自然保護等は農林水産省，都市緑地の保全，河川，海岸等は国土交通省など，多くの組織に及んでいる）。以上のよう

な環境問題に対する取組みの全体を総括するのが環境省であり，地方公共団体の環境部局でなければならない。

1　環境省設置法

以下，環境省をとりあげ，環境省設置法について概観する。2001 年に環境庁に代わって環境省が設置された。

◎環境省設置法（1999 年制定）

〔1　制度の概要〕

本法は，環境省の設置並びに任務及びこれを達成するため必要となる明確な範囲の所掌事務を定めるとともに，その所掌する行政事務を能率的に遂行するため必要な組織を定めることを目的とする（1条）。

〔2　環境省の設置（2条）〕

国家行政組織法（昭和 23 年）3 条 2 項の規定に基づいて，環境省を設置する。

〔3　任務（3条）〕

第 1，環境省は，地球環境保全，公害の防止，自然環境の保護及び整備その他の環境の保全（良好な環境の創出を含む。以下単に「環境の保全」という。）並びに原子力の研究，開発及び利用における安全の確保を図ることを任務とする。

第 2，以上に定めるもののほか，環境省は，同項の任務に関連する特定の内閣の重要政策に関する内閣の事務を助けることを任務とする。

第 3，環境省は，前項の任務を遂行するにあたり，内閣官房を助けるものとする。

〔4　所掌事務（4条）〕

第 1，環境省は，3 条第 1 の任務を達成するため，次に掲げる事務をつかさどる。

　①環境の保全に関する基本的な政策の企画及び立案並びに推進に関する

こと。

②環境の保全に関する関係行政機関の事務の調整に関すること。

③地球環境保全，公害の防止並びに自然環境の保護及び整備（以下この号において「地球環境保全等」という。）に関する関係行政機関の経費の見積りの方針の調整並びに地球環境保全等に関する関係行政機関の試験研究機関の経費（大学及び大学共同利用機関の所掌に係るものを除く。）及び関係行政機関の試験研究委託費の配分計画に関すること。

④削除

⑤国土利用計画（国土利用計画法4条に規定する計画をいう。）のうち同条に規定する全国計画の作成に関すること（環境の保全に関する基本的な政策に係るものに限る。）。

⑥特定有害廃棄物等（特定有害廃棄物等の輸出入等の規制に関する法律に規定する特定有害廃棄物等をいう。）の輸出，輸入，運搬及び処分の規制に関すること（貿易管理に関するものを除く。）。

⑦南極地域の環境の保護に関すること。

⑧環境基準（環境基本法16条1項に規定する基準をいう。）の設定に関すること。

⑨公害の防止のための規制に関すること。

⑩公害に係る健康被害の補償及び予防に関すること。

⑪公害の防止のための事業に要する費用の事業者負担に関する制度に関すること。

⑫自然環境が優れた状態を維持している地域における当該自然環境の保全に関すること。

⑬自然公園及び温泉の保護及び整備並びにこれらに関する事業の振興に関すること。

⑭景勝地及び休養地並びに公園（都市計画上の公園を除く。）の整備に関すること。

⑮皇居外苑，京都御苑及び新宿御苑並びに千鳥ケ淵戦没者墓苑の維持及び管理に関すること。

⑯野生動植物の種の保存，野生鳥獣の保護及び管理並びに狩猟の適正化

その他生物の多様性の確保に関すること。

⑰人の飼養に係る動物の愛護並びに当該動物による人の生命，身体及び財産に対する侵害の防止に関すること。

⑰の2　愛玩動物看護師に関する事務のうち所掌に係るものに関すること。

⑱自然環境の健全な利用のための活動の増進に関すること。

⑲廃棄物（廃棄物の処理及び清掃に関する法律に規定する廃棄物をいう。）の排出の抑制及び適正な処理（浄化槽による，し尿及び雑排水の処理を含む。）並びに清掃に関すること。

⑲の2　原子炉の運転等（原子力損害の賠償に関する法律2条1項に規定する原子炉の運転等をいう。）に起因する事故により放出された放射性物質による環境の汚染への対処に関すること。

⑳石綿による健康被害の救済に関すること（他の府省の所掌に属するものを除く。）。

㉑前各号に掲げるもののほか，専ら環境の保全を目的とする事務及び事業に関すること。

㉒環境の保全の観点からの次に掲げる事務及び事業に関する基準，指針，方針，計画その他これらに類するものの策定並びに当該観点からのこれらの事務及び事業に関する規制その他これに類するもの（ホ，ヌ及びヲにあっては当該規制の実施，ヘにあっては当該整備に関する援助，チにあっては当該監視及び測定の実施，ルにあっては当該把握された化学物質の量の集計及びその結果の公表，ヨにあっては環境影響評価に関する審査）に関すること。

　イ　温室効果ガス（大気を構成する気体であって，地表からの赤外線を吸収し，及びこれを放射する性質を有するものをいう。）の排出の抑制

　ロ　オゾン層の保護

　ハ　海洋汚染の防止

　ニ　工場における公害の防止のための組織の整備

　ホ　工場立地の規制

　ヘ　公害の防止のための施設及び設備の整備

　ト　下水道その他の施設による排水の処理

　チ　放射性物質に係る環境の状況の把握のための監視及び測定

　リ　森林及び緑地の保全

　ヌ　化学物質の審査及び製造，輸入，使用その他の取扱いの規制

　ル　事業活動に伴い事業所において環境に排出される化学物質の量及び事業活動に係る廃棄物の処理を事業所の外において行うことに伴い当該事業所の外に移動する化学物質の量の把握並びに化学物質の管理の改善の促進

　ヲ　農薬の登録及び使用の規制

　ワ　資源の再利用の促進

　カ　河川及び湖沼の保全

　ヨ　環境影響評価

　タ　イからヨまでに掲げるもののほか，その目的及び機能の一部に環境の保全が含まれる事務及び事業

㉓所掌事務に係る国際協力に関すること。

㉔【政令で定める】文教研修施設において所掌事務に関する研修を行うこと。

㉔の2　原子力規制委員会設置法4条1項に規定する事務

㉕以上に掲げるもののほか，法律（法律に基づく命令を含む。）に基づき環境省に属させられた事務

　第2，以上に定めるもののほか，環境省は，前条2項の任務を達成するため，同条1項の任務に関連する特定の内閣の重要政策について，当該重要政策に関して閣議において決定された基本的な方針に基づいて，行政各部の施策の統一を図るために必要となる企画及び立案並びに総合調整に関する事務をつかさどる。

2　環境省機構図（2018年度末）

　環境省の組織は環境問題に的確に対応するため適宜修正をしてきた。直近の機構図（審議会等は省略）は以下のようになっている（環境省資料）。

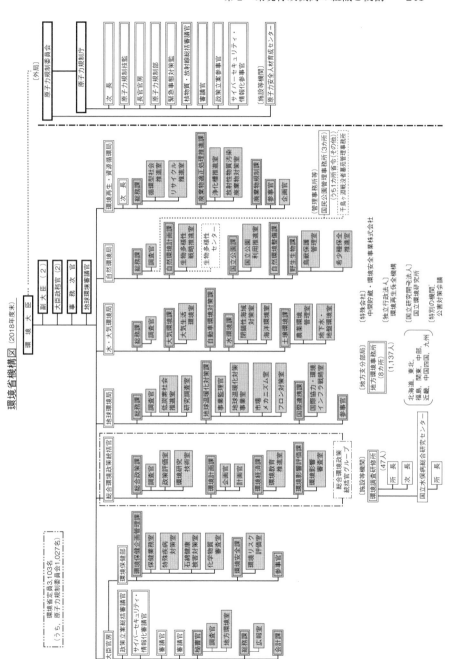

環境省機構図（2018年度末）

3　組織紹介（内部部局）

環境省は組織の能力を最大限に発揮するため，以下のように内部部局は7つのグループに編成されている（環境省資料）。

4　組織紹介（地方支分部局・外局等）

環境省の任務を円滑に遂行するため，以下のように地方支分部局と外局等を設けている（環境省資料）。

参考文献

環境庁20周年記念事業実行委員会編『環境庁二十年史』（ぎょうせい，1991年）

第3　地球環境問題・エネルギー問題に関する環境政策

環境政策といえるものは，環境基本計画を柱にして国レベル，地方公共団体レベルにおいて様々に存在する。以下，地球環境問題・エネルギー問題に関する国家政策の中枢として注目されている計画を掲げる。それぞれ，どのような背景のもとに策定されたか，何をめざしているのか，具体的な方法・内容等の詳細は資料の原典を参考にされたい。

1　「地球温暖化対策計画」（2016年5月閣議決定）

本計画は，地球温暖化対策の推進に関する法律8条1項及び「パリ協定を踏まえた地球温暖化対策の取組方針にいて」（2015年平成27年12月22日地球温暖化対策推進本部決定）に基づいて策定された。

「地球温暖化問題は，その予想される影響の大きさや深刻さから見て，人類の生存基盤に関わる安全保障の問題と認識されており，最も重要な環境問題の一つである。既に世界的にも平均気温の上昇，雪氷の融解，海面水位の上昇が観測されているほか，我が国においても平均気温の上昇，暴風，台風等による被害，農作物や生態系への影響等が観測されている。地球温暖化対策推進法第1条において規定されているとおり，気候系に対して危険な人為的干渉を及ぼすこととならない水準で大気中の温室効果ガスの濃度を安定化さ

せ，地球温暖化を防止することは人類共通の課題である。」

②　「エネルギー基本計画」(第5次計画，2018年7月閣議決定)

　本計画は，国のエネルギー政策の長期指針として，2030年エネルギーミックスの実現と2050年シナリオとの関係を述べ，「2030年に向けた基本的な方針と政策対応」，「2050年に向けたエネルギー転換・脱炭素化への挑戦」を示し，エネルギーミックスの考え方(電源構成の最適組合せと称されることもある)を明らかにしている。

　「2011年3月の東日本大震災及び東京電力福島第一原子力発電所事故を受けて，政府は，2014年4月，2030年を念頭に，第4次エネルギー基本計画を策定し，原発依存度の低減，化石資源依存度の低減，再生可能エネルギーの拡大を打ち出した。

　第4次エネルギー基本計画の策定から4年，2030年の計画の見直しのみならず，パリ協定の発効を受けた2050年を見据えた対応，より長期には化石資源枯渇に備えた超長期の対応，変化するエネルギー情勢への対応など，今一度，我が国がそのエネルギー選択を構想すべき時期に来ている。このため，今回のエネルギー基本計画の見直しは，2030年の長期エネルギー需給見通し(2015年7月経済産業省決定。以下「エネルギーミックス」という。)の実現と2050年を見据えたシナリオの設計で構成することとした。

　エネルギー選択を構想するに際して，常に踏まえるべき点がある。

　第1に，東京電力福島第一原子力発電所事故の経験，反省と教訓を肝に銘じて取り組むことが原点であるという姿勢は一貫して変わらない。東京電力福島第一原子力発電所事故で被災された方々の心の痛みにしっかりと向き合い，寄り添い，福島の復興・再生を全力で成し遂げる。政府及び原子力事業者は，いわゆる「安全神話」に陥り，十分な過酷事故への対応ができず，このような悲惨な事態を防ぐことができなかったことへの深い反省を一時たりとも放念してはならない。発生から約7年が経過する現在も約2.4万人の人々が避難指示の対象となっている。原子力損害賠償，除染・中間貯蔵施設事業，廃炉・汚染水対策や風評被害対策などへの対応を進めていくことが必要である。また，使用済燃料問題，最終処分問題など，原子力発電に関わる

課題は山積している。これらの課題を解決していくためには，事業者任せにするのではなく，国が前面に立って果たすべき役割を果たし，国内外の叡智を結集して廃炉・汚染水問題を始めとする原子力発電の諸課題の解決に向けて，予防的かつ重層的な取組を実施しなければならない。東京電力福島第一原子力発電所事故を経験した我が国としては，2030年のエネルギーミックスの実現，2050年のエネルギー選択に際して，原子力については安全を最優先し，再生可能エネルギーの拡大を図る中で，可能な限り原発依存度を低減する。

　第2に，戦後一貫したエネルギー選択の思想はエネルギーの自立である。膨大なエネルギーコストを抑制し，エネルギーの海外依存構造を変えるというエネルギー自立路線は不変の要請である。今回のエネルギー選択には，これにパリ協定発効に見られる脱炭素化への世界的なモメンタムが重なる。こうした課題への取組は，いつの日か化石資源が枯渇した後にどのようにエネルギーを確保していくかという問いへの答えにつながっていく。エネルギー技術先進国である我が国は，脱炭素化エネルギーの開発に主導的な役割を果たしていかなければならない。エネルギー技術こそ安全確保・エネルギー安全保障・脱炭素化・競争力強化を実現するための希少資源である。全ての技術的な選択肢の可能性を追求し，その開発に官民協調で臨むことで，こうした課題の解決に果敢に挑戦する。

　以上の2点を前提とし，2030年のエネルギーミックスの実現と2050年を見据えたシナリオの設計の検討にあたっての視点は次のとおりである。エネルギー情勢は時々刻々と変化し，前回の計画の策定以降，再生可能エネルギーの価格が世界では大幅に下がるなど大きな変化につながるうねりが見られるが，現段階で完璧なエネルギー源は存在しない。現状において，太陽光や風力など変動する再生可能エネルギーはディマンドコントロール，揚水，火力等を用いた調整が必要であり，それだけでの完全な脱炭素化は難しい。蓄電・水素と組み合わせれば更に有用となるが，発電コストの海外比での高止まりや系統制約等の課題がある。原子力は社会的信頼の獲得が道半ばであり，再生可能エネルギーの普及や自由化の中での原子力の開発もこれからである。化石資源は水素転換により脱炭素化が可能だが，これも開発途上である。4

年前の計画策定時に想定した 2030 年段階での技術動向に本質的な変化はない。我が国は，まずは 2030 年のエネルギーミックスの確実な実現に全力を挙げる。

　他方で 2050 年を展望すれば，非連続の技術革新の可能性がある。再生可能エネルギーのみならず，蓄電や水素，原子力，分散型エネルギーシステムなど，あらゆる脱炭素化技術の開発競争が本格化しつつある。エネルギー技術の主導権獲得を目指した国家間・企業間での競争が加速している。我が国は，化石資源に恵まれない。エネルギー技術の主導権獲得が何より必要な国である。脱炭素化技術の全ての選択肢を維持し，その開発に官民協調で臨み，脱炭素化への挑戦を主導する。エネルギー転換と脱炭素化への挑戦。これを 2050 年のエネルギー選択の基本とする。

　以上を踏まえ，第 5 次に当たる今回のエネルギー基本計画では，2030 年のエネルギーミックスの確実な実現へ向けた取組の更なる強化を行うとともに，新たなエネルギー選択として 2050 年のエネルギー転換・脱炭素化に向けた挑戦を掲げる。こうした方針とそれに臨む姿勢が，国・産業・金融・個人各層の行動として結実し，日本のエネルギーの将来像の具現化につながっていくことを期待する。」

3　プラスチック資源循環戦略 (2019 年 5 月)

　本戦略は，プラスチック資源について，循環型社会の構築に向けた重点戦略を掲げる。背景として，海洋プラスチック等による環境汚染が深刻化し世界的課題になっていること，日本は国内で適正処理・3R を率先し国際貢献も果たしているが，一方，1 人当たりの容器包装廃棄量は世界 2 位であり，廃プラスチック有効利用率が低いこと，アジア各国での輸入規制等の課題があること，などが挙げられている。2020 年 7 月に開始したレジ袋 (プラスチック製買物袋) の有料化も関係している。

◎**出典　環境省　プラスチック資源循環戦略（概要）**

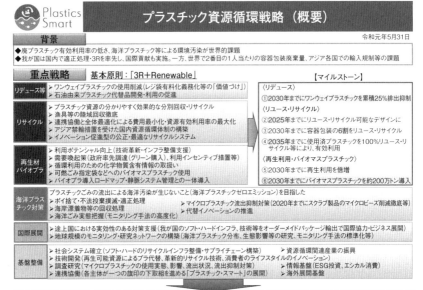

第4　環境行政

　環境政策を立案するのは主として立法と行政であり，これを実施するのは主として行政である。政策と行政は密接に関連し，重なるところもある。この分野は，法の体系でいうと主として行政法が担ってきた。この点は今後も変わらないが，政策や行政は究極的には，環境問題に対する人々の意思決定に基づいており，環境問題が私たちの生活及び生活関係に起因していることを考慮すると，これからの環境政策及び環境行政は理論及び実務の双方において環境問題の意思決定を基本にしなければならない。

　以下，環境行政の具体的事例として，水環境問題（経緯）と行政代執行（現実）についてとりあげる。前者は水環境問題について，環境行政が立法や政策と密接に関連していること，後者は，私たちの財産権に関する制限に際して

種々の利益衡量が行われていることを学ぶことができる。

1　水環境問題

1　水環境問題の経緯

◎**出典　国土交通省関東地方整備局　水環境問題の歴史的経緯**(括弧内は割愛)

環境行政の変遷 (77 頁～78 頁)

(www.ktr.mlit.go.jp/ktr_content/content/000010109.pdf)

「昭和 40 年代に行政が環境問題に取り組むようになってから現在まで，社会が直面する環境問題の変化に伴い，環境施策も変遷してきた。

　我が国では，昭和 30 年代以降の高度経済成長に伴い公害問題が深刻化し，海域においては，全国的にその開発のために埋立てが進められ，臨海部に工業地帯が形成され，立地する工場からの排水による水質汚染や排出ガスによる大気汚染が深刻化した。これらを受けて，昭和 42 年には，公害対策基本法が制定されて公害対策を総合的に推進する方向が打ち出され，昭和 45 年には，いわゆる「公害国会」において，公害対策に関する法制度の抜本的な整備強化が行われた。これらに基づく施策の推進と住民や地方公共団体の努力，企業の公害防止のための投資，技術開発等とが相まって，激甚な公害の克服に向けて努力がなされた結果，昭和 50 年代半ば頃までには顕著な成果を挙げることができた。

　水質関係では，水質汚濁防止法が制定され，翌 46 年には環境庁が設置され，水質保全行政を環境保全の視点から一元的に担当することになった。公共用水域においては，公害対策基本法に基づいて環境基準が昭和 46 年 12 月に設定され，水質汚濁防止法に基づいて水質の常時監視を行うとともに，工場，事業場に対する排水基準が定められた。高度経済成長期の海域に関連する最大の公害問題は水質・底質汚染があったことから，港湾行政では廃油処理施設の整備や汚泥浚渫等の公害防止対策事業が行われた。

　その後も大量生産，大量消費，大量廃棄型の社会経済活動や生活様式が定着するとともに，人口や社会経済活動の都市への集中が一層進んだ。瀬戸内海においては，人口及び産業の集中による水質汚濁の進行，赤潮の多発等環境が悪化したため，昭和 48 年に「瀬戸内海環境保全臨時措置法（現瀬戸内海環

境保全特別措置法）」が制定され，依然として問題の多い有機汚濁に対処するため，従来からの濃度規制に加え，昭和53年に水質総量規制が制度化され，瀬戸内海のほか東京湾，伊勢湾でも実施された。さらに，大規模な埋立てが進む中，公有水面の有限性への意識が高まり，「瀬戸内海環境保全臨時措置法」では，瀬戸内海における埋立ての抑制が方針付けられた。

　また，昭和48年の「港湾法」の改正により，重要港湾において港湾計画を策定することが義務付けられ，港湾計画に港湾の環境の整備及び保全に関する事項を定めることとなった。これにより，他の社会資本に先駆けて港湾計画の策定時に計画段階の環境アセスメントを実施することとなり，同年には「公有水面埋立法」も改正され，公有水面埋立免許の出願に際しても環境アセスメントを実施しなければならないこととなった。

　産業が原因となる有害物質による公害問題が一段落すると，代わって，生活排水等による閉鎖性海域の水質汚濁等，都市生活型の環境問題がクローズアップされるようになった。内湾，内海あるいは湖沼といった閉鎖性水域においては水質の改善が一向に進んでいないこと，有害化学物質による汚染が顕在化してきていることなどから，平成元年には有害物質による地下水の汚染等を防止するための水質汚濁防止法の改正，平成2年には生活排水対策を制度化するための水質汚濁防止法の改正がなされた。

　また，平成5年には，新たな化学物質による公共用水域等の汚染を防止するため，環境基準の健康項目の大幅な拡充・強化等を行うとともに，新たに要監視項目として25項目を設定した。海域については，富栄養化を防止するため窒素及び燐（リン）に係る環境基準及び排水基準の設定を行っている。さらに平成8年には，汚染された地下水の浄化措置等を盛り込んだ水質汚濁防止法の改正，翌年には地下水の水質汚濁に係る環境基準の設定がなされた。

　平成4年には，ブラジルのリオデジャネイロで国連環境開発会議（地球サミット）が開催され，リオ宣言が採択された。この宣言は，地球全体の環境容量の有限性を強く意識し，「持続可能な開発」，「豊かな環境の次世代への継承」を目標としたものである。国境・世代を超えて環境問題を捉えており，環境に関する考え方の大きな転換の契機となったと言える。それまで，日本の環境行政は，公害対策基本法と自然環境保全法を二本柱とする枠組みのもとで

進められてきたが，大量生産，大量消費，大量廃棄型の社会経済活動が引き起こす都市・生活公害問題や地球規模の環境問題に対処するため，平成 5 年11 月に環境政策の理念と基本的な施策の方向性を示し，総合的な環境政策展開の枠組みとなる環境基本法が制定された。

　また，環境基本法を受け，長期的，総合的な環境行政の道筋を示した環境基本計画が平成 6 年 12 月に閣議決定され，地球温暖化対策，廃棄物・リサイクル対策，化学物質対策，生物多様性保全など個別分野における総合的な政策推進のための枠組が整備された。

　国土交通省は，このリオ宣言を踏まえ，平成 6 年に「環境と共生する港湾—エコポート」を策定した。本政策は，「将来世代への豊かな港湾環境の継承」，「自然環境との共生」，「アメニティの創出」を基本理念としており，今日までの港湾環境行政の指針となっている。また，平成 12 年の「港湾法」改正に反映され，法目的に「環境の保全に配慮しつつ，港湾の整備等を図る」ことが規定されることとなった。

　近年，環境問題は益々広域化・グローバル化しており，地球温暖化に伴う気候変動や海面上昇，外来 78 生物による生態系への被害等も問題となっている。

　また，生態系に対する影響についても，従来のように生態系への影響を軽減するというだけでなく，生物の種の保存，生物多様性を確保すべきという認識が高まった。平成 14 年 3 月には新・生物多様性国家戦略が関係閣僚会議で決定され，平成 15 年 1 月には「自然再生推進法」が施行され，自然環境についても観点が深化している。さらに，ダイオキシン類等の化学物質が人体に及ぼす影響，土壌汚染問題等が顕在化してきており，環境問題の複雑化が進んでいることから，東京湾をはじめとする閉鎖性海域の水環境においては，海域や陸域を含めた総合的な対策が必要となっている。」

2　行政代執行——産業廃棄物の不適正処理を中心に
［1］概　観
　近年，日本では産業廃棄物の不適正処理，不法投棄が横行し，国や地方公共団体はその後始末や未然防止の対応に追われてきた。産業廃棄物の不適正

処理をはじめとする廃棄物問題に対して，廃棄物の処理及び清掃に関する法律（1970年。以下「廃掃法」という。）は改正を重ねることによって事業及び事業者に対する規制の強化等に努めてきたが，事業者による不祥事はなくならない。その理由として次の問題があるのではないだろうか。

　第1は，規制する側の問題であり，規制方法としての法制度の運用，あるいは法の解釈及び適用に関わる問題である。第2は，規制を受ける側の問題である。不適正処理に関与した事業者のなかには自力では原状回復の作業をすることができない者や，なかには当初より原状回復の意図を有しないと思われる者さえいる。このような事業者に対して行政庁が措置命令を発出しても，結果として徒労に終わることも少なくない。以上の2点について，法制度のあり方及び法規範のあり方を明らかにすることが必要である。

2　行政代執行と私権

　行政代執行の実施に伴う私権との調整問題である。行政代執行は行政上の強制執行手段として位置づけられ，法規制の実効性を確保するための必要となるものである。行政代執行の実施にあたっては，行政代執行法あるいは廃掃法に基づく行政代執行制度の趣旨を考慮することが必要である。行政代執行と私権が衝突する場合に，民法制度はどのように関与すべきかが問われる（以下，小賀野晶一「産業廃棄物の不適正処理と行政代執行──環境法と民法の交錯を中心に」日本法学80巻3号169頁～202頁（山川一陽教授古稀記念号）（2015年）」参照）。

(1)　行政代執行法に基づく行政代執行

　一般法である行政代執行法（1948年）によると，行政代執行は義務者が履行しない場合に，「他の手段によってはその履行を確保することが困難であり，且つその不履行を放置することが著しく公益に反する」と認められる場合に実施することができ，その費用を義務者から徴収（強制徴収）することができるという制度である（行政代執行法2条）。

　行政代執行は，第三者によって代替可能な作為義務に係る命令違反について実施される。不作為義務や非代替的作為義務については，行為の性質上，行政代執行をすることはできない。

　しばしば指摘されるように，行政代執行法における代執行の要件は厳格で使い勝手が悪いため，本法に基づく代執行は従来の実務ではほとんど活用されなかった。制度が利用されないことを吟味し，一般法としての規律が必要かどうかを含め本法に基づく行政代執行のあり方について制度論的検討をすることも必要であろう。

⑵　**廃掃法に基づく行政代執行**

　廃掃法に基づく行政代執行（19 条の 8 に基づく措置）は，1997 年廃掃法改正によって導入された。廃掃法は，廃棄物の処理基準等に違反して不適正な処理をした者に対して行政が支障の除去（原状回復）を命ずる（措置命令）必要がある場合について，①19 条の 5 命令，19 条の 6 命令の処分者等が「当該命令に係る期限までにその命令に係る措置を講じないとき，講じても十分でないとき，又は講ずる見込みがないとき」，②19 条の 5 命令につき，行政が「過失がなくて当該支障の除去等の措置を命ずべき処分者等を確知することができないとき」，③19 条の 5 命令，19 条の 6 命令につき，「緊急に支障の除去等の措置を講ずる必要がある場合において，支障の除去等の措置を講ずべきことを命ずるいとまがないとき」に，行政庁は自ら支障の除去等の措置を講ずることができる。

　以上のように，廃掃法に基づく行政代執行の実体的要件は，行政代執行法のそれよりも広げられており，要件が充足し易くなっている。また，手続的にも，原則として戒告手続が不要であり（戒告は，義務の履行期限を明示してあらかじめ文書で行う。行政代執行法 3 条 1 項），かつ代執行命令書の通知（代執行時期・執行責任者・費用概算を通知する。同条 2 項）が不要であることから（ただし，廃掃法上の代執行において相手方が確知できない場合は，公告が必要である。），簡易代執行（略式代執行）と称される。

　不適正処理に係る行政代執行の目的は，生活環境保全上の支障又は支障のおそれを除去するため，事業者に課した代替的作為義務を行政庁がその事業者に代わって実現することにある。ここに「生活環境」とは，環境基本法 2 条3 項に規定する生活環境と同義であり，社会通念に従って一般的に理解される生活環境に加え，人の生活に密接な関係のある財産又は人の生活に密接な

関係のある動植物若しくはその生育環境が含まれ,「生活環境の保全」には当然に人の健康の保護も含まれる。

措置命令の内容は不適正処理の状況によって変わり得るが，いずれにせよ書面には事業者がなすべき措置の内容が記載される。例えば，廃棄物の飛散を防止するために必要な措置を講ずること，廃棄物の法面について廃棄物による崩落等の危険がない状態にするために必要な措置を講ずること，などがある。ちなみに，改善命令は，保管基準に適合しない保管又は処理基準に適合しない産業廃棄物の収集，運搬若しくは処分が行われた場合に，再び違法な保管，収集，運搬又は処分が行われないようにするため，基準に適合するように保管，収集又は処分の方法の変更その他の措置を講ずるように命ずるものであり，不適正処理について，生活環境保全上の支障が生じ，又はそのおそれがあるときは措置命令によるべきこととされている。

不適正処理に係る行政代執行は実際には，生活環境保全上の支障が生じるおそれを除去するために，地下水等の汚染防止対策，廃棄物崩落・飛散防止対策を行うものが多い。これらの対策は，代替可能な作為義務に関するものであり，廃棄物処理等に関する専門的技術を必要とする。また，この事業は高度の公益性を有すること，対策等に緊急性があること，概して長期，継続的な対策を講じなければならないことなどに特徴がある。これに対して，行政代執行法が予定している行政代執行の態様は通常，不法占拠された土地等の明渡しなど，1回から数回でその目的が達成できるものであり（このことは当該業務が容易であることを意味するものではない），ここでの行政代執行と不適正処理に係る行政代執行とでは問題の性質や状況がかなり違っている。

(3)　調整の視点

不適正処理地の利用関係を踏まえて，代執行と財産権等の私権との衝突を適正に調整することが必要である。不適正処理地の権利関係等をみると，原因者が当該土地を自ら所有しているケースや，汚染原因者である事業者が複数の土地所有者との間で締結した土地賃貸借契約に基づいて使用しているケースがあり，また，事業者が破産又は倒産状態にあり，あるいは許可された業を稼働していないケースがある。なお，ここでの土地賃貸借は通常，建

物所有を目的とするものではないので，借地借家法の適用はない（借地借家法
1 条参照）。問題解明にあたり，対象地の権利関係等を踏まえ，土地所有権や土
地賃借権の適正なあり方を求めることが必要である。

参考文献

　環境庁編『日本の環境政策』（日本環境協会，1977 年）

　加藤一郎編『日本の新しい環境政策を考える』（ぎょうせい，1989 年）

　宇都宮深志『環境創造の行政学的研究』（東海大学出版会，1984 年），同『環境理念
と管理の研究——地球時代の環境パラダイムを求めて』（東海大学出版会，1995 年），
同『環境行政の理念と実践』（東海大学出版会，2006 年）

　山村恒年『自然保護の法と戦略（2 版）』（有斐閣，1994 年）

　橋本道夫『環境政策』（ぎょうせい，1999 年）

　岡敏弘『環境政策論』（岩波書店，1999 年）

　『日系企業の海外活動に当たっての環境対策（マレーシア編）〜「平成 11 年度日系企
業の海外活動に係る環境配慮動向調査」報告書』（（財）地球・人間環境フォーラム，
2000 年 3 月）

　柳憲一郎『環境法政策——日本・EU・英国にみる環境配慮の法と政策』（清文社，
2001 年）

　田中充・中口毅博・川嶋健次編著『環境自治体づくりの戦略——環境マネジメント
の理論と実践』（ぎょうせい，2002 年）

　松下和夫『環境ガバナンス』（岩波書店，2002 年）

　大塚直編著『地球温暖化をめぐる法政策』（昭和堂，2004 年）

　『第 3 次 OECD レポート　日本の環境政策』（中央法規，2011 年）

　倉阪秀史『環境政策論（3 版）』（信山社，2014 年）

　北村喜宣『自治体環境行政法（7 版）』（第一法規，2015 年），同『環境法政策の発想』
（レクシスネクシス・ジャパン，2015 年）

　阿部孝夫『「灰色のまち」から「音楽のまち」へ　川崎市政大改革』（時事通信社，
2019 年）

VI　環境問題の意思決定

　環境問題を解明し，解決するために従来，法学，行政学，経済学，政策学，倫理学，医学，生物学，工学など学問と実務の多くの分野からアプローチがなされてきた。本書では，法学（あるいは法）分野から，「環境問題へのアプローチ」としてⅠ～Ⅴをとりあげた。ここでは，立法や政策が環境問題に対する規制と，規制以外の方法によって，環境問題の未然防止・予防，原状回復等において重要な役割を果たしている。また，環境訴訟では行政処分の取消し，無効確認や，加害行為に対する差止，被害に対する損害賠償，補償等の方法によって被害者救済を図っている。さらに，環境立法や環境訴訟を契機として形成される環境法理論も環境法の重要な要素となっている。

　環境基本法やその他の環境立法が追求する多元的方法は，環境問題に対するアプローチとしてそれぞれに重要な役割を担っている。もっとも，これらは並列的に整理されるものではなく，相互に関連性を有し，またゆるやかにせよ優先順位が認められる場合も考えられる。その場合，環境問題が個人や団体の行動，意思決定に基づくものであることに注目しなければならない。このような観点から，本章では本書の結びとして，Ⅰ～Ⅴに共通する「環境問題の意思決定」について概観する。

　ここでの学習の要点は，環境問題の要因が根本的にはそれぞれの主体の意思決定に起因していることを理解することである。環境問題の意思決定にあたってはAI（人工知能）の活用が期待されるが，最終判断は生命体として五感を有する人間に委ねるべきであろう。

第1　規制から多元的方法へ

図Ⅵ—1　規制から多元的方法へ

環境問題　←　各主体の意思決定

1　概　観

　近代法は個人（人間）の意思を重視しており，契約的方法は環境問題へのアプローチのあり方として重視されなければならないものである。旧公害対策基本法のもとでの取り組みが実績をあげたように，例えば激甚公害を克服するためには公権力による直接的な規制が有効であったが，今日の環境問題を克服すためには直接的規制だけでは不十分であり，旧公害対策基本法に代わる環境基本法のもとではこのような意味での「規制から多元的方法へ」の考え方が環境基本法をはじめ実定法に導入されたのである（本書Ⅳ参照。なお，北村4版113頁以下では「規制」は広義に捉えられている。これは概念の定義の問題である）。

　環境問題が私たち人間の活動（生活及び生活関係）に起因して発生していることを踏まえると，環境問題解決のためには国，地方公共団体，事業者，国民など各主体による意思決定，すなわち意思と，意思に基づく行動が必要である。「規制から多元的方法へ」では，各主体による環境問題の意思決定が必要である。そして，環境基本法における環境影響評価の推進（20条），典型7公害対策（21条1項1号），土地利用（21条1項2号），自然環境保全（21条1項3号），野生生物，自然物保護（21条1項4号），経済的措置（22条），環境教育・環境学習の推進（25条），環境情報の提供（27条），国際協力等は，各主体の意思決定に働きかけるものとして位置づけることができる。

　環境問題に対するアプローチは一致しているわけではないが，意思決定は環境法の基本要素となるものである（北村4版4頁，13頁，31頁，113頁，123頁，541頁など参照。北村喜宣『現代環境法の諸相』（放送大学教育振興会，2009年）も参照。また，環境アセスメント制度に関して大塚BASIC102頁参照）。重要なことは意思決定のあり方であり，意思決定を行う主体をどのように捉え，意思決定に関する規範のあり方をどのように捉えるかである。

　第1に，意思決定の主体について，私法の一般法である民法は権利の主体を人（及び法人）に限定し，意思決定は近代法が導入した合理人を前提にしている。人以外の動植物は意思決定の主体から外れ，また，判断能力の低下した人，とりわけ意思能力のない人は民法において例外的に支援の対象として扱われている。近代法としての民法は端的にいえば強い人を前提にし，弱い人は例外的に保護・支援の対象としたが，これが今日まで継続してきたのである。しかし，民法現代化に伴い，弱者支援を例外的に位置づけるのではなく，原則化すべきあろう（小賀野晶一『基本講義 民法総則・民法概論（2版）』（成文堂，2021年）参照）。このような民法規律のあり方に関する考え方（環境民法論）は，環境法から示唆を受け，また環境法に影響を及ぼすものである。

　第2に，意思決定のあり方であるが，「規制から多元的方法へ」の内容が問われるものである。本書では，環境問題の意思決定における契約的方法をとりあげ，その基本条件として教育と情報を位置づける。

2　環境保全の方法としての契約的方法

　環境問題へのアプローチのなかでも契約的方法は直接的に，個人や団体の意思決定に関する方法であり，非権力的方法の1つとしても注目されるべき方法である。

　このようなことから，従来の環境法では契約的方法を活用してきた。契約的方法には，公害防止協定をはじめとする環境協定，建築協定（建築基準法），緑地協定（都市緑地法），景観協定（景観法），エコトライ協定（産業廃棄物適正処理・資源化推進協定）等の方法がある。他に，仕組みとして公共信託，イーズメントなど，契約あるいは契約類似の方法があり，その活用可能性が高い。

　理論的には，これらの協定の法的性質をどのように捉えるかについては，特に公害防止協定について問題とされた。個々の協定についてそれぞれの特徴を考慮することは必要であるが，当事者の合意に重点をおくと契約（あるいは契約類似の方法）として捉えることが適切であろう（多数説）。以下，契約的方法のいくつかを概観する。

①　公害防止協定

公害防止協定は公害防止を主たる目的として，立地企業と地方公共団体等

の間で締結される取決めをいう（協定書，覚書，契約書など諸形式がある）。これにより，地域の実情に応じて，個別の公害規制法に不備がある場合はこれを補完し，あるいは，より厳しい基準を設定することができる。

　公害防止協定の性質をめぐっては専門家の見解が分かれるが，権利・義務という視点からみると環境配慮義務を内容とする当事者間の約束ごとということができる。この点に着目すると，（公法上の）契約と考えることができる（渥美町公害防止協定事件名古屋地判昭53・1・18判時893号25頁参照）。公害防止協定のもとに，当事者が具体的に環境配慮義務を負うことについては各地の事例が蓄積している。

②　緑地協定（緑化協定）——都市緑地保全法（1973年）

　都市緑地保全法は都市における緑地の保全及び緑化の推進に関し必要な事項を定めることにより，都市公園法その他の都市における自然的環境の整備を目的とする法律と相まって，良好な都市環境の形成を図り，もって健康で文化的な都市生活の確保に寄与することを目的とする（1条）。

　緑地協定の締結等（45条）では，都市計画区域又は準都市計画区域内における相当規模の一団の土地又は道路，河川等に隣接する相当の区間にわたる土地（これらの土地のうち，公共施設の用に供する土地その他の【政令で定める】土地を除く。）の所有者及び建築物その他の工作物の所有を目的とする地上権又は賃借権（臨時設備その他一時使用のため設定されたことが明らかなものを除く）を有する者（土地区画整理法98条1項（大都市地域における住宅及び住宅地の供給の促進に関する特別措置法83条において準用する場合を含む）の規定により仮換地として指定された土地にあっては，当該土地に対応する従前の土地の所有者及び借地権等を有する者）は，地域の良好な環境を確保するため，その全員の合意により，当該土地の区域における緑地の保全又は緑化に関する協定（緑地協定）を締結することができる。ただし，当該土地（土地区画整理法98条1項の規定により仮換地として指定された土地にあっては，当該土地に対応する従前の土地）の区域内に借地権等の目的となっている土地がある場合においては，当該借地権等の目的となっている土地の所有者以外の土地所有者等の全員の合意があれば足りる，と定め（1項），緑地協定においては次に掲げる事項を定めなければならないとしている（2項）。

　①緑地協定の目的となる土地の区域（以下「緑地協定区域」という。）

②次に掲げる緑地の保全又は緑化に関する事項のうち必要なもの
　　イ　保全又は植栽する樹木等の種類
　　ロ　樹木等を保全又は植栽する場所
　　ハ　保全又は設置する垣又はさくの構造
　　ニ　保全又は植栽する樹木等の管理に関する事項
　　ホ　その他緑地の保全又は緑化に関する事項
③緑地協定の有効期間
④緑地協定に違反した場合の措置

③　建築協定――建築基準法（1950年）

　建築協定とは住宅地としての環境又は商店街としての利便を高度に維持増進する等建築物の利用を増進し，かつ，土地の環境を改善することを目的として締結されるものをいう（実定法上は建築基準法69条～77条に規定がある）。建築協定における住民らの合意はまちづくりという共通目的のもとに行われ，契約当事者である住民らに対して作為・不作為の行動をとることを内容としている。

　建築協定の性質を自治規範と捉え，まちづくりにおいて建築協定が担うべき機能として，⑴地域における自治規範の創造機能，⑵紛争の未然防止・紛争解決機能，⑶環境保全・環境創造機能などを指摘することができる（小賀野晶一「建築協定とまちづくり」判タ1247号42頁以下（2007年））。

④　公共信託

　アメリカ法で発達する公共信託の方法に注目することができる。木宮は「公共信託論では，国民には受益者としての権利があり，請求の相手方は受託者である国又は政府である。この権利は，土地，水域等の使用が制限されているような場合において，具体的，個々的に発生し，「誰にも属しない権利」である。公共信託論では自然の属性を考え，それを保護する。アメリカの場合は，自然そのもの，環境そのものが権利を有する。他方，環境権論では，環境権は支配権としての排他性をもつ各人の権利であり，「誰もがもっている権利」である。自然の属性はほとんど考えられず，むしろ，人身の保護を考える。人間と環境との結びつきを非常に重視する」旨，指摘する（木宮高彦・高柳信一・徳本鎮・野村好弘・ジョン・G・ギスバーグ・西原道雄「座談会・公共信託論

と環境権哈との交錯——国際環境保全科学者会議における討議を踏まえて」環境法研究8号2頁以下（有斐閣，1977年）参照）。

　公共信託と信託法上の公益信託とは，ともに信託法理を享有することにおいて重なっている。公共信託論が掲げる課題を，日本信託法の研究対象として位置づけ，公益信託，その他の関連分野からアプローチすることが期待される。

⑤　イーズメント

　英米法ではイーズメントの一態様として，コンサヴェイション・イーズメント（conservation easement）がある（野村好弘・小賀野晶一「環境保全の新しい手法」季刊環境研究67号106頁以下（特集：公害対策基本法20周年）(1987年))。日本の制度では，民法の物権の1つである地役権（280条以下）がこれに近い。

　コンサヴェイション・イーズメントは，土地所有者が土地保存のため土地の一定区画の開発権を移転するものである。保存の対象となる土地は，野生生物の生息地，川の流域，名勝地，農地，放牧地，森林地などがある。また，歴史的価値のある土地，建物の保存も含まれている。開発の制限がどこまで及ぶかは場合によって異なり，原始的自然地域の保存の場合は伐採，発掘など土地の現状を変更する行為や建物の築造等が制限される。これに対し，農地の保全の場合は農地の分割や一定の開発は制限されるが，農業に必要な築造等は認められる。

景観法の景観協定

　前掲国立マンション訴訟最高裁判決が景観法（2004年）について引用したように，「良好な景観は，美しく風格のある国土の形成と潤いのある豊かな生活環境の創造に不可欠なものであることにかんがみ，国民共通の資産として，現在及び将来の国民がその恵沢を享受できるよう，その整備及び保全が図られなければならない。」と規定（2条1項）した上，国，地方公共団体，事業者及び住民の有する責務（3条から6条まで），景観行政団体がとり得る行政上の施策（8条以下）並びに市町村が定めることができる景観地区に関する都市計画（61条），その内容としての建築物の形態意匠の制限（62条），市町村長の違反建築物に対する措置（64条），地区計画等の区域内における建築物等の形態意匠の

条例による制限（76条）等を規定している。」と述べている。

　景観法の景観協定（81条～91条）の仕組みは次のようになっている。

　第1,「景観計画区域内の一団の土地（公共施設の用に供する土地その他の【政令で定める】土地を除く。）の所有者及び借地権を有する者（土地区画整理法98条1項（大都市地域における住宅及び住宅地の供給の促進に関する特別措置法（以下「大都市住宅等供給法」という。）83条において準用する場合を含む。以下この章において同じ。）の規定により仮換地として指定された土地にあっては，当該土地に対応する従前の土地の所有者及び借地権を有する者。以下この章において「土地所有者等」という。）は，その全員の合意により，当該土地の区域における良好な景観の形成に関する協定（以下「景観協定」という。）を締結することができる。ただし，当該土地（土地区画整理法第98条1項の規定により仮換地として指定された土地にあっては，当該土地に対応する従前の土地）の区域内に借地権の目的となっている土地がある場合においては，当該借地権の目的となっている土地の所有者の合意を要しない。

　第2,　景観協定においては，次に掲げる事項を定めるものとしている。

　　①景観協定の目的となる土地の区域（以下「景観協定区域」という。）

　　②良好な景観の形成のための次に掲げる事項のうち，必要なもの

　　　イ　建築物の形態意匠に関する基準

　　　ロ　建築物の敷地，位置，規模，構造，用途又は建築設備に関する基準

　　　ハ　工作物の位置，規模，構造，用途又は形態意匠に関する基準

　　　ニ　樹林地，草地等の保全又は緑化に関する事項

　　　ホ　屋外広告物の表示又は屋外広告物を掲出する物件の設置に関する基準

　　　ヘ　農用地の保全又は利用に関する事項

　　　ト　その他良好な景観の形成に関する事項

　　③景観協定の有効期間

　　④景観協定に違反した場合の措置

　第3,　景観協定においては，前項各号に掲げるもののほか，景観計画区域内の土地のうち，景観協定区域に隣接した土地であって，景観協定区域の一部とすることにより良好な景観の形成に資するものとして景観協定区域の土地となることを当該景観協定区域内の土地所有者等が希望するもの（以下「景観協定区域隣接地」という。）を定めることができる。

　第4,　景観協定は，景観行政団体の長の認可を受けなければならない。」

　第5, 景観協定の効力については次のように定めている (86条)。物権的効力
を有することが窺われる。
　「83条3項 (84条2項において準用する場合を含む。) の規定による認可の公
告のあった景観協定は, その公告のあった後において当該景観協定区域内の土
地所有者等となった者 (当該景観協定について81条1項又は84条1項の規定
による合意をしなかった者の有する土地の所有権を承継した者を除く。) に対
しても, その効力があるものとする。」

関連する立法

　本法と関連する立法である屋外広告物法 (1949年) は, 良好な景観を形成し,
若しくは風致を維持し, 又は公衆に対する危害を防止するために, 屋外広告物
の表示及び屋外広告物を掲出する物件の設置並びにこれらの維持並びに屋外広
告業について, 必要な規制の基準を定めることを目的とする (1条)。

3　環境教育——多元的方法における意思決定の要となるもの

　環境問題が私たちの活動 (生活及び生活関係) に起因して出現していること
を踏まえ, 環境問題を解決するために各主体による意思決定が必要である。
環境問題へのアプローチ, 環境保全方法として契約的方法について前述した
が, 契約的方法を実効的に進めるためには環境問題の本質を理解することが
必要である。環境教育 (及び環境学習) は, そのための要となる方法として位置
づけられるべきである。環境教育は環境問題の意思決定の基本となる方法で
ある。
　環境教育は, 環境問題アプローチの基礎に位置づけられるものといえる。
環境基本法25条は環境教育 (及び環境学習) を基本法に位置づけている。
　環境教育の実践は環境問題の解決の基礎になるべき営みである。環境問題
へのアプローチを適切に進めるために, 環境法からは環境法の規範性を明確
にすることが望まれる。環境教育における環境法教育である。環境法教育の
内容としては, 第1に, 環境問題が深刻であり, 私たちの生存に関係してい
ること, 第2に, そのために, 私たちは一人一人が環境問題解決のための生
活をしなければならないこと, を主たる内容とし, 年齢を問わず子どもから

大人までを対象に，地球環境問題，生態系，あるいは省エネなど環境問題に関する情報を提供することが望まれる（学校教育などにおいて四大公害訴訟をとりあげるとき，それぞれの裁判のもつ重要性とともに，これによって問題の全てが解決されたわけではないことも確認することが必要である）。

　環境法教育は，環境法理論として環境配慮義務を基礎にしている。環境法における環境配慮義務という規範を明確にすることによって，環境問題解決のための戦略を獲得することができるであろう。

◎環境教育等による環境保全の取組の促進に関する法律（2003 年）

　本法は，健全で恵み豊かな環境を維持しつつ，環境への負荷の少ない健全な経済の発展を図りながら持続的に発展することができる社会（以下「持続可能な社会」という。）を構築する上で事業者，国民及びこれらの者の組織する民間の団体（以下「国民，民間団体等」という。）が行う環境保全活動並びにその促進のための環境保全の意欲の増進及び環境教育が重要であることに加え，これらの取組を効果的に進める上で協働取組が重要であることに鑑み，環境保全活動，環境保全の意欲の増進及び環境教育並びに協働取組について，基本理念を定め，並びに国民，民間団体等，国及び地方公共団体の責務を明らかにするとともに，基本方針の策定その他の環境保全活動，環境保全の意欲の増進及び環境教育並びに協働取組の推進に必要な事項を定め，もって現在及び将来の国民の健康で文化的な生活の確保に寄与することを目的とする（1条）。

　本法は，環境教育の基本事項について次のように定義している（2条参照）。

　①「環境保全活動」とは，地球環境保全，公害の防止，生物の多様性の保全等の自然環境の保護及び整備，循環型社会の形成その他　の環境の保全（良好な環境の創出を含む。以下単に「環境の保全」という。）を主たる目的として自発的に行われる活動をいう。

　②「環境保全の意欲の増進」とは，環境の保全に関する情報の提供並びに環境の保全に関する体験の機会の提供及びその便宜の供与であって，環境の保全についての理解を深め，及び環境保全活動を行う意欲を増進するために行われるものをいう。

　③「環境教育」とは，持続可能な社会の構築を目指して，家庭，学校，職

場，地域その他のあらゆる場において，環境と社会，経済及び文化とのつながりその他環境の保全についての理解を深めるために行われる環境の保全に関する教育及び学習をいう。

④「協働取組」とは，国民，民間団体等，国又は地方公共団体がそれぞれ適切に役割を分担しつつ対等の立場において相互に協力して行う環境保全活動，環境保全の意欲の増進，環境教育その他の環境の保全に関する取組をいう。

4　環境情報

環境問題の意思決定を適切に行うために，環境教育と並んで重要な方法が環境情報の提供である。環境教育と環境情報は互いに関連し，一体となっている。

環境情報の提供に関する環境立法が制定されている（環境影響評価法，PRTR法など）。また，より一般的な制度として国や地方公共団体に情報公開制度が整備されている。

図VI—2　環境問題の意思決定の基本条件

教育・情報　→　意思決定　→　環境問題

第2　地球環境問題から学ぶべきこと

1　概観——地球環境問題の出現と持続的発展

環境法の思想は地球環境問題の出現に直面して，持続的発展という考え方を明確にしている。持続的発展（Sustainable Development）は，持続可能な発展（あるいは持続可能な開発，持続的開発）とも訳されている。

1972年国連人間環境会議（スウェーデン・ストックホルム）は，「人間環境の保全と向上に関し，世界の人々を励まし，導くため共通の見解と原則が必要である」との決意のもとに，人間環境宣言をした。1992年国連環境開発会議（地球サミット）（ブラジル・リオデジャネイロ）は，地球温暖化，生物多様性の喪失等

顕在化する地球環境問題を人類共通の課題と位置づけ，持続可能な発展（持続的発展）という考え方を明確にした（環境と開発に関するリオデジャネイロ宣言（リオ宣言））。前後して，ローマクラブの「成長の限界」(1972年)，ブルントラント委員会の「Our Common Future　私たちの共有の未来」(1987年,「環境と開発に関する世界委員会」)が公表されている。

　環境保全，地球の持続性を唱える各宣言・考え方は，その内容において相互に連続性をもち，その内容を鮮明化させてきた。持続的発展あるいは持続的成長（Sustainable Gross）などの考え方は人類が獲得した知恵といえる。かかる知恵は，新たな技術と対話と行動を要求する。各国・地域が環境問題に対する危機意識を高め，環境の継承に向けた次の行動に取り組む契機を与えている。

◎**出典　外務省──地球環境　持続可能な発展**（Sustainable Development）(2015年
　2月4日)
「1　「持続可能な発展」とは
　「環境と開発に関する世界委員会」（委員長：ブルントラント・ノルウェー首相（当時））が1987年に公表した報告書「Our Common Future」の中心的な考え方として取り上げた概念で，「将来の世代の欲求を満たしつつ，現在の世代の欲求も満足させるような開発」のことを言う。この概念は，環境と開発を互いに反するものではなく共存し得るものとして捉え，環境保全を考慮した節度ある開発が重要であるという考えに立つものである。
2　「地球サミット」から「リオ＋20」へ
　⑴「国連環境開発会議」（「地球サミット」）(1992年)
　1970年代始め頃から人間環境について様々な決定がなされるようになり，その後，オゾン層の破壊，地球温暖化，熱帯林の破壊や生物多様性の喪失など地球環境問題が極めて深刻化し，世界的規模での早急な対策の必要性が指摘された。その結果，1992年に，リオデジャネイロ（ブラジル）において「国連環境開発会議」（UNCED,「地球サミット」）が開催され，環境分野での国際的な取組みに関する行動計画である「アジェンダ21」が採択された。同会議には，182か国及びEC，その他多数の国際機関，NGO代表などが参加した。
　⑵「国連環境開発特別総会」(1997年)
　「地球サミット」から5年を経た1997年6月，ニューヨークの国連本部において国連環境開発特別総会（UNGASS）が開催され，「アジェンダ21の一層の実施のための計画」が採択された。

(3)「持続可能な開発に関する世界首脳会議」(「ヨハネスブルグ・サミット」)（2002年）

2002年9月，アジェンダ21の見直しや新たに生じた課題などについて議論を行うため，ヨハネスブルグ（南アフリカ）において，「持続可能な開発に関する世界首脳会議」(WSSD,「ヨハネスブルグ・サミット」)が開催され，世界の政府代表や国際機関の代表，産業界やNGO等2万人以上が参加し，21世紀初頭を飾るに相応しい地球環境問題を考える大規模な会議となった。また，成果文書として「持続可能な開発に関するヨハネスブルグ宣言」と「ヨハネスブルグ実施計画」が採択された。

(4)国連持続可能な開発会議（「リオ＋20」）（2012年）

2012年6月，「地球サミット」から20周年となる機会に，同会議のフォローアップを行うため，リオデジャネイロ（ブラジル）において，国連持続可能な開発会議（「リオ＋20」）が開催され，国連加盟188か国及び3オブザーバー（EU，パレスチナ，バチカン）から97名の首脳及び多数の閣僚級（政府代表としての閣僚は78名）が参加したほか，各国政府関係者，国会議員，地方自治体，国際機関，企業及び市民社会から約3万人が参加した。また，成果文書として「我々の求める未来」が採択された。

3 持続可能な開発に関するハイレベル政治フォーラム

2012年6月の「リオ＋20」において，持続可能な開発に関する国際社会の取組をフォローし，また牽引する枠組として，ハイレベル政治フォーラムを創設することに合意し，2013年9月の第68回国連総会において設立会合が開催された（同フォーラムは，1993年に設立された持続可能な開発委員会に代わるもの）。」

2 地球温暖化

(1) 地球温暖化への取り組み――京都議定書とパリ協定

高度経済成長を経て私たちの生活は豊かになったが，産業活動等の高度化，グローバル化が進展し，新たな環境問題が発生した。地球環境問題である。地球温暖化問題を中心に地球環境問題の解決が喫緊の課題となっている。2015年12月の気候変動枠組条約締約国会議（COP21，フランス・パリ）では，中国，インドなども参加してパリ協定を採択した（2016年11月4日発効）。これは1997年の京都議定書に代わる，2020年以降の温暖化ガスの削減を目的とする枠組みであり，地球レベルの約束ごとである。

世界気象機関（WMO）のまとめによると，2015年の世界の主要な温室効果ガス濃度の年平均は過去最高となった（例えば，CO_2の平均濃度は400 ppmで産業革命以前の278 ppmの約1.4倍）（2016年10月24日気象庁発表）。かかる数値は専門

的に意味のある数値であり専門家による警告がなされているものと受け止めなければならない。

(2)　京都議定書

気候変動枠組条約締約国会議は 1995 年から毎年 1 回開催され，1997 年 COP3（日本・京都）では京都議定書を採択し（日本は 2002 年批准），2005 年 2 月発効した（COP11（カナダ・モントリオール））。

① 京都議定書第 1 約束期間（温暖化対策の法的枠組み。2008 年～2012 年）

先進国は，第 1 約束期間の 5 年間の平均で，1990 年比で全体として 5 %（日本は 6 %（森林などによる CO_2 吸収分 3・7 %を含む），米国 7 %，EU8 %）の温室効果ガスの削減義務を負うことが目標値とされた。これは京都議定書 3 条の規定に基づく約束である（地球温暖化対策の推進に関する法律 8 条 1 項参照）。

② 京都議定書第 2 約束期間（2013 年～2020 年）

2012 年末で第 1 約束期間が終了するため，この間，2013 年以降の地球温暖化対策の国際的枠組みのあり方について検討された（ポスト京都議定書）。

日本は 2013 年 1 月 1 日に始まる京都議定書第 2 約束期間に参加しないで，自主目標を掲げる道を選択した。非参加国には，①余剰排出枠の売買が禁止され，②開発途上国への技術提供で排出枠を得る CDM（クリーン開発メカニズム）に基づく売買が禁止されるなどの制約が課される。

(3)　新たな国際枠組み（2020 年以降）としてのパリ協定

2015 年 12 月の 21 回国連気候変動枠組み条約締約国会議（COP21）では，中国，米国，欧州連合（EU），インド，ロシア，日本をはじめ，産油国を含む 196 カ国・地域が参加し，京都議定書に代わる 2020 年以降の新たな枠組みとして，2015 年 12 月にパリ協定を採択した（2016 年 11 月 4 日発効）。

パリ協定の内容は，①各国は産業革命前からの世界の気温上昇を摂氏 2 度未満にすることを目的とし，各国は 1.5 度以内に抑えるように努力する，②21 世紀後半に人為的な温室効果ガスの排出量を吸収分と相殺して実質的にゼロにする，③各国の目標を 5 年ごとに見直し，進捗状況を検討する仕組みを導入する，④先進国は開発途上国へ資金支援することを義務付け，開発途

上国も自主的に資金を拠出することを促す，というものである。

　パリ協定に対する世界各国・地域の期待は高く，このことは温室効果ガス排出量の 55％以上を占める，55 カ国以上が早々に批准し協定が発効したことからもうかがえる。日本は 2030 年までに温室効果ガス排出量を 2013 年比で 26％削減する（長期戦略は 2050 年までに温室効果ガス排出量を 80％削減する）という目標を掲げ，地球温暖化対策の推進に関する法律の改正や地球温暖化対策計画の策定（閣議決定，2016 年 5 月）を進めた。

　京都議定書では，中国，インドなど当時の開発途上国には温室効果ガスの削減義務は課せられなかった。大量排出国であるアメリカ合衆国は途中，離脱している。他方，パリ協定は京都議定書と違って各国・地域に法的義務を課すものではなく，自主的取組みを求めている。自主的取組みが実効性を有するように工夫することが環境法及び環境政策における今後の課題となる。また，温室効果ガスの大量排出国であるアメリカ合衆国がパリ協定から離脱しており，環境保護庁（EPA），国家環境政策法（NEPA）を中心にして世界の環境問題をリードしてきた合衆国の対応が懸念されている。

　日本は，2050 年までの長期的な地球温暖化対策のための方法のうち，脱炭素については例えば炭素税，カーボンプライシング（炭素の価格化）の本格的導入，排出量取引制度の改善，開発途上国への技術移転などを推進しなければならない（環境政策については本書Ⅴ参照）。

IPCC 報告書

　地球温暖化問題の科学的根拠は，国連の気候変動に関する政府間パネル（IPCC）報告書に求めることができる。IPCC（Intergovernmental Panel on Climate Change）は，世界気象機関（WHO）と国連環境計画（UNEP）が 1988 年に設立した。世界の科学者らが温暖化を科学的に解明し，温暖化を警鐘，人間活動が温暖化に及ぼす影響について評価，各国の政策に影響を与えている。

　4 次報告書（2007 年）は，地球温暖化の影響を防ぐには，産業革命前と比べ，世界の平均気温上昇を 2 度未満に抑えることが必要と提言した。3 つの作業部会，すなわち第 1 作業部会は「温暖化の科学的根拠を解明：人間活動が温暖化を引き起こした確信度は 90％以上」，第 2 作業部会は「温暖化の影響と「適応

策」被害軽減策：21 世紀末までに 1 度上昇すると，極端な異常気象が増え，2 度で食糧が減少，3 度で生物の多様性が失われる」，第 3 作業部会は「温室効果ガスの抑制といった「緩和策」の評価：産業革命前に比べ気温上昇を 2 度未満にするには，2050 年までに温室効果ガスを 10 年比 40～70％削減しなければならない」という。

　5 次統合報告書（2014 年 11 月 2 日公表）は，「20 世紀半ば以降の温暖化の主な原因は，人間の影響の可能性が極めて高い（確信度 95％以上）」と結論づけた。そして，「深刻で広範囲にわたる後戻りできない影響が出る恐れ」が高まり，被害を軽減する適応策にも限界が生じると予測した。その上で，気温上昇を抑えるために「多様な道筋がある」とし，各国政府に迅速な実行を迫っている。

③　脱炭素化に向けた国の基本計画──政策と規範の役割と関係

　気候変動に関する国の計画として，2015 年 11 月に「気候変動の影響への適応計画」を閣議決定した。本計画は基本戦略として，⑴政府施策への適応の組み込み，⑵科学的知見の充実，⑶気候リスク情報等の共有と提供を通じた理解と協力の促進，⑷地域での適応の推進，⑸国際協力・貢献の推進を，また，基本的な進め方として，⑴気候変動及びその影響の観測・監視，⑵気候変動及びその影響の予測・評価，⑶気候変動及びその影響の評価結果に基づく適応策の検討と計画的な実施，⑷計画の進捗管理と見直し，を掲げた。以上のうえに，分野別施策の基本的方向，基盤的・国際的施策をまとめている。添付資料として，気候変動の影響評価の取りまとめ手法（気候変動影響評価報告書で用いられた取りまとめ手法），＜重大性の評価の考え方＞，＜緊急性の評価の考え方＞，＜確信度の評価の考え方＞がある。

　2018 年 4 月，前述したように，環境基本法に基づき「第 5 次環境基本計画」を閣議決定し，これに基づき気候変動の影響への適応計画などの施策を実施している。

　2018 年 6 月，気候変動対応法が成立した。本法は，気候変動への適応を推進するため，政府による気候変動適応計画の策定，環境大臣による気候変動影響評価の実施，国立研究開発法人国立環境研究所による気候変動への適応を推進するための業務の実施，地域気候変動適応センターによる気候変動への適応に関する情報の収集及び提供等の措置を講ずるものである。地球温暖

化対策には，地球温暖化ガスの排出量を減らす「緩和」と，地球温暖化の進展による被害を減らす「適応」がある。本法は「適応」ついて規律し，国や地方公共団体に一定の対策をとることを求めている。被害は，洪水の頻発，農林水産業（農産物の品質低下，病虫害など），健康・医療分野（熱中症の急増，熱帯病の流行など）など各方面に及ぶ。

　2018 年 7 月，エネルギー政策基本法に基づきエネルギー政策の基本となる「第 5 次エネルギー基本計画」を閣議決定した。本計画は，長期的に安定した持続的・自立的なエネルギー供給により，わが国経済社会の更なる発展と国民生活の向上，世界の持続的な発展への貢献を目指すものである。経済産業省は「東京電力福島第一原子力発電所事故の経験，反省と教訓を肝に銘じて取り組むこと」を原点とし，それぞれ 2030 年，2050 年に向けた方針を示した。2030 年に向けた方針としてはエネルギーミックスの確実な実現へ向けた取組の更なる強化を行うこととし，2050 年に向けてはパリ協定発効に見られる脱炭素化への世界的なモメンタムを踏まえ，エネルギー転換・脱炭素化に向けた挑戦を掲げ，あらゆる選択肢の可能性を追求していくこととしている。

　以上，日本はエネルギーのあり方について，太陽光，風力，地熱など再生可能エネルギーの重点化を国の政策という形で国の内外に示している。もっとも，これを実現するためには，環境法における規範を環境法の基礎に位置づけ，かかる規範のもとに生活の全般を省エネ型に修正しなければならない。そのためには，環境立法を整備すること（基本法では循環型社会形成推進基本法に基づき第 4 次循環型社会形成推進基本計画が 2018 年 6 月に閣議決定されている）に加え，環境法研究において環境法体系を環境配慮義務に基づいて再構成することが検討課題となる。これは国，地方自治体，事業者，国民などあらゆる主体において相当の覚悟を要請するものである。このことを自覚し，一部の企業は既に行動を開始している。国及び地方自治体は，再生可能エネルギーを支援するために発電コストを電気料金に上乗せする固定価格買取制度（Feed in tariff：FIT, 2012 年）の改善・普及のほか，電力の安定的供給，出力変動等への対応，発電コストの低下，送配電網の整備など，再生可能エネルギーが普及するための政策課題を推進しなければならない。

　脱炭素化を達成するためには，政策と規範の違いを確認し，環境法と環境政

策・エネルギー政策におけるそれぞれの役割を明確にすることが必要である。

脱炭素化へ向けた企業の注目すべき動き

環境問題に対する経済界の働きは重要である。一部をとりあげると，①経団連「低炭素社会実行計画」(2015年1月17日公表)は，2050年の世界の温室効果ガス半減に向けた計画であり，国内事業活動から排出される CO_2 の2020年削減目標の設定，消費者・顧客を含めた主体間連携の強化，開発途上国への技術移転など国際貢献の推進，革新的技術の開発による実行計画を策定などを定める。②「RE100」は，業務で使用する電力のすべてを再生可能エネルギーでまかなうことを目標に掲げる。2014年にイギリスのNGOが呼び掛けた企業の国際的ネットワークであり，日本企業も参加している。③「SBT」(SBTは，Science Based Targetsのこと)は，IPCCの知見に基づき温室効果ガス削減の目標を掲げる。④「ESG投資」(ESGは，Environment (環境)，Social (社会)，Governance (企業統治)の頭文字)は，2006年の国連「責任投資原則(PRI)」につながるものであり，石炭・石油など化石燃料への投資ではなく環境問題(温暖化ガスの排出状況など)や社会問題など企業の社会貢献を考慮して企業に投資することをいう。近時は，ESG投資あるいは環境投資が活発化し，脱炭素化(化石燃料依存からの脱却)に向けて石炭火力発電所関連に対する事業融資を停止，抑制する企業等が登場している。環境配慮を自覚的に推進しない企業に対する投資は敬遠され，経営リスクを招く。企業は経営戦略として，消費者，NGO，投資家などの動きに適切に対応することが要請されている。ここに「環境と経済の統合」の事例をみることができる。ここでは経営という概念を修正することが必要である。脱炭素化に向けた最近の企業の動きは，環境問題解決のための規範的行動を示すものである。

環境法専門家にはこのような新しい動きを規範論として位置づけることが求められているのである。

第3 環境法の根底に在る考え方

1 概　観

環境問題に対するアプローチは，立法，行政 (国，地方公共団体)，司法，個人，社団・財団・NGO・NPOなど法人や団体などにおいて進められてきた。

それぞれに，環境保全の担い手として整理することができる。また，環境問題は，科学・技術，工学，理学，情報，リスク管理，生態学・生物多様性，政策，経済，教育，学習，哲学・倫理・思想，運動・活動など様々な分野に及んでいる。これらは環境科学，環境教育，環境倫理・環境思想，環境保全活動等の発展をもたらした。

　環境問題の要因をみると，資本主義の展開，すなわち第1次から第3次までの産業革命がそれぞれに新たな環境問題を出現させたことは前述した。この背景を探ると，私たちの欲望をみることができる。端的には，人間の限りのない欲望が環境問題を出現させてきたといえるのでる。欲望は，とりわけ富を中心に，利便や名声など私たちの生活の隅々に及んでいる。

　現在，コンピュータ，AI（人工知能）を基礎とする第4次産業革命の途上にあるといわれる。AI革命によって私たちの生活は根本的に変化するであろう。第4次産業革命によって新たな環境問題を出現させてはならない。新たな環境問題の出現は地球の存続に直接的かつ決定的な影響を及ぼすであろう。AIによる技術開発等の基本になるべき哲学を明らかにすることが必要であり，かかるAI哲学の構築に環境法は関与しなければならない。ここにAI時代における人間の役割を求めることができる。

　2　環境法の使命──地球環境主義に基づく環境法の確立

　本書は，環境法の諸相を示す「原典」を参考にして環境問題の諸相と環境問題の意思決定について検討した。環境基本法はその目的として「人類の福祉」に貢献することを掲げている（1条参照）。ここに福祉は社会福祉における「福祉」と同義ではないが，私たちの生活のあり方に関する本質において重なっている。民法の成年後見法は判断能力が低下した人の支援にあたり本人の残存能力（現在能力）に基づく自己決定権を基礎にするが，同時に第三者の関与を必要とし，支援者間の連携の重要性が説かれている。民法におけるこのような考え方は環境法に応用することができる。他方，環境法における環境訴訟，受忍限度論・環境権論，環境基本法・循環型社会形成推進基本法・生物多様性基本法など環境立法における考え方はそれぞれ，私たちの生活のあり方を規律するものとして民法に応用することができる。

　環境問題は私たちの生活と密接に関連し，私たちの生活を規律するものであることを確認し，自然と人間の関係や私たちの生活のあり方を問い直すことが必要である。そして，そこに求められるべき法規範として環境配慮義務を位置づけることができる（本書Ⅲ第4～第6参照）。環境配慮義務は，人々に対して環境問題への関与のあり方を問い，内発的，自発的な環境保全活動を促進させる。こうして環境配慮が人々の基本的な生活様式となることが期待されるのである。環境法学は従来，環境法の要素として民法学を重視してきたが，近時は行政や立法が先導してきたところがある（環境行政法学の形成）。その過程では環境問題解決における行政法の民法に対する優位性が説かれることもあった。しかし，民法における生活及び生活関係の意思決定は環境問題の意思決定の基礎になると考えると，環境法学は民法規範を環境法規範として自覚的に導入しなければならない。

　たびたび述べたように，環境問題の諸相は，「規制から多元的方法」へ急展開している（興味深いことであるが，これに伴い規制のあり方を中心に規制の重要性も増している）。多元的方法の要点は最終的には人々の意思決定に求められるべきであろう。環境立法や環境政策が求める「責務」は私たちを対象にしている。これからは民法の視点が必要であり，環境民法論の役割が期待されているといえよう。

　本書において概観した「環境問題の諸相」は，環境問題に対するアプローチの軌跡であり，同時に将来のアプローチの柱となるものでもある。環境法の規範をみると，受忍限度論はこれまで環境訴訟の実務理論として形成され，環境保全において重要な役割を果たしてきており，今後も同様の役割を期待することができる。しかし，地球環境問題に対しては，環境配慮義務を基礎にした新たな戦略を必要としている。産業界には技術革新とともに環境配慮義務に基づく企業活動の展開が期待される。立法，政策・行政の各分野には環境配慮義務に基づく法律，条例の立案と，これらに基づく執行が推進されなければならない。2011年に施行された「生物多様性地域連携推進法」に基づく活動や，NGO，NPO等の環境保全活動の推進も期待される。

　地球益あるいは地球環境権を実現するために環境行政法論と環境民法論が一体となり，環境法規範として環境配慮義務論が成熟することが望まれる。

環境問題の規範定立論を進めることによって，地球環境主義に基づく環境法の体系を確立することができるであろう。

図Ⅵ—3　環境問題の諸相，環境問題の意思決定，環境法の体系化

【環境問題の諸相＝広義の環境問題①〜⑤】

	→ ①環境問題	
	→ ②環境訴訟	環境問題の規範定立
環境問題の意思決定　→	③環境法理論　⇔	⇕
	→ ④環境立法	環境法の体系化
	→ ⑤環境政策	

参考文献

野村好弘『民法・環境法の旅』（ぎょうせい，2003 年）

小賀野晶一「環境問題と環境配慮義務──地球環境主義の条件と課題」環境法研究40 号 9 頁（野村好弘先生追悼号）（有斐閣，2015 年），同「環境法の本質──環境法の学習にあたって」白門 68 巻 1 号 8 頁（2016 年），同「環境問題と環境権」白門 70 巻 2号 8 頁（2018 年），同「民法と環境法──環境問題に関する法理論の展開と意思決定」白門 72 巻春号 8 頁（2020 年）

事項索引

著者紹介

小賀野晶一（おがの　しょういち）

1982 年	早稲田大学大学院法学研究科博士課程単位取得後，秋田大学専任講師，助教授，教授，千葉大学教授を経て，
現　在	中央大学法学部教授　博士（法学）（早稲田大学）

主要著作

『環境と金融』（共著）（成文堂，1997）
『人口法学のすすめ』（共編著）（信山社，1999）
『成年身上監護制度論』（信山社，2000）
『道路管理の法と争訟』（共著）（ぎょうせい，2000）
『成年後見と社会福祉』（共著）（信山社，2002）
『割合的解決と公平の原則』（共編著）（ぎょうせい，2002）
『判例にみる共同不法行為責任』（共著）（新日本法規，2007）
『ロースクール環境法（補訂版）』（共著）（成文堂，2007）
『現代民法講義（3 版）』（成文堂，2009）
『判例から学ぶ不法行為法』（成文堂，2010）
『民法と成年後見法』（成文堂，2012）
『賠償科学〔改訂版〕』（共著）（民事法研究会，2013）
『名誉毀損の慰謝料算定』（共編著）（学陽書房，2015）
『社会福祉士がつくる身上監護ハンドブック（2 版）』（共編著）（民事法研究会，2016）
『逐条解説　自動車損害賠償保障法（2 版）』（共著）（弘文堂，2017）
『民法（債権法）改正の概要と要件事実』（共編著）（三協法規出版，2017）
『植木哲先生古稀記念論文集　民事法学の基礎的課題』（共編著）（勁草書房，2017）
『認知症と民法』（共編著）（勁草書房，2018）
『認知症と医療』（共編著）（勁草書房，2018）
『認知症と情報』（共編著）（勁草書房，2019）
『平沼高明先生追悼　医と法の課題と挑戦』（共編著）（民事法研究会，2019）
『リサイクルの法と実例』（共編著）（三協法規出版，2019）
『交通事故訴訟（2 版）』（共編著）（民事法研究会，2020）
『交通事故における素因減額問題（2 版）』（共編著）（保険毎日新聞社，2020）
『基本講義　民法総則・民法概論（2 版）』（成文堂，2021）

基本講義 環境問題・環境法 ［第 2 版］

2019 年 4 月 20 日　初　版第 1 刷発行
2021 年 1 月 20 日　第 2 版第 1 刷発行

著　者　小 賀 野 晶 一

発 行 者　阿 部 成 一

〒 162-0041　東京都新宿区早稲田鶴巻町 514 番地

発 行 所　株式会社　成 文 堂

電話　03（3203）9201（代）　Fax 03（3203）9206
http://www.seibundoh.co.jp

製版・印刷　三報社印刷　　　　　　　　製本　弘伸製本
☆乱丁・落丁本はおとりかえいたします☆
© 2021 S. Ogano　　Printed in Japan
ISBN 978-4-7923-2764-4　C 3032　　　検印省略

定価（本体 2800 円＋税）